Dr. S Sumathi

Arquitetura e aplicações do sistema ARM

Dr. S Sumathi

Arquitetura e aplicações do sistema ARM

Sistema incorporado ARM e aplicações

ScienciaScripts

Imprint

Cover image: www.ingimage.com

This book is a translation from the original published under ISBN 978-620-7-99556-1.

Publisher:
Sciencia Scripts
is a trademark of
Dodo Books Indian Ocean Ltd. and OmniScriptum S.R.L publishing group

120 High Road, East Finchley, London, N2 9ED, United Kingdom
Str. Armeneasca 28/1, office 1, Chisinau MD-2012, Republic of Moldova, Europe
Managing Directors: Ieva Konstantinova, Victoria Ursu
info@omniscriptum.com

Printed at: see last page
ISBN: 978-620-8-64362-1

Conteúdo

Prefácio

OBJECTIVOS

ESTE LIVRO APRESENTA OS CONCEITOS DE ARQUITETURA E AS METODOLOGIAS UTILIZADAS NA CONCEÇÃO DE um NÚCLEO DE MICROPROCESSADOR BASEADO EM CHIP. O suporte ARQUITETÓNICO para linguagens de alto nível através da escrita de um CÓDIGO OPTIMIZADO. ESTE LIVRO ENFATIZA A FORMA COMO O desenvolvimento do sistema é concluído através do INTERFACEAMENTO, DA HIERARQUIA DE MEMÓRIA E DA DEPURAÇÃO. DESTACA TAMBÉM ALGUMAS DAS APLICAÇÕES ARM EMBEBIDAS.

O LEITOR QUE DESEJA COMPREENDER A CONCEPÇÃO DO MRA DEVERÁ CONSTATAR QUE OS PRINCÍPIOS GERAIS ILUMINAM A RAZÃO DE SER DO MRA

PÚBLICO

COMO ESTÁ.

ESTE LIVRO DESTINA-SE A PROFISSIONAIS DE HARDWARE E ENGENHEIROS DE SOFTWARE que estejam interessados em adquirir CONHECIMENTOS FUNDAMENTAIS SOBRE OS PROCESSADORES ARM.

ESTUDANTES DE ENGENHARIA ELETRÓNICA E DE COMUNICAÇÕES, DE CIÊNCIAS E ENGENHARIA INFORMÁTICA e DE ENGENHARIA ELETROTÉCNICA E ELETRÓNICA.

ADEQUADO PARA O ENSINO DE GRADUAÇÃO E PÓS-GRADUAÇÃO.

ESTE LIVRO NÃO PRETENDE SER UM TEXTO INTRODUTÓRIO À ARQUITECTURA DOS COMPUTADORES OU À LÓGICA DOS COMPUTADORES

PRÉ-REQUISITO

CONCEÇÃO. PRESSUPÕE-SE QUE OS LEITORES TENHAM um NÍVEL DE FAMILIARIDADE COM ESSES EM CIÊNCIA DA COMPUTAÇÃO OU

OS LEITORES DEVEM POSSUIR ALGUNS CONHECIMENTOS SOBRE MICROPROCESSADORES E SISTEMAS EMBARCADOS

ESTRUTURA DO LIVRO

Chapter 1 COMEÇA COM OS FUNDAMENTOS DA ARQUITECTURA DO PROCESSADOR ARM E DO SEU CONJUNTO DE INSTRUÇÕES. EM SEGUIDA, INTRODUZ O CONCEITO DE PROGRAMAÇÃO EM LINGUAGEM DE MONTAGEM ARM.

Chapter 2 DESCREVE A OTIMIZAÇÃO DO CÓDIGO DE MONTAGEM DO PROCESSADOR ARM E A ATRIBUIÇÃO DE REGISTOS, FUNÇÕES E PROCEDIMENTOS.

Chapter 3 É UMA INTRODUÇÃO À INTERFACE DE MEMÓRIA ARM, À ARQUITETURA AMBA E AO TESTE DE VARRIMENTO DE LIMITES JTAG. EM SEGUIDA, a TI ENFATIZA O SUPORTE DA ARQUITETURA ARM PARA o sistema operativo.

RELEVÂNCIA DO CURSO

O CAPÍTULO 4 DESCREVE A HIERARQUIA DE MEMÓRIA E OS NÚCLEOS de CPU ARM, bem como a organização e IMPLEMENTAÇÃO DOS NÚCLEOS DE PROCESSADOR ARM de 3 E 5 FASES.

O CAPÍTULO 5 DESCREVE AS APLICAÇÕES ARMADAS INCORPORADAS, O PROCESSADOR DE COMUNICAÇÕES AVANÇADAS VLSI RUBY II, O CONTROLADOR DE BANDA BASE VLSI BLUETOOTH, O CHIP GSM CTMVWS22100 E OS CHIPS ARM 7500 E ARM 7500FE EM PORMENOR.

OS CAPÍTULOS ESTÃO A UM NÍVEL ADEQUADO PARA SEREM UTILIZADOS EM CURSOS DE LICENCIATURA E DE PÓS-GRADUAÇÃO.

Agradecimentos

NOS ÚLTIMOS DEZ ANOS, MUITAS PESSOAS CONTRIBUÍRAM PARA O SUCESSO DA ARM.

Gostaria de agradecer sinceramente ao Diretor da FACULDADE DE ENGENHARIA DE Adhiyamaan, DR. G. RANGANATH, PELA SUA PERSPICÁCIA E ACONSELHAMENTO.

E TAMBÉM GOSTARIA DE EXPRESSAR A MINHA GRATIDÃO À EDITORA por ter rapidamente dado vida a este livro e O TER PUBLICADO. O FEEDBACK PERSPICAZ FORNECIDO PELOS REVISORES DAS VERSÕES PROVISIONAIS MELHORARAM MUITO O LIVRO. AGRADEÇO A FORMA COMO OS PROJECTOS FORAM RECEBIDOS E AS RECOMENDAÇÕES ESPECÍFICAS DE MELHORIA QUE FORAM FORNECIDAS. A EDITORA TEM SIDO um GRANDE RECURSO PARA MIM AO RESPONDER A ESSES COMENTÁRIOS E AO ABORDAR OUTRAS QUESTÕES RELACIONADAS COM A AUTORIA.

POR ÚLTIMO, gostaria DE AGRADECER SINCERAMENTE AO MEU MARIDO E À MINHA MÃE, QUE ME PERMITIRAM DISPENSAR TEMPO DOS DEVERES FAMILIARES PARA ESCREVER ESTE LIVRO, ATRAVÉS DO SEU APOIO, ENCORAJAMENTO E COOPERAÇÃO NA MINHA CARREIRA.

JULHO DE 2024 DR. S. SUMATHI

CAPÍTULO I

SISTEMAS INCORPORADOS ARM

O núcleo do processador ARM é um componente fundamental de muitos sistemas incorporados de 32 bits bem sucedidos. Provavelmente possui um e talvez nem se aperceba disso! Os núcleos ARM são amplamente utilizados em telemóveis, computadores de mão e numa série de outros dispositivos portáteis de consumo diário.

1.1 A FILOSOFIA DE CONCEPÇÃO RISC

O núcleo ARM utiliza uma arquitetura RISC. A arquitetura RISC é uma filosofia de conceção destinada a fornecer instruções simples mas poderosas que são executadas num único ciclo a uma velocidade de relógio elevada. A filosofia RISC concentra-se na redução da complexidade das instruções executadas pelo hardware, porque é mais fácil proporcionar maior flexibilidade e inteligência no software do que no hardware. Em consequência, uma conceção RISC exige mais do compilador. Em contrapartida, o computador tradicional com conjunto de instruções complexas (CISC) depende mais do hardware para a funcionalidade das instruções e, consequentemente, as instruções CISC são mais complicadas. A figura 1.1 ilustra estas grandes diferenças.

A filosofia RISC é implementada com quatro regras de conceção principais:

1. ***Instruções*** - Os processadores RISC têm um número reduzido de classes de instruções. Estas classes fornecem operações simples que podem ser executadas num único ciclo. O compilador ou programador sintetiza operações complicadas (por exemplo, uma operação de divisão) através da combinação de várias instruções simples. Cada instrução tem um comprimento fixo para permitir que o pipeline vá buscar instruções futuras antes de descodificar a instrução atual. Em contrapartida, nos processadores CISC, as instruções são frequentemente de tamanho variável e levam muitos ciclos a executar.

2. ***Pipelines*** - O processamento de instruções é dividido em unidades mais pequenas que podem ser executadas em paralelo por pipelines. Idealmente, o pipeline avança um passo em cada ciclo para obter o máximo rendimento. As instruções podem ser descodificadas numa fase da conduta. Não é necessário que uma instrução seja executada por um mini-programa denominado microcódigo, como nos processadores CISC.

3. ***Registos*** - As máquinas RISC têm um grande conjunto de registos de uso geral. Qualquer registo pode conter dados ou um endereço. Os registos funcionam como armazenamento rápido da memória local para todas as operações de processamento de dados. Em contrapartida, os processadores CISC têm registos dedicados para fins específicos

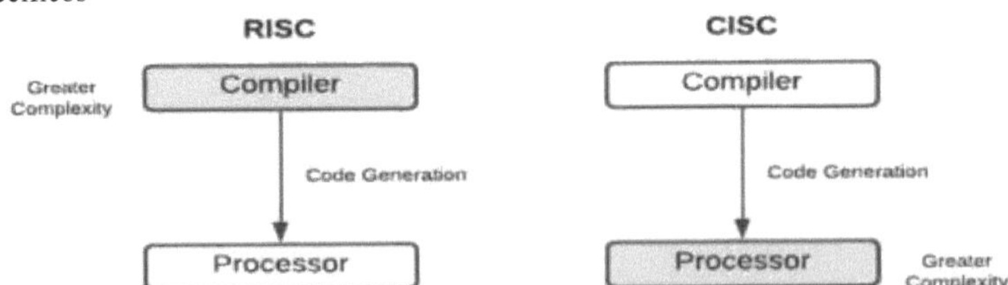

Figura 1.1 CISC vs. RISC. O CISC dá ênfase à complexidade do hardware. O RISC dá ênfase à complexidade do compilador.

4. ***Arquitetura carga-armazenamento*** - O processador funciona com dados armazenados em registos. Instruções separadas de carregamento e armazenamento

transferem dados entre o banco de registos e a memória externa. Os acessos à memória são dispendiosos, pelo que a separação entre os acessos à memória e o processamento de dados constitui uma vantagem, uma vez que é possível utilizar várias vezes os itens de dados armazenados no banco de registos sem necessitar de múltiplos acessos à memória. Em contraste, com um design CISC, as operações de processamento de dados podem atuar diretamente na memória.
Estas regras de conceção permitem que um processador RISC seja mais simples, pelo que o núcleo pode funcionar a frequências de relógio mais elevadas. Em contrapartida, os processadores CISC tradicionais são mais complexos e funcionam a frequências de relógio mais baixas. No entanto, ao longo de duas décadas, a distinção entre RISC e CISC foi-se esbatendo à medida que os processadores CISC foram implementando mais conceitos RISC.

1.2 A FILOSOFIA DE CONCEPÇÃO DO BRAÇO

Há uma série de caraterísticas físicas que impulsionaram a conceção do processador ARM. Em primeiro lugar, os sistemas incorporados portáteis necessitam de alguma forma de energia da bateria. O processador ARM foi especificamente concebido para ser pequeno, a fim de reduzir o consumo de energia e prolongar o funcionamento da bateria, essencial para aplicações como telemóveis e assistentes pessoais digitais (PDA).
A elevada densidade de código é outro requisito importante, dado que os sistemas incorporados têm uma memória limitada devido a restrições de custo e/ou de dimensão física. A elevada densidade de código é útil para aplicações que têm uma memória de bordo limitada, como os telemóveis e os dispositivos de armazenamento em massa.
Além disso, os sistemas incorporados são sensíveis ao preço e utilizam dispositivos de memória lentos e de baixo custo. Para aplicações de grande volume, como as câmaras digitais, cada cêntimo tem de ser tido em conta na conceção. A possibilidade de utilizar dispositivos de memória de baixo custo permite poupanças substanciais. Outro requisito importante é reduzir a área da matriz ocupada pelo processador incorporado. Para uma solução de chip único, quanto mais pequena for a área utilizada pelo processador incorporado, maior será o espaço disponível para periféricos especializados. Isto, por sua vez, reduz o custo do projeto e do fabrico, uma vez que são necessários menos chips discretos para o produto final.
A ARM incorporou a tecnologia de depuração de hardware no processador para que os engenheiros de software possam ver o que está a acontecer enquanto o processador está a executar o código. Com maior visibilidade, os engenheiros de software podem resolver os problemas mais rapidamente, o que tem um efeito direto no tempo de colocação no mercado e reduz os custos globais de desenvolvimento. O núcleo ARM não é uma arquitetura RISC pura devido às limitações da sua aplicação principal, o sistema incorporado. De certa forma, o ponto forte do núcleo ARM é o facto de não levar o conceito RISC demasiado longe. Nos sistemas actuais, a chave não é a velocidade bruta do processador, mas o desempenho efetivo total do sistema e o consumo de energia.

1.2.1 CONJUNTO DE INSTRUÇÕES PARA SISTEMAS INCORPORADOS

O conjunto de instruções ARM difere da definição RISC pura de várias formas que tornam o conjunto de instruções ARM adequado para aplicações incorporadas:
Execução de ciclo variável para determinadas instruções - Nem todas as instruções ARM são executadas num único ciclo. Por exemplo, as instruções de carregamento e

armazenamento múltiplo variam no número de ciclos de execução, dependendo do número de registos que estão a ser transferidos. A transferência pode ocorrer em endereços de memória sequenciais, o que aumenta o desempenho, uma vez que os acessos sequenciais à memória são frequentemente mais rápidos do que os acessos aleatórios. A densidade do código também é melhorada, uma vez que as transferências de registos múltiplos são operações comuns no início e no fim das funções.

Deslocador de barril em linha que conduz a instruções mais complexas - O deslocador de barril em linha é um componente de hardware que pré-processa um dos registos de entrada antes de ser utilizado por uma instrução. Isto expande a capacidade de muitas instruções para melhorar o desempenho do núcleo e a densidade do código. Explicamos esta funcionalidade com mais pormenor nos Capítulos 2, 3 e 4.

Conjunto de instruções Thumb de 16 bits - A ARM melhorou o núcleo do processador adicionando um segundo conjunto de instruções de 16 bits denominado Thumb, que permite que o núcleo ARM execute instruções de 16 ou 32 bits. As instruções de 16 bits melhoram a densidade do código em cerca de 30% em relação às instruções de comprimento fixo de 32 bits.

Execução condicional - Uma instrução só é executada quando uma condição específica é satisfeita. Esta funcionalidade melhora o desempenho e a densidade do código, reduzindo as instruções de ramificação.

Instruções melhoradas - As instruções melhoradas do processador de sinal digital (DSP) foram adicionadas ao conjunto de instruções ARM padrão para suportar operações rápidas de multiplicador de 16 16* bits e saturação. Estas instruções permitem que, nalguns casos, um processador ARM de desempenho mais rápido substitua as combinações tradicionais de um processador e um DSP.

Estas caraterísticas adicionais tornaram o processador ARM um dos núcleos de processador incorporado de 32 bits mais utilizados. Muitas das principais empresas de semicondutores do mundo produzem produtos baseados no processador ARM.

1.3 HARDWARE DE SISTEMAS INCORPORADOS

Os sistemas incorporados podem controlar muitos dispositivos diferentes, desde os pequenos sensores que se encontram numa linha de produção até aos sistemas de controlo em tempo real utilizados numa sonda espacial da NASA. Todos estes dispositivos utilizam uma combinação de componentes de software e hardware. Cada componente é escolhido em função da sua eficiência e, se for caso disso, é concebido para futura extensão e expansão. A Figura 1.2 mostra um dispositivo incorporado típico baseado num núcleo ARM. Cada caixa representa uma caraterística ou função. As linhas que ligam as caixas são os barramentos que transportam os dados. Podemos separar o dispositivo em quatro componentes de hardware principais:

---

* O processador ARM controla o dispositivo incorporado. Estão disponíveis diferentes versões do processador ARM para se adaptarem às caraterísticas de funcionamento pretendidas. Um processador ARM

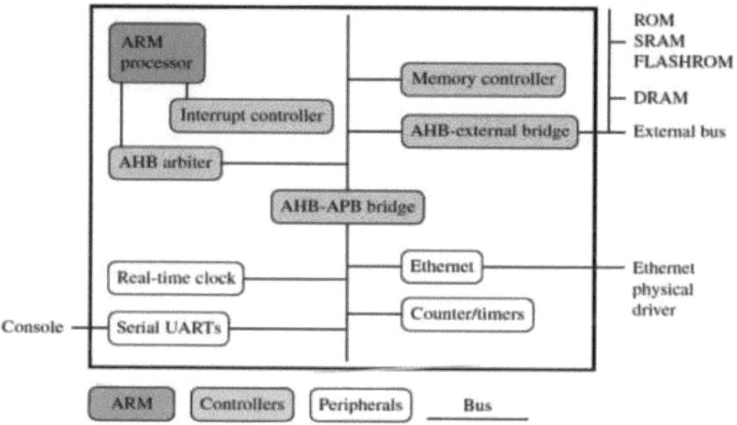

A Figura 1.2 mostra um dispositivo incorporado típico baseado num núcleo ARM compreende um núcleo (o motor de execução que processa as instruções e manipula os dados) mais os componentes circundantes que o ligam a um barramento. Estes componentes podem incluir a gestão da memória e as caches.

- *Os controladores* coordenam blocos funcionais importantes do sistema. Dois controladores comuns são os controladores de interrupção e de memória.
- *Os periféricos* fornecem toda a capacidade de entrada-saída externa ao chip e são responsáveis pela singularidade do dispositivo incorporado.
- Um *bus* é utilizado para comunicar entre diferentes partes do dispositivo.

1.4 TECNOLOGIA DE BARRAMENTO DE BRAÇO

Os sistemas incorporados utilizam tecnologias de barramento diferentes das concebidas para PCs x86. A tecnologia de barramento de PC mais comum, o barramento PCI (Peripheral Component Interconnect), liga dispositivos como placas de vídeo e controladores de disco rígido ao barramento do processador x86. Este tipo de tecnologia é externo ou fora do chip (ou seja, o barramento foi concebido para se ligar mecânica e eletricamente a dispositivos externos ao chip) e está integrado na placa-mãe de um PC. Em contrapartida, os dispositivos incorporados utilizam um barramento interno ao chip, que permite a interconexão de diferentes dispositivos periféricos com um núcleo ARM.

Existem duas classes diferentes de dispositivos ligados ao barramento. O núcleo do processador ARM é um bus master, um dispositivo lógico capaz de iniciar uma transferência de dados com outro dispositivo através do mesmo bus. Os periféricos tendem a ser dispositivos lógicos "escravos do barramento", capazes apenas de responder a um pedido de transferência de um dispositivo "mestre do barramento".

Um barramento tem dois níveis de arquitetura. O primeiro é um nível físico que abrange as caraterísticas eléctricas e a largura do barramento (16, 32, 64 bits). O segundo nível trata do protocolo das regras lógicas que regem a comunicação entre o processador e um periférico. A ARM é sobretudo uma empresa de design. Raramente implementa as caraterísticas eléctricas do barramento, mas especifica regularmente o protocolo do barramento.

1.5 PROTOCOLO DE BARRAMENTO AMBA

A Arquitetura de Barramento de Microcontroladores Avançados (AMBA) foi introduzida em 1996 e tem sido amplamente adoptada como a arquitetura de barramento na pastilha utilizada para os processadores ARM. Os primeiros barramentos AMBA introduzidos foram o ARM System Bus (ASB) e o ARM Peripheral Bus (APB). Posteriormente, a ARM introduziu outro design de barramento, denominado ARM High Performance Bus (AHB). Utilizando o AMBA, o designer de periféricos pode reutilizar o mesmo design em vários projectos. Como existe um grande número de periféricos desenvolvidos com uma interface AMBA, os designers de hardware têm uma vasta escolha de periféricos testados e comprovados para utilização num dispositivo. Um periférico pode simplesmente ser ligado ao barramento no chip sem ter de redesenhar uma interface para cada arquitetura de processador diferente. Esta interface plug-and-play para os criadores de hardware melhora a disponibilidade e o tempo de colocação no mercado.

O AHB proporciona uma maior capacidade de transmissão de dados do que o ASB porque se baseia num esquema de barramento multiplexado centralizado em vez da conceção de barramento bidirecional do ASB. Esta alteração permite que o barramento AHB funcione a velocidades de relógio mais elevadas e que seja o primeiro barramento ARM a suportar larguras de 64 e 128 bits. A ARM introduziu duas variações no barramento AHB: AHB multi-camadas e AHB-Lite. Em contraste com o AHB original, que permite que um único bus master esteja ativo no barramento em qualquer altura, o barramento AHB multicamadas permite vários bus masters activos. O AHB-Lite é um subconjunto do barramento AHB e está limitado a um único bus master. Este barramento foi desenvolvido para projectos que não requerem todas as funcionalidades do barramento AHB padrão.

O AHB e o AHB multi-camadas suportam o mesmo protocolo para master e slave mas têm interligações diferentes. As novas interligações no AHB multicamadas são boas para sistemas com vários processadores. Permitem que as operações ocorram em paralelo e permitem taxas de transferência mais elevadas.

O dispositivo de exemplo mostrado na Figura 1.2 tem três barramentos: um barramento AHB para os periféricos de alto desempenho, um barramento APB para os periféricos mais lentos e um terceiro barramento para periféricos externos, proprietário deste dispositivo. Este barramento externo requer uma ponte especializada para se ligar ao barramento AHB.

1.5.1 MEMÓRIA

Um sistema incorporado tem de ter alguma forma de memória para armazenar e executar código. É necessário comparar o preço, o desempenho e o consumo de energia ao decidir sobre as caraterísticas específicas da memória, como a hierarquia, a largura e o tipo. Se a memória tiver de funcionar a uma velocidade duas vezes superior para manter a largura de banda pretendida, os requisitos de potência da memória poderão ser mais elevados.

1.5.1.1 HIERARQUIA

Todos os sistemas informáticos têm memória organizada de alguma forma hierárquica. A Figura 1.2 mostra um dispositivo que suporta memória externa fora do chip. Internamente ao processador existe a opção de uma cache (não mostrada na Figura 1.2) para melhorar o desempenho da memória. A Figura 1.3 mostra as compensações de memória - a cache de memória mais rápida está fisicamente localizada mais perto do núcleo do processador ARM e a memória secundária mais lenta está mais afastada. Em geral, quanto mais próxima a memória estiver do núcleo do processador, maior será o seu custo e menor será a sua capacidade.

A cache é colocada entre a memória principal e o núcleo. É utilizada para acelerar a transferência de dados entre o processador e a memória principal. A cache proporciona um aumento global do desempenho, mas com uma perda de tempo de execução previsível. Embora a cache aumente o desempenho geral do sistema, não ajuda a resposta do sistema em tempo real. Note-se que muitos pequenos sistemas incorporados não necessitam dos benefícios de desempenho de uma cache. A memória principal é grande, com cerca de 256 KB a 256 MB (ou mesmo mais), consoante a aplicação, e está geralmente armazenada em chips separados. As instruções de carregamento e armazenamento acedem à memória principal, a menos que os valores tenham sido armazenados na cache para um acesso rápido. A memória secundária é a maior e mais lenta forma de memória.

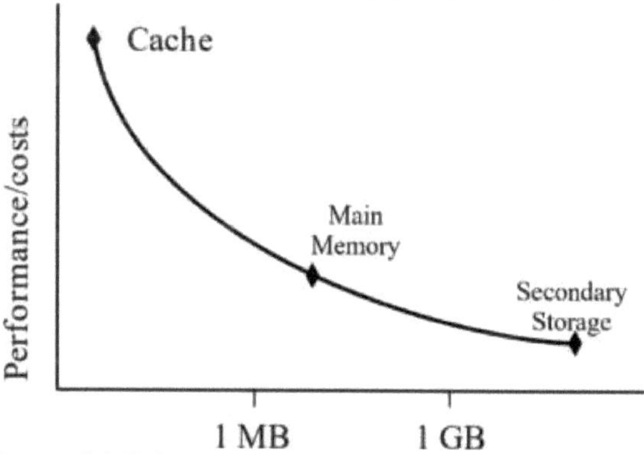

Figura 1.3 Soluções alternativas de armazenamento.

As unidades de disco rígido e as unidades de CD-ROM são exemplos de armazenamento secundário. Atualmente, o armazenamento secundário pode variar entre 600 MB e 60 GB de desempenho geral do sistema, mas não contribui para a resposta do sistema em tempo real. Note-se que muitos pequenos sistemas embebidos não necessitam dos benefícios de desempenho de uma cache. A memória principal é grande - cerca de 256 KB a 256 MB (ou mesmo mais), dependendo da aplicação - e está geralmente armazenada em chips separados. As instruções de carregamento e armazenamento acedem à memória principal, a menos que os valores tenham sido armazenados na cache para um acesso rápido. O armazenamento secundário é a forma maior e mais lenta de memória. As unidades de disco rígido e as unidades de CD-ROM são exemplos de armazenamento secundário. Atualmente, o armazenamento secundário pode variar entre 600 MB e 60 GB.

1.5.1.2 LARGURA

A largura da memória é o número de bits que a memória devolve em cada acesso - normalmente 8, 16, 32 ou 64 bits. A largura da memória tem um efeito direto na relação global de desempenho e custo. Se tiver um sistema sem cache usando instruções ARM de 32 bits e chips de memória de 16 bits de largura, o processador terá que fazer duas buscas de memória por instrução. Cada busca requer duas cargas de 16 bits. Isto tem obviamente o efeito de reduzir o desempenho do sistema, mas a vantagem é que a memória de 16 bits é menos dispendiosa.

Em contrapartida, se o núcleo executar instruções Thumb de 16 bits, obterá um melhor desempenho com uma memória de 16 bits. O desempenho superior resulta do facto de o núcleo fazer apenas uma única pesquisa na memória para carregar uma instrução. Assim, a utilização de instruções Thumb com dispositivos de memória de 16 bits proporciona um melhor desempenho e um custo reduzido. A Tabela 1.1 resume os tempos de ciclo teóricos num processador ARM utilizando dispositivos de memória de diferentes larguras.

1.5.1.3 TIPOS

Existem muitos tipos diferentes de memória. Nesta secção, descrevemos alguns dos dispositivos de memória mais populares encontrados em sistemas incorporados baseados em ARM.

A memória só de leitura (ROM) é o menos flexível de todos os tipos de memória, porque contém uma imagem que está permanentemente definida no momento da produção e não pode ser reprogramada. As ROMs são utilizadas em dispositivos de grande volume que não necessitam de actualizações ou correcções. Muitos dispositivos também utilizam uma ROM para guardar o código de arranque.

Tabela 1.1 Obtenção de instruções da memória

Tamanho da instrução	Memória de 8 bits	Memória de 16 bits	Memória de 32 bits
ARM de 32 bits	4 ciclos	2 ciclos	1 ciclo
Polegar de 16 bits	2 ciclos	1 ciclo	1 ciclo

A Flash ROM pode ser escrita e lida, mas a sua escrita é lenta, pelo que não deve ser utilizada para guardar dados dinâmicos. A sua principal utilização é para guardar o firmware do dispositivo ou armazenar dados a longo prazo que precisam de ser preservados depois de desligada a alimentação. O apagamento e a escrita da ROM flash são totalmente controlados por software, sem necessidade de circuitos de hardware adicionais, o que reduz os custos de fabrico. A Flash ROM tornou-se o mais popular dos tipos de memória só de leitura e é atualmente utilizada como alternativa para armazenamento em massa ou secundário. A memória dinâmica de acesso aleatório (DRAM) é a RAM mais comummente utilizada nos dispositivos. Tem o custo mais baixo por megabyte em comparação com outros tipos de RAM. A DRAM é dinâmica - as suas células de armazenamento têm de ser actualizadas e receber uma nova carga eletrónica a cada poucos milissegundos, pelo que é necessário configurar um controlador de DRAM antes de utilizar a memória. A memória estática de acesso aleatório (SRAM) é mais rápida do que a DRAM mais tradicional, mas requer mais área de silício. A SRAM é estática - a RAM não necessita de ser actualizada. O tempo de acesso à SRAM é consideravelmente mais curto do que o da DRAM equivalente, porque a SRAM não requer uma pausa entre os acessos aos dados. Devido ao seu custo mais elevado, é utilizada principalmente para tarefas mais pequenas de alta velocidade, como memória rápida e caches. A memória dinâmica síncrona de acesso aleatório (SDRAM) é uma das muitas subcategorias de DRAM. Pode funcionar a velocidades de relógio muito superiores às da memória convencional. A SDRAM sincroniza-se com o barramento do processador porque tem um relógio. Internamente, os dados são obtidos a partir das células de memória, canalizados e, por fim, enviados para o barramento numa rajada. A DRAM antiga é assíncrona e, por isso, não é tão eficiente como a SDRAM.

1.1.1 PERIFÉRICOS

Os sistemas incorporados que interagem com o mundo exterior necessitam de algum tipo de dispositivo periférico. Um dispositivo periférico executa funções de entrada e saída para o chip, ligando-se a outros dispositivos ou sensores que estão fora do chip. Cada dispositivo periférico desempenha normalmente uma única função e pode residir no chip. Os periféricos vão desde um simples dispositivo de comunicação em série até um dispositivo sem fios 802.11 mais complexo.

Todos os periféricos ARM são mapeados na memória e a interface de programação é um conjunto de registos endereçados à memória. O endereço destes registos é um desvio de um endereço de base periférico específico. Os controladores são periféricos especializados que implementam níveis mais elevados de funcionalidade num sistema incorporado. Dois tipos importantes de controladores são os controladores de memória e os controladores de interrupção.

1.1.1.1 CONTROLADORES DE MEMÓRIA

Os controladores de memória ligam diferentes tipos de memória ao barramento do processador. Ao ser ligado, um controlador de memória é configurado em hardware para permitir que determinados dispositivos de memória estejam activos. Estes dispositivos de memória permitem que o código de inicialização seja executado. Alguns dispositivos de memória têm de ser configurados por software; por exemplo, quando se utiliza DRAM, é necessário configurar primeiro os tempos e a taxa de atualização da memória antes de esta poder ser acedida.

1.1.1.2 CONTROLADORES DE INTERRUPÇÃO

Quando um periférico ou dispositivo necessita de atenção, provoca uma interrupção para o processador. Um controlador de interrupções fornece uma política de gestão programável que permite ao software determinar que periférico ou dispositivo pode interromper o processador em qualquer momento específico, definindo os bits apropriados nos registos do controlador de interrupções.

Existem dois tipos de controlador de interrupções disponíveis para o processador ARM: o controlador de interrupções padrão e o controlador de interrupções vectoriais (VIC). O controlador de interrupções padrão envia um sinal de interrupção para o núcleo do processador quando um dispositivo externo solicita assistência. Pode ser programado para ignorar ou mascarar um dispositivo individual ou um conjunto de dispositivos.

O tratador de interrupções determina qual o dispositivo que necessita de assistência através da leitura de um registo de mapa de bits do dispositivo no controlador de interrupções. O VIC é mais poderoso do que o controlador de interrupções padrão porque dá prioridade às interrupções e simplifica a determinação do dispositivo que causou a interrupção.

Depois de associar uma prioridade e um endereço do gestor a cada interrupção, o VIC só emite um sinal de interrupção para o núcleo se a prioridade de uma nova interrupção for superior à do gestor de interrupções atualmente em execução. Dependendo do seu tipo, o VIC chamará o tratador de excepções de interrupção padrão, que pode carregar o endereço do tratador do dispositivo a partir do VIC, ou fará com que o núcleo salte diretamente para o tratador do dispositivo

1.2 SOFTWARE DE SISTEMAS INCORPORADOS

Um sistema incorporado precisa de software para o controlar. A Figura 1.4 mostra quatro componentes de software típicos necessários para controlar um dispositivo incorporado. Cada componente de software da pilha utiliza um nível de abstração mais elevado para separar o código do dispositivo de hardware. O código de inicialização é o primeiro código executado na placa e é específico para um determinado alvo ou grupo de alvos. Configura as partes mínimas da placa antes de passar o controlo para o sistema operativo.

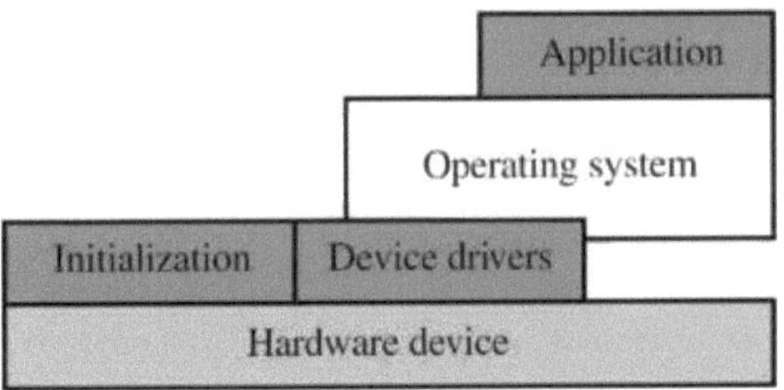

Figura 1.4 Camadas de abstração de software em execução no hardware.

O sistema operativo fornece uma infraestrutura para controlar as aplicações e gerir os recursos do sistema de hardware. Muitos sistemas incorporados não necessitam de um sistema operativo completo, mas apenas de um programador de tarefas simples, orientado por eventos ou sondagens. Os controladores de dispositivos são o terceiro componente apresentado na Figura 1.4.

Proporcionam uma interface de software coerente com os periféricos do dispositivo de hardware. Por último, uma aplicação executa uma das tarefas necessárias para um dispositivo. Por exemplo, um telemóvel pode ter uma aplicação de agenda. Podem existir várias aplicações a funcionar no mesmo dispositivo, controladas pelo sistema operativo. Os componentes de software podem ser executados a partir de ROM ou RAM. O código ROM que está fixo no dispositivo (por exemplo, o código de inicialização) é designado por firmware.

1.2.1 CÓDIGO DE INICIALIZAÇÃO (BOOT)

O código de inicialização (ou código de arranque) leva o processador do estado de reinicialização para um estado em que o sistema operativo pode ser executado. Normalmente, configura o controlador de memória e as caches do processador e inicializa alguns dispositivos. Num sistema simples, o sistema operativo pode ser substituído por um simples agendador ou monitor de depuração.

O código de inicialização lida com um número de tarefas administrativas antes de passar o controlo para uma imagem do sistema operativo. Podemos agrupar estas diferentes tarefas em três fases: configuração inicial de hardware, diagnóstico e arranque. A configuração inicial de hardware envolve a configuração da plataforma alvo para que ela possa inicializar uma imagem.

Embora a própria plataforma alvo apareça numa configuração padrão, esta configuração normalmente requer modificações para satisfazer os requisitos da imagem inicializada. Por exemplo, o sistema de memória normalmente requer a reorganização do mapa de memória, como mostrado no Exemplo 1.1. Os diagnósticos são frequentemente incorporados no código de inicialização. O código de diagnóstico testa o sistema exercitando o alvo de hardware para verificar se o alvo está em condições de funcionamento.

Também detecta problemas padrão relacionados com o sistema. Este tipo de teste é importante para o fabrico, uma vez que ocorre depois de o produto de software estar completo. O principal objetivo do código de diagnóstico é a identificação e o isolamento de falhas.

O arranque envolve o carregamento de uma imagem e a transferência do controlo para essa imagem. O processo de arranque em si pode ser complicado se o sistema tiver de arrancar diferentes sistemas operativos ou diferentes versões do mesmo sistema operativo. O arranque de uma imagem é a fase final, mas primeiro é necessário carregar a imagem. Carregar uma imagem envolve qualquer coisa, desde copiar um programa inteiro, incluindo código e dados, para a RAM, até apenas copiar uma área de dados contendo variáveis voláteis para a RAM.

Uma vez iniciado, o sistema entrega o controlo modificando o contador do programa para apontar para o início da imagem. Por vezes, para reduzir o tamanho da imagem, uma imagem é comprimida. A imagem é depois descomprimida quando é carregada ou quando o controlo lhe é entregue.

1.2.2 EXEMPLO 1.1

A inicialização ou organização da memória é uma parte importante do código de inicialização porque muitos sistemas operacionais esperam um layout de memória conhecido antes de poderem iniciar. A Figura 1.5 mostra a memória antes e depois da reorganização.

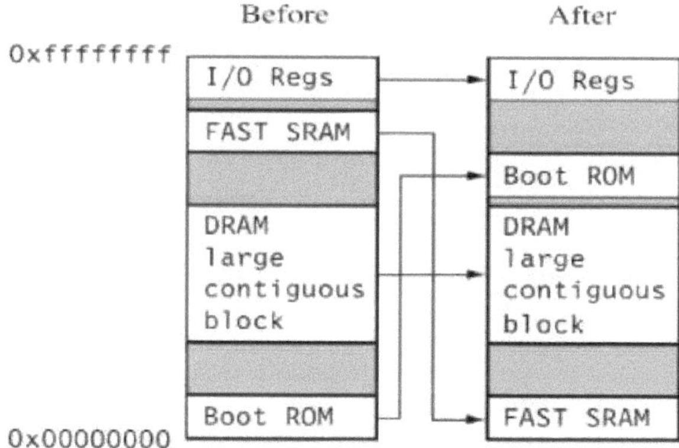

Figura 1.5 Remapeamento de memória.

É comum que os sistemas embebidos baseados em ARM prevejam o remapeamento da memória, porque permite que o sistema inicie o código de inicialização a partir da ROM no arranque. O código de inicialização redefine ou remapeia o mapa de memória para colocar a RAM no endereço 0x00000000, um passo importante porque assim a tabela de vectores de exceção pode estar na RAM e, portanto, pode ser reprogramada.

1.1.1 SISTEMA OPERATIVO

O processo de inicialização prepara o hardware para que um sistema operativo assuma o controlo. Um sistema operativo organiza os recursos do sistema: os periféricos, a memória e o tempo de processamento. Com um sistema operativo a controlar estes recursos, estes podem ser utilizados de forma eficiente por diferentes aplicações executadas no ambiente do sistema operativo. Os processadores ARM suportam mais de 50 sistemas operativos. Podemos dividir os sistemas operativos em duas categorias principais: sistemas operativos em tempo real (RTOS) e sistemas operativos de plataforma. Os RTOS fornecem tempos de resposta garantidos aos eventos. Os diferentes sistemas operativos têm diferentes níveis de controlo sobre o tempo de resposta do sistema. Uma aplicação em tempo real rígida requer uma resposta garantida para poder funcionar. Em contrapartida, uma aplicação soft real-time requer um bom tempo de resposta, mas o desempenho degrada-se mais graciosamente se o tempo de resposta for ultrapassado. Os sistemas que executam um RTOS não dispõem geralmente de armazenamento secundário. Os sistemas operativos de plataforma requerem uma unidade de gestão de memória para gerir aplicações de grande dimensão e não em tempo real e tendem a ter armazenamento secundário. O sistema operativo Linux é um exemplo típico de um sistema operativo de plataforma. Estas duas categorias de sistemas operativos não se excluem mutuamente: há sistemas operativos que utilizam um núcleo ARM com uma unidade de gestão de memória e têm caraterísticas de tempo real. A ARM desenvolveu um conjunto de núcleos de processador que visam especificamente cada categoria.

1.1.2 APLICAÇÕES

O sistema operativo programa o código das aplicações dedicadas a uma determinada tarefa. Uma aplicação implementa uma tarefa de processamento; o sistema operativo controla o ambiente. Um sistema incorporado pode ter uma aplicação ativa ou várias aplicações a funcionar em simultâneo.

Os processadores ARM encontram-se em vários segmentos de mercado, incluindo redes, automóveis, dispositivos móveis e de consumo, armazenamento em massa e imagiologia. Em cada segmento, os processadores ARM podem ser encontrados em múltiplas aplicações. Por exemplo, o processador ARM encontra-se em aplicações de rede, como gateways domésticos, modems DSL para comunicações de alta velocidade com a Internet e comunicações sem fios 802.11. O segmento dos dispositivos móveis é a maior área de aplicação dos processadores ARM, devido aos telemóveis. Os processadores ARM encontram-se também em dispositivos de armazenamento de massa, como discos rígidos, e em produtos de imagem, como aplicações de impressoras de jato de tinta, que são sensíveis ao custo e de grande volume. Em contrapartida, os processadores ARM não se encontram em aplicações que exijam um elevado desempenho de ponta. Uma vez que estas aplicações tendem a ser de baixo volume e de elevado custo, a ARM decidiu não centrar os seus projectos neste tipo de aplicações.

1.2 FUNDAMENTOS DO PROCESSADOR ARM

Um programador pode pensar num núcleo ARM como unidades funcionais ligadas por barramentos de dados, como mostra a Figura 2.1, em que as setas representam o fluxo de dados, as linhas representam os barramentos e as caixas representam uma unidade de operação ou uma área de armazenamento. A figura mostra não só o fluxo de dados, mas também os componentes abstractos que constituem um núcleo ARM. Os dados entram no núcleo do processador através do barramento de dados. Os dados podem ser uma instrução a ser executada ou um item de dados. A Figura 1.6 mostra uma implementação Von Neumann do ARM - os itens de dados e as instruções partilham o mesmo barramento. Em contrapartida, as implementações Harvard do ARM utilizam dois barramentos diferentes. O descodificador de instruções traduz as instruções antes de serem executadas. Cada instrução executada pertence a um determinado conjunto de instruções. O processador ARM, tal como todos os processadores RISC, utiliza uma arquitetura load-store. Isto significa que tem dois tipos de instruções para transferir dados para dentro e para fora do processador: as instruções de carregamento copiam dados da memória para os registos no núcleo e, inversamente, as instruções de armazenamento copiam dados dos registos para a memória. Não existem instruções de processamento de dados que manipulem diretamente os dados na memória. Assim, o processamento de dados é efectuado apenas nos registos.

Os itens de dados são colocados no ficheiro de registos, um banco de armazenamento constituído por registos de 32 bits. Uma vez que o núcleo ARM é um processador de 32 bits, a maioria das instruções trata os registos como contendo valores de 32 bits com ou sem sinal. O hardware de extensão de sinal converte números com sinal de 8 e 16 bits em valores de 32 bits à medida que são lidos da memória e colocados num registo.

As instruções ARM têm normalmente dois registos de origem, Rn e Rm, e um único resultado ou registo de destino, Rd. Os operandos de origem são lidos a partir do ficheiro de registos utilizando os barramentos internos A e B, respetivamente. A ALU (unidade lógica aritmética) ou MAC (unidade de multiplicação-acumulação) recebe os valores de registo Rn e Rm dos barramentos A e B e calcula um resultado.

As instruções de processamento de dados escrevem o resultado em Rd diretamente no ficheiro de registo. As instruções de carregamento e armazenamento utilizam a UAL para gerar um endereço a ser mantido no registo de endereços e transmitido no barramento de endereços. Uma caraterística importante do ARM é que o registo Rm, em alternativa, pode ser pré-processado no deslocador de barril antes de entrar na UAL. Em conjunto, o deslocador de barril e a UAL podem calcular uma vasta gama de expressões e endereços.

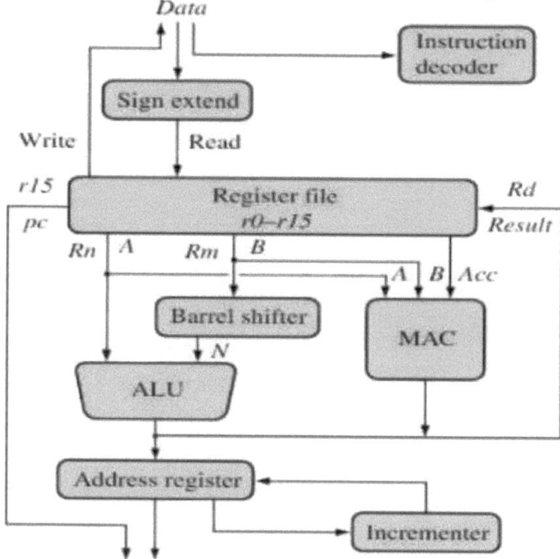

Figura 1.6 Modelo de fluxo de dados do núcleo ARM.

Depois de passar pelas unidades funcionais, o resultado em Rd é escrito de volta no ficheiro de registo usando o barramento de resultados. Para as instruções de carregamento e armazenamento, o incrementador actualiza o registo de endereço antes de o núcleo ler ou escrever o próximo valor de registo de ou para a próxima localização sequencial da memória. O processador continua a executar instruções até que uma exceção ou interrupção altere o fluxo normal de execução.

Agora que já tem uma visão geral do núcleo do processador, vamos analisar mais detalhadamente alguns dos principais componentes do processador: os registos, o registo de estado do programa atual (cpsr) e o pipeline.

1.3 REGISTOS

Os registos de uso geral contêm dados ou um endereço. São identificados com a letra r prefixada ao número do registo. Por exemplo, ao registo 4 é atribuída a etiqueta r4. A figura 1.7 mostra os registos activos disponíveis no modo de utilizador, um modo protegido normalmente utilizado na execução de aplicações. O processador pode operar em sete modos diferentes, que apresentaremos em breve. Todos os registos mostrados têm 32 bits de tamanho. Existem até 18 registos activos: 16 registos de dados e 2 registos de estado do processador. Os registos de dados são visíveis para o programador como r0 a r15. O processador ARM tem três registos atribuídos a uma determinada tarefa ou função especial: r13, r14 e r15. São-lhes frequentemente atribuídos rótulos diferentes para os diferenciar dos outros registos. Na Figura 1.7, os registos sombreados identificam os registos para fins especiais atribuídos:

O registo r13 é tradicionalmente utilizado como ponteiro de pilha (sp) e armazena a cabeça da pilha no modo de processador atual.

O registo r14 é designado por registo de ligação (lr) e é onde o núcleo coloca o endereço de retorno sempre que chama uma sub-rotina.

O registo r15 é o contador de programa (pc) e contém o endereço da próxima instrução a ser obtida pelo processador.

r0
r1
r2
r3
r4
r5
r6
r7
r8
r9
r10
r11
r12
r13 sp
r14 lr
r15 pc

Figura 1.7 Registos disponíveis no modo *de utilizador*.

Dependendo do contexto, os registos r13 e r14 podem também ser utilizados como registos de uso geral, o que pode ser particularmente útil uma vez que estes registos são colocados em banco durante uma mudança de modo do processador. No entanto, é perigoso utilizar r13 como um registo geral quando o processador está a executar qualquer tipo de sistema operativo, porque os sistemas operativos assumem frequentemente que r13 aponta sempre para uma estrutura de pilha válida. No estado ARM, os registos r0 a r13 são ortogonais - qualquer instrução que possa ser aplicada a r0 pode igualmente ser aplicada a qualquer um dos outros registos. No entanto, há instruções que tratam r14 e r15 de uma forma especial. Para além dos 16 registos de dados, existem dois registos de estado do programa: cpsr e spsr (os registos de estado do programa atual e guardado, respetivamente). O ficheiro de registo contém todos os registos disponíveis para um programador. Os registos visíveis para o programador dependem do modo atual do processador.

1.4 REGISTO DE ESTADO DO PROGRAMA ACTUAL

O núcleo ARM utiliza o cpsr para monitorizar e controlar as operações internas. O cpsr é um registo dedicado de 32 bits e reside no ficheiro de registos. A Figura 1.8 mostra a disposição básica de um registo genérico de estado do programa. Note-se que as partes sombreadas estão reservadas para expansão futura.

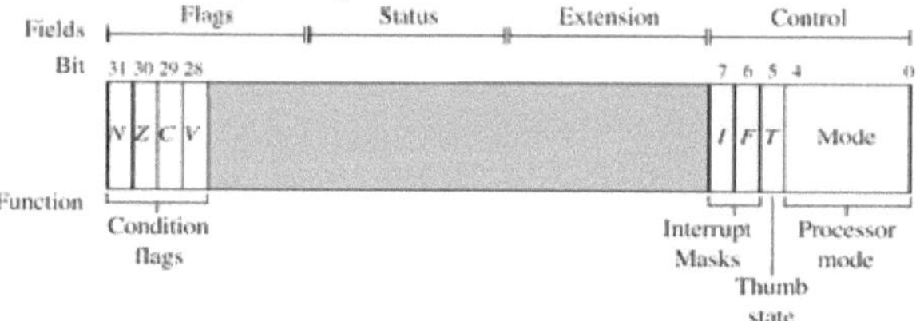

Figura 1.8 Um registo genérico de estado do programa (psr)

O cpsr está dividido em quatro campos, cada um com 8 bits de largura: sinalizadores, estado, extensão e controlo. Nos projectos actuais, os campos de extensão e de estado estão reservados para utilização futura. O campo de controlo contém o modo do processador, o estado e os bits de máscara de interrupção. O campo de flags contém os flags de condição. Alguns núcleos de processadores ARM têm bits extra atribuídos. Por exemplo, o bit J, que pode ser encontrado no campo flags, só está disponível em processadores habilitados para Jazelle, que executam instruções de 8 bits. É altamente provável que os futuros projectos atribuam bits extra para a monitorização e controlo de novas funcionalidades.

1.4.1 MODOS DO PROCESSADOR

O modo do processador determina quais os registos que estão activos e os direitos de acesso ao próprio registo cpsr. Cada modo de processador é privilegiado ou não privilegiado: Um modo privilegiado permite o acesso total de leitura e escrita ao cpsr. Inversamente, um modo não privilegiado apenas permite o acesso de leitura ao campo de controlo no cpsr, mas continua a permitir o acesso de leitura-escrita aos sinalizadores de condição. Existem sete modos de processador no total: seis modos privilegiados (abortar, pedido de interrupção rápida, pedido de interrupção, supervisor, sistema e indefinido) e um modo não privilegiado (utilizador).

O processador entra no modo de interrupção quando há uma tentativa falhada de aceder à memória. Os modos de pedido de interrupção rápida e de pedido de interrupção correspondem aos dois níveis de interrupção disponíveis no processador ARM. O modo supervisor é o modo em que o processador se encontra após a reinicialização e é geralmente o modo em que o kernel de um sistema operativo funciona. O modo de sistema é uma versão especial do modo de utilizador que permite o acesso total de leitura e escrita ao cpsr. O modo indefinido é utilizado quando o processador encontra uma instrução indefinida ou não suportada pela implementação. O modo de utilizador é utilizado para programas e aplicações.

1.4.2REGISTOS BANCÁRIOS

A Figura 1.9 mostra todos os 37 registos no ficheiro de registos. Destes, 20 registos estão escondidos de um programa em momentos diferentes. Estes registos são chamados registos em banco e são identificados pelo sombreado no diagrama diretamente no modo

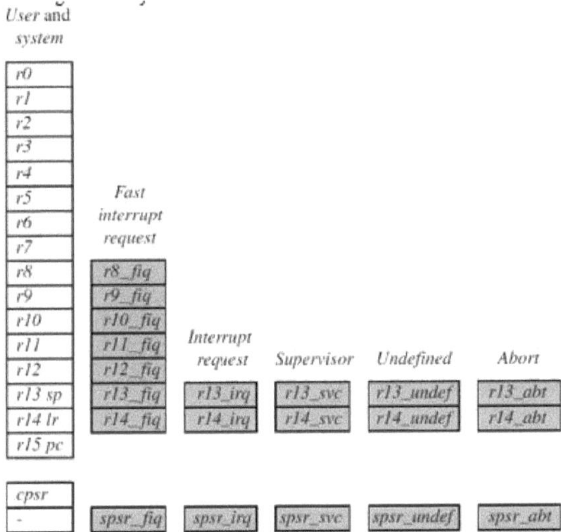

Só estão disponíveis quando o processador se encontra num registo de um determinado modo são indicados por um carácter sublinhado pós-fixado à mnemónica de modo ou _mode. Todos os modos do processador, exceto o modo de utilizador, podem mudar de modo escrevendo bits do cpsr. Todos os modos do processador, com exceção do modo de sistema, têm um conjunto de registos em banco associados que são um subconjunto dos registos principais16. Um registo de banco mapeia um a um um registo de modo de utilizador. Se mudar de modo de processador, um registo em banco do novo modo substituirá um registo existente.

Por exemplo, quando o processador está no modo de pedido de interrupção, as instruções que executa continuam a aceder aos registos r13 e r14. No entanto, estes registos são os registos em banco r13_irq e r14_irq. Os registos de modo de utilizador r13_usr e r14_usr não são afectados pela instrução que referencia estes registos. Um programa continua a ter acesso normal aos outros registos r0 a r12.

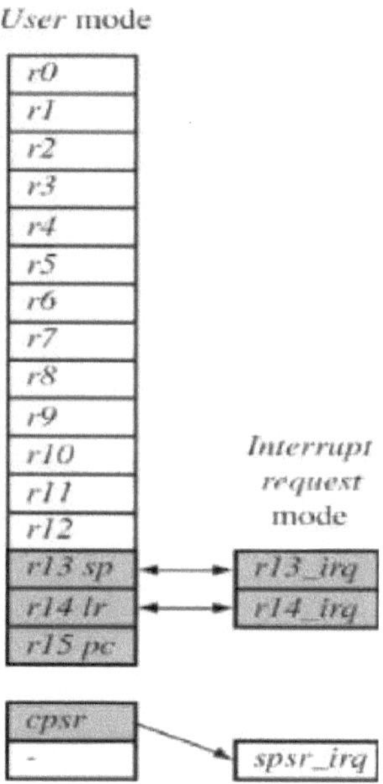

Figura 1.10 Mudança de modo numa exceção.

O modo do processador pode ser alterado por um programa que escreve diretamente no cpsr (o núcleo do processador tem de estar em modo privilegiado) ou por hardware quando o núcleo responde a uma exceção ou interrupção. As seguintes excepções e interrupções provocam uma alteração de modo: reinicialização, pedido de interrupção, pedido de interrupção rápida, interrupção de software, aborto de dados, aborto de pré-busca e instrução indefinida. As excepções e interrupções suspendem a execução normal de instruções sequenciais e saltam para uma localização específica. A figura 1.10 ilustra o que acontece quando uma interrupção força uma mudança de modo. A figura mostra o núcleo a mudar do modo de utilizador para o modo de pedido de interrupção, o que acontece quando ocorre um pedido de interrupção devido a um dispositivo externo que levanta uma interrupção para o núcleo do processador. Esta alteração faz com que os registos do utilizador r13 e r14 sejam colocados em banco. Os registos de utilizador são substituídos pelos registos r13_irq e r14_irq, respetivamente. Note que r14_irq contém o endereço de retorno e r13_irq contém o ponteiro de pilha para o modo de pedido de interrupção. A Figura 1.10 também mostra um novo registo que aparece no modo de pedido de interrupção: o registo de estado do programa guardado (spsr), que armazena o cpsr do modo anterior. Pode ver-se no diagrama o cpsr a ser copiado para spsr_irq. Para voltar ao modo de utilizador, é utilizada uma instrução de retorno especial que instrui o núcleo a restaurar o cpsr original a partir do spsr_irq e a colocá-lo nos registos de utilizador r13 e r14. Note-se que o spsr só pode ser modificado e lido em modo privilegiado. Não existe nenhum spsr disponível em modo de utilizador.

Outra caraterística importante a notar é que o cpsr não é copiado para o spsr quando uma mudança de modo é forçada devido a um programa que escreve diretamente no cpsr. A gravação do cpsr só ocorre quando uma exceção ou interrupção é levantada.

A figura 1.8 mostra que o modo de processador ativo atual ocupa os cinco bits menos significativos do cpsr. Quando a energia é aplicada ao núcleo, ele inicia no modo supervisor, que é privilegiado.
Começar em um modo privilegiado é útil, pois o código de inicialização pode acessar o cpsr para configurar as pilhas para cada um dos outros modos.
A tabela 1.2 enumera os vários modos e os padrões binários associados. A última coluna da tabela apresenta os padrões de bits que representam cada um dos modos do processador no cpsr.

Tabela 1.2 Modo do processador.

Modo	Abreviatura	Privilegiado	Modo[4:0]
Abortar	cerca de	sim	10111
Pedido de interrupção rápida	fiq	sim	10001
Pedido de interrupção	irque	sim	10010
Supervisor	svc	sim	10011
Sistema	sistema	sim	11111
Indefinido	und	sim	**não**
Utilizador	usr	não	10000

1.4.3 Conjuntos de estados e de instruções

O estado do núcleo determina o conjunto de instruções que está a ser executado. Existem três conjuntos de instruções: ARM, Thumb e Jazelle. O conjunto de instruções ARM só está ativo quando o processador está no estado ARM. Da mesma forma, o conjunto de instruções Thumb só está ativo quando o processador se encontra no estado Thumb. Uma vez no estado Thumb, o processador está a executar apenas instruções Thumb de 16 bits. Não é possível misturar instruções sequenciais ARM, Thumb e Jazelle.
Os bits Jazelle J e Thumb T no cpsr reflectem o estado do processador. Quando ambos os bits J e T são 0, o processador está no estado ARM e executa instruções ARM. Este é o caso quando é aplicada energia ao processador. Quando o bit T é 1, o processador está no estado Thumb. Para mudar de estado, o núcleo executa uma instrução de ramificação especializada. A Tabela 1.3 compara as caraterísticas dos conjuntos de instruções ARM e Thumb.
Os projectistas da ARM introduziram um terceiro conjunto de instruções denominado Jazelle. O Jazelle executa instruções de 8 bits e é uma mistura híbrida de software e hardware concebida para acelerar a execução de bytecodes Java. Para executar bytecodes Java, é necessária a tecnologia Jazelle e uma versão especialmente modificada da máquina virtual Java. É importante notar que a parte de hardware do Jazelle apenas suporta um subconjunto dos bytecodes Java; os restantes são emulados em software

Tabela 1.3 Caraterísticas do conjunto de instruções ARM e Thumb.

	ARM (cpsrT=0)	Polegar *(cpsr T=* 1)
Tamanho da instrução	32 bits	16 bits
Instruções básicas	58	30
Execução condicional[3]	mais	apenas instruções de ramificação
Processamento de dados	acesso à alavanca de velocidades e	alavanca de velocidades de

		tambor separado e
instruções	ALU	Instruções ALU
Registo de estado do programa	leitura-escrita em modo privilegiado	sem acesso direto
Utilização do registo	15 registos de uso geral +pc	8 registos de uso geral +7 registos altos *+pc*

Tabela 1.4 Caraterísticas do conjunto de instruções Jazelle.

Jazelle *(cpsr T= 0, J= 1)*
Tamanho da instrução 8-bit
Instruções principais Mais de 60% dos bytecodes Java são implementados em hardware; os restantes códigos são implementados em software.

O conjunto de instruções Jazelle é um conjunto de instruções fechado e não está disponível abertamente. A Tabela 1.4 apresenta as caraterísticas do conjunto de instruções Jazelle.

1.4.4 MÁSCARAS DE INTERRUPÇÃO

As máscaras de interrupção são utilizadas para impedir que pedidos de interrupção específicos interrompam o processador. Existem dois níveis de pedido de interrupção disponíveis no núcleo do processador ARM - pedido de interrupção (IRQ) e pedido de interrupção rápida (FIQ).

O cpsr tem dois bits de máscara de interrupção, 7 e 6 (ou I e F), que controlam a máscara de IRQ e FIQ, respetivamente. O bit I mascara IRQ quando definido para binário 1 e, de forma semelhante, o bit F mascara FIQ quando definido para binário 1.

1.4.5 SINALIZADORES DE CONDIÇÃO

Os sinalizadores de condição são actualizados por comparações e pelo resultado das operações da ALU que especificam o sufixo da instrução S. Por exemplo, se uma instrução de subtração SUBS resultar num valor de registo igual a zero, então o sinalizador Z no cpsr é definido. Esta instrução de subtração em particular actualiza especificamente o cpsr.

Quadro 1.5 Sinais de condição

Bandeira	Nome da bandeira	Definir quando
Q	Saturação	o resultado provoca um transbordo e/ou saturação
V	oVerflow	o resultado provoca um excesso de sinal
c	Transportar	o resultado provoca um transporte sem sinal
z	Zero	o resultado é zero, frequentemente utilizado para indicar igualdade
N	Negativo	o bit 31 do resultado é um 1 binário

Com núcleos de processador que incluem as extensões DSP, o Qbit indica se ocorreu um estouro ou saturação numa instrução DSP melhorada. O sinalizador é "fixo" no sentido em que o hardware apenas define este sinalizador.

Para limpar a flag é necessário escrever diretamente no cpsr. Nos processadores habilitados para Jazelle, o bit J reflete o estado do núcleo; se estiver definido, o núcleo está no estado Jazelle. O bit J não é geralmente utilizável e está disponível apenas em alguns núcleos de processador.

Para tirar partido do Jazelle, é necessário licenciar software adicional da ARM Limited e da Sun Microsystems. A maioria das instruções ARM pode ser executada condicionalmente ao valor dos sinalizadores de condição

Figura 1.12 Exemplo: cpsr

Quadro 1.6 Mnemónica das condições

Mnemónica	Nome	Bandeiras de condição
EQ	igual	*Z*
NE	não igual	*z*
CS HS	carry set/unsigned maior ou igual	*C*
CC LO	carry clear/unsigned lower	*c*
MI	menos/negativo	*N*
PL	mais/positivo ou zero	*n*
VS	transbordamento	*V*
VC	sem transbordo	v
HI	superior sem sinal	*zC*
LS	sem sinal inferior ou igual	*Zor c*
GE	assinado maior ou igual	*NV* ou *nv*
LT	assinou menos de	*Nvor nV*
GT	assinado maior que	*NzV* ou *nzv*
LE	assinado menor ou igual	*Zor Nvor nV*
AL	sempre (incondicional)	ignorado

1.4.6 Execução condicional

A execução condicional controla se o núcleo irá ou não executar uma instrução. A maioria das instruções tem um atributo de condição que determina se o núcleo a executará com base na definição dos sinalizadores de condição. Antes da execução, o processador compara o atributo de condição com os marcadores de condição no cpsr. Se coincidirem, a instrução é executada; caso contrário, a instrução é ignorada.

O atributo condição é pós-fixado à mnemónica da instrução, que é codificada na instrução. A Tabela 1.6 lista as mnemónicas do código de execução condicional. Quando uma mnemónica de condição não está presente, o comportamento predefinido é defini-lo como sempre (AL) executado.

1.10 PIPELINE

Um pipeline é o mecanismo que um processador RISC utiliza para executar instruções. A utilização de um pipeline acelera a execução ao ir buscar a instrução seguinte enquanto outras instruções estão a ser descodificadas e executadas. Uma forma de ver o pipeline é pensar nele como uma linha de montagem de um automóvel, em que cada etapa executa uma tarefa específica para fabricar o veículo.

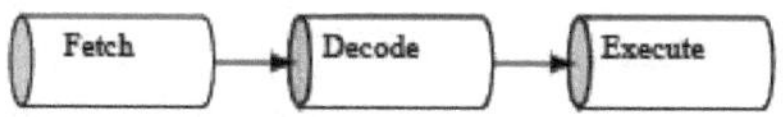

Figura 1.14 Pipeline de três fases do ARM7.

Figure 14 4 mostra uma conduta de três fases:

- *Fetch* carrega uma instrução da memória.
- *A descodificação* identifica a instrução a executar.
- *Executar* processa a instrução e escreve o resultado num registo.

Figure 15 5 ilustra o pipeline utilizando um exemplo simples. Mostra uma sequência de três instruções a serem obtidas, descodificadas e executadas pelo processador. Cada instrução leva um único ciclo para ser concluída depois que o pipeline é preenchido.

As três instruções são colocadas no pipeline sequencialmente. No primeiro ciclo, o núcleo vai buscar a instrução ADD à memória. No segundo ciclo, o núcleo vai buscar a instrução SUB e descodifica a instrução ADD. No terceiro ciclo, as instruções SUB e ADD são movidas ao longo do pipeline. A instrução ADD é executada, a instrução SUB é descodificada e a instrução CMP é obtida. Este procedimento é chamado de preenchimento do pipeline. O pipeline permite que o núcleo execute uma instrução a cada ciclo.

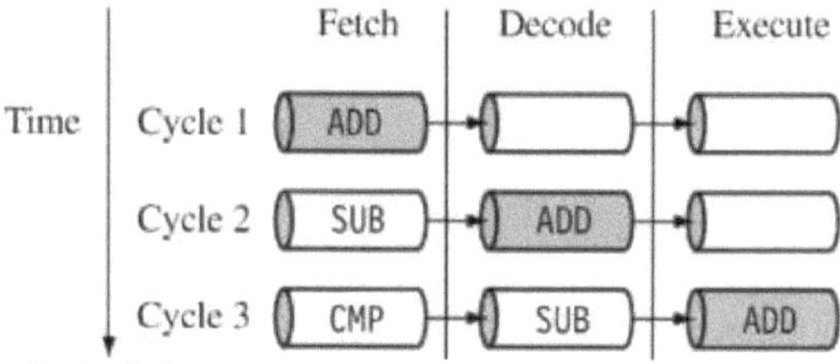

Figura 1.15 Sequência de instruções em pipeline.

À medida que o comprimento do pipeline aumenta, a quantidade de trabalho realizado em cada fase é reduzida, o que permite ao processador atingir uma frequência de funcionamento mais elevada. Isto, por sua vez, aumenta o desempenho. A latência do sistema também aumenta porque são necessários mais ciclos para preencher o pipeline antes de o núcleo poder executar uma instrução. O aumento do comprimento do pipeline também significa que pode haver dependência de dados entre determinados estágios. É possível escrever código para reduzir essa dependência usando o escalonamento de instruções.

Figura 1.16 Pipeline ARM9 de cinco fases

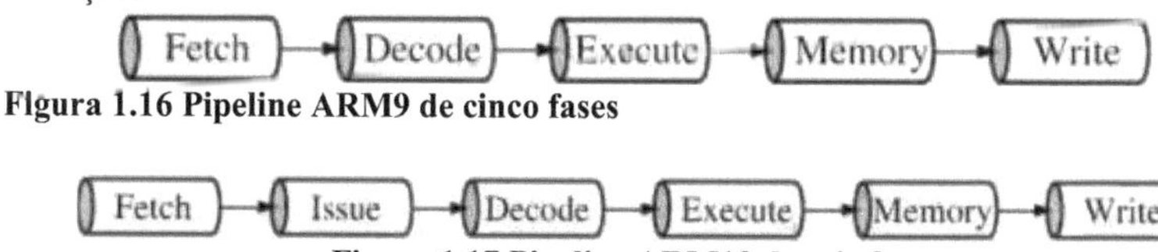

Figura 1.17 Pipeline ARM10 de seis fases

O design do pipeline para cada família ARM é diferente. Por exemplo, o núcleo ARM9 aumenta o comprimento do pipeline para cinco estágios, como mostrado na Figura 1.16. O ARM9 adiciona um estágio de memória e writeback, o que permite que o ARM9 processe em média 1,1 Dhrystone MIPS por MHz - um aumento na taxa de transferência de instruções de cerca de 13% em comparação com um ARM7. A frequência máxima do núcleo que pode ser atingida usando um ARM9 também é maior. O ARM10 aumenta ainda mais o comprimento do pipeline adicionando um sexto estágio, como mostrado na Figura 1.17. O ARM10 pode processar, em média, 1,3 Dhrystone MIPS por MHz, cerca de 34% mais rendimento do que um núcleo de processador ARM7, mas novamente com um custo de latência mais elevado. Embora os pipelines do ARM9 e do ARM10 sejam diferentes, eles ainda usam as mesmas caraterísticas de execução do pipeline do ARM7. O código escrito para o ARM7 será executado em um ARM9 ou ARM10.

1.10.1 CARACTERÍSTICAS DE EXECUÇÃO DA CONDUTA

O pipeline ARM não processou uma instrução até que ela passe completamente pelo estágio de execução. Por exemplo, um pipeline ARM7 (com três estágios) executou uma instrução somente quando a quarta instrução foi obtida. A Figura 1.18 mostra uma seqüência de instruções em um pipeline ARM7. A instrução MSR é usada para habilitar interrupções IRQ, o que só ocorre quando a instrução MSR completa o estágio de execução do pipeline. Esta instrução limpa o bit I no cpsr para ativar as interrupções IRQ. Quando a instrução ADD entra na fase de execução do pipeline, as interrupções IRQ são activadas.

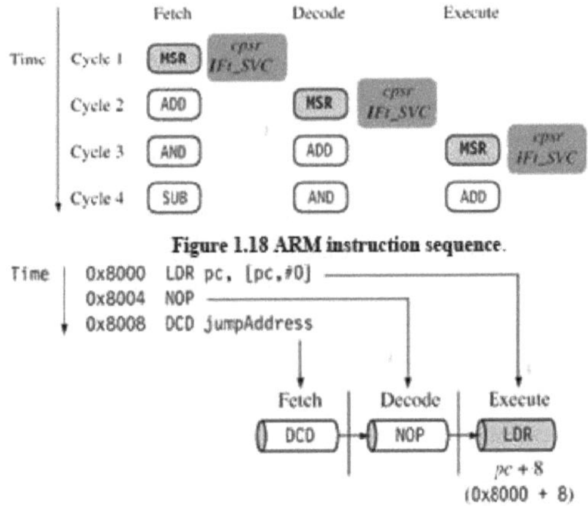

Figura 1.19 Exemplo: pc =endereço +8.

A Figura 1.19 ilustra o uso do pipeline e do contador de programa pc. Na fase de execução, o pc aponta sempre para o endereço da instrução mais 8 bytes. Por outras palavras, o pc aponta sempre para o endereço da instrução que está a ser executada mais duas instruções à frente. Isto é importante quando o pc é usado para calcular um deslocamento relativo e é uma caraterística arquitetural em todos os pipelines. Note-se que quando o processador está no estado Thumb, o pc é o endereço da instrução mais 4. Há três outras caraterísticas do pipeline que merecem ser mencionadas. Em primeiro lugar, a execução de uma instrução de ramificação ou de uma ramificação através da modificação direta do pc faz com que o núcleo ARM descarregue a sua conduta

Em segundo lugar, o ARM10 utiliza a previsão de ramificação, o que reduz o efeito de uma descarga do pipeline, prevendo possíveis ramificações e carregando o novo endereço de ramificação antes da execução da instrução.

Em terceiro lugar, uma instrução na fase de execução será concluída mesmo que tenha sido efectuada uma interrupção. Outras instruções no pipeline serão abandonadas e o processador começará a preencher o pipeline a partir da entrada apropriada na tabela de vectores.

1.11EXCEPÇÕES, INTERRUPÇÕES E A TABELA DE VECTORES

Quando ocorre uma exceção ou interrupção, o processador define o PC para um endereço de memória específico. O endereço está dentro de um intervalo de endereços especial chamado tabela de vectores. As entradas na tabela de vectores são instruções que desviam para rotinas específicas concebidas para tratar uma determinada exceção ou interrupção.

O endereço 0x00000000 do mapa de memória está reservado para a tabela de vectores, um conjunto de palavras de 32 bits. Em alguns processadores, a tabela de vectores pode ser opcionalmente localizada num endereço superior na memória (começando no desvio 0xffff0000). Os sistemas operativos, como o Linux e os produtos incorporados da Microsoft, podem tirar partido desta funcionalidade.

Quadro 1.7 A tabela vetorial.

	Shorthan d	Endereço	Endereço elevado
Reiniciar	REINICIAR	0x000000 0	0xffff0000
Instrução indefinida	UNDEF	0x000000 4	0xffff0004
Interrupção de software	SWI	0x000000 8	0xffff0008
Abortar a pré-busca	PABT	0x000000 c	0xffff000c
Abortar dados	DABT	0x000000 0	0xffff0010
Reservado	-	0x000000 4	0xffff0014
Pedido de interrupção	IRQ	0x000000 8	0xffff0018
Pedido de interrupção rápida	FIQ	0x000000 c	0xffff001c

Quando ocorre uma exceção ou interrupção, o processador suspende a execução normal e começa a carregar instruções da tabela de vectores de exceção (ver Tabela 1.7). Cada entrada da tabela de vectores contém uma forma de instrução de ramificação que aponta para o início de uma rotina específica:

O vetor de reinicialização é a localização da primeira instrução executada pelo processador quando a alimentação é aplicada.

O vetor de instruções indefinidas é utilizado quando o processador não consegue descodificar uma instrução.

O vetor de interrupção de software é chamado quando se executa uma instrução SWI. A instrução SWI é frequentemente utilizada como mecanismo para invocar uma rotina do sistema operativo.

O vetor de aborto de pré-busca ocorre quando o processador tenta ir buscar uma instrução a um endereço sem as permissões de acesso corretas. O aborto real ocorre no estágio de decodificação.

O vetor de abortamento de dados é semelhante a um abortamento de pré-busca, mas é ativado quando uma instrução tenta aceder à memória de dados sem as permissões de acesso corretas.

O vetor de pedido de interrupção é utilizado pelo hardware externo para interromper o fluxo normal de execução do processador. Só pode ser ativado se os IRQs não estiverem mascarados no cpsr.

O vetor de pedido de interrupção rápida é semelhante ao pedido de interrupção, mas está reservado ao hardware que requer tempos de resposta mais rápidos. Só pode ser ativado se os FIQs não estiverem mascarados no cpsr.

1.12EXTENSÕES PRINCIPAIS

As extensões de hardware abordadas nesta secção são componentes padrão colocados junto ao núcleo ARM. Melhoram o desempenho, gerem recursos e fornecem funcionalidades extra e são concebidas para proporcionar flexibilidade no tratamento de aplicações específicas. Cada família ARM tem diferentes extensões disponíveis. Existem três extensões de hardware que a ARM envolve em torno do núcleo: cache e memória fortemente acoplada, gestão de memória e interface de coprocessador.

1.12.1Cache e memória fortemente acoplada

A cache é um bloco de memória rápida colocado entre a memória principal e o núcleo. Permite obter dados mais eficientes de alguns tipos de memória. Com uma cache, o núcleo do processador pode funcionar durante a maior parte do tempo sem ter de esperar pelos dados da memória externa lenta. A maioria dos sistemas incorporados baseados em ARM utiliza uma cache de nível único interna ao processador. Naturalmente, muitos sistemas incorporados de pequena dimensão não necessitam dos ganhos de desempenho que uma cache proporciona.

A ARM tem duas formas de cache. A primeira é encontrada anexada aos núcleos do estilo Von Neumann. Ela combina dados e instruções em uma única cache unificada, como mostrado na Figura 1.20. Para simplificar, chamámos à lógica de cola que liga o sistema de memória à lógica e controlo do barramento AMBA.

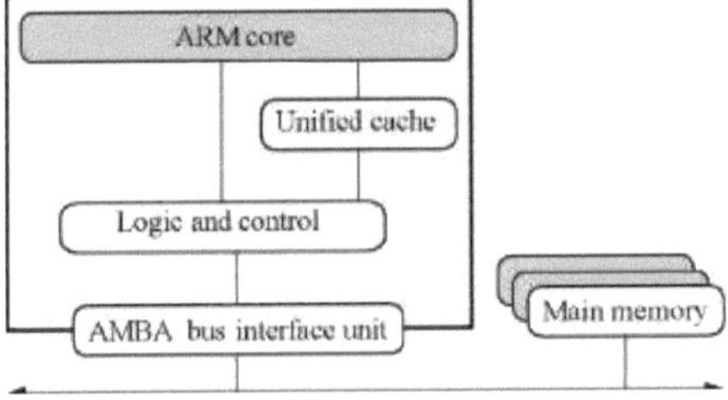

Barramento AMBA no chip

Figura 1.20 Uma arquitetura Von Neumann simplificada com cache.

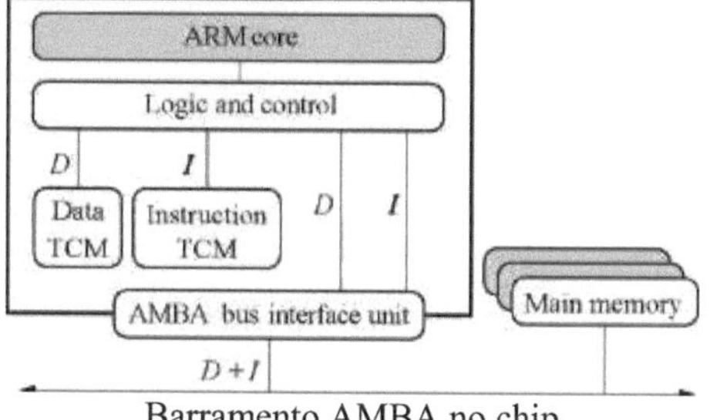

Barramento AMBA no chip

Figura 1.21 Uma arquitetura Harvard simplificada com TCMs.

Em contrapartida, a segunda forma, ligada aos núcleos do tipo Harvard, tem caches separadas para dados e instruções. Uma cache proporciona um aumento global do desempenho, mas à custa de uma execução previsível. Mas para os sistemas de tempo real é fundamental que a execução do código seja determinística - o tempo necessário para carregar e armazenar instruções ou dados deve ser previsível. Isto é conseguido utilizando uma forma de memória chamada memória fortemente acoplada (TCM). A TCM é uma SRAM rápida localizada perto do núcleo e garante os ciclos de relógio necessários para ir buscar instruções ou dados - essencial para algoritmos em tempo real que exigem um comportamento determinista. As TCMs aparecem como memória no mapa de endereços e podem ser acedidas como memória rápida. Um exemplo de um processador com TCMs é mostrado na Figura 1.21.

Ao combinar ambas as tecnologias, os processadores ARM podem ter um desempenho melhorado e uma resposta previsível em tempo real. A Figura 1.22 mostra um exemplo de núcleo com uma combinação de caches e TCMs.

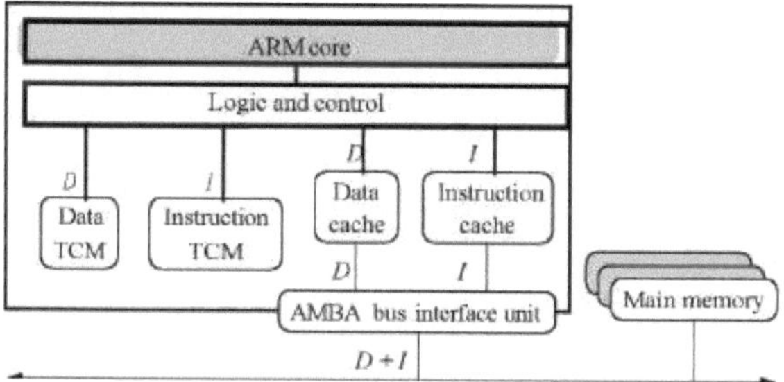

Barramento AMBA no chip

Figura 1.22 Uma arquitetura Harvard simplificada com caches e TCMs.

1.12.2GESTÃO DA MEMÓRIA

Os sistemas incorporados utilizam frequentemente vários dispositivos de memória. Normalmente, é necessário dispor de um método para ajudar a organizar estes dispositivos e proteger o sistema contra aplicações que tentem fazer acessos inadequados ao hardware. Isto é conseguido com a ajuda do hardware de gestão de memória. Os núcleos ARM têm três tipos diferentes de hardware de gestão de memória: sem extensões que não oferecem proteção, uma unidade de proteção de memória (MPU) que oferece proteção limitada e uma unidade de gestão de memória (MMU) que oferece proteção total:

A memória não protegida é fixa e oferece muito pouca flexibilidade. É normalmente utilizada para sistemas incorporados pequenos e simples que não necessitam de proteção contra aplicações não autorizadas.

As MPUs empregam um sistema simples que utiliza um número limitado de regiões de memória. Estas regiões são controladas com um conjunto de registos especiais do coprocessador e cada região é definida com permissões de acesso específicas. Este tipo de gestão de memória é utilizado para sistemas que requerem proteção de memória mas não têm um mapa de memória complexo. A MPU é explicada no Capítulo 13.

As MMUs são o hardware de gestão de memória mais completo disponível no ARM. A MMU utiliza um conjunto de tabelas de tradução para proporcionar um controlo fino da memória. Estas tabelas são armazenadas na memória principal e fornecem um mapa de endereços virtuais para físicos, bem como permissões de acesso. As MMUs foram concebidas para sistemas operativos de plataformas mais sofisticadas que suportam multitarefas.

1.12.3COPROCESSADORES

Os coprocessadores podem ser ligados ao processador ARM. Um coprocessador alarga as funcionalidades de processamento de um núcleo, alargando o conjunto de instruções ou fornecendo registos de configuração. É possível adicionar mais do que um coprocessador ao núcleo ARM através da interface de coprocessador. O coprocessador pode ser acedido através de um grupo de instruções ARM dedicadas que proporcionam uma interface do tipo carga-armazenamento.

Considere-se, por exemplo, o coprocessador 15: O processador ARM utiliza os registos do coprocessador 15 para controlar a cache, os TCM e a gestão da memória. O coprocessador também pode alargar o conjunto de instruções, fornecendo um grupo especializado de novas instruções. Por exemplo, existe um conjunto de instruções especializadas que podem ser adicionadas ao conjunto de instruções ARM padrão para processar operações de vírgula flutuante vetorial (VFP). Estas novas instruções são processadas na fase de descodificação do pipeline ARM.

Se a fase de descodificação vir uma instrução de coprocessador, então oferece-a ao coprocessador relevante. Mas se o coprocessador não estiver presente ou não reconhecer a instrução, então o ARM assume uma exceção de instrução indefinida, que permite emular o comportamento do coprocessador em software.

1.13 Famílias de processadores ARM

A ARM concebeu uma série de processadores que estão agrupados em diferentes famílias de acordo com o núcleo que utilizam. As famílias são baseadas nos núcleos ARM7, ARM9, ARM10 e ARM11. Os números posfixos 7, 9, 10 e 11 indicam diferentes designs de núcleo. O número crescente equivale a um aumento do desempenho e da sofisticação. O ARM8 foi desenvolvido, mas foi rapidamente ultrapassado.

A Tabela 1.8 mostra uma comparação aproximada dos atributos entre os núcleos ARM7, ARM9, ARM10 e ARM11. Os números citados podem variar muito e dependem diretamente do tipo e da geometria do processo de fabrico, que tem um efeito direto na frequência (MHz) e no consumo de energia (watts).

Quadro 1.8 Historial das revisões.

Revisão	Exemplo de implementação do núcleo	Melhoria da ISA
ARMv1	ARMI	1. Primeiro processador ARM 2. Endereçamento de 26 bits

ARMv2	ARM2	1. Multiplicador de 32 bits 2. Suporte para coprocessador de 32 bits
ARMv2a	ARM3	1. Cache no chip 2. Instrução de troca atómica 3. Coprocessador 15 para gestão de caches
ARMv3	ARM6 e ARM7DI	1. Endereçamento de 32 bits 2. Separar cpsr e spsr 3. Novos modos- instrução indefinida e abortar 4. Suporte de MMU - memória virtual
ARMv3M	ARM7M	Instruções de multiplicação longas com e sem sinal
ARMv4	Braço forte	1. Instruções de carregamento e armazenamento para meias palavras / bytes com e sem sinal 2. Novo sistema de modo 3. Reservar espaço SWI para operações definidas pela arquitetura 4. O modo de endereçamento de 26 bits já não é suportado
ARMv4T	ARM7 TDMI e ARM9T	1. Polegar
ARMv5TE	ARM9E e ARM10E	1. Superconjunto do ARMv4T 2. Instruções extras adicionadas para mudar o estado entre ARMe Thumb 3. Instruções de multiplicação melhoradas 4. Instruções extra do tipo DSP 5. Acumulação de multiplicação mais rápida
ARMv5TEJ	ARM7EJ e ARM926EJ	Aceleração Java
ARMv6	ARM11	1. Instruções de multiprocessador melhoradas 2. Tratamento de endiandata desalinhados e mistos 3. Novas instruções multimédia

Dentro de cada família ARM, há uma série de variações de gerenciamento de memória, cache, e extensões de processador TCM. A ARM continua a expandir tanto o número de famílias disponíveis como as diferentes variações dentro de cada família. É possível encontrar outros processadores que executam o ARM ISA, como o Strong ARM e o X Scale. Estes processadores são exclusivos de uma determinada empresa de semicondutores, neste caso a Intel.

A Tabela 1.9 resume as diferentes caraterísticas dos vários processadores. As subsecções seguintes descrevem as famílias ARM com mais pormenor, começando pela família ARM7.

Quadro 1.9 Descrição do cpsr

Peças	Bits	Arquitetura s	Descrição
Mod e	4:0	todos	Modo do processador
T	5	ARMv4T	Estado do polegar
I & F	7:6	todos	máscaras de interrupção
J	24	ARMv5TEJ	Estado de Jazelle
Q	27	ARMv5TE	bandeira de condição
V	28	todos	bandeira de condição
C	29	todos	bandeira de condição
Z	30	todos	bandeira de condição
N	31	todos	bandeira de condição

Quadro 1.10 Comparação de atributos da família ARM.

	ARM 7	MRA 9	ARM10	ARM11
Profundidade da tubagem	de três fases	em cinco fases	seis fases	oito fases
Típico MHz	80	150	260	335
mW/MHz[a]	0,06 mW/MHz	0,19 mW/MHz	0,5 mW/MHz	0,4 mW/MHz
MIPSb /MHz	0.97	1.1	1.3	1.2
Arquitetura	Von Neumann	Harvard	Harvard	Harvard
Multiplicador	8 X 32	8 X 32	16 X 32	16 X 32

a Watts/MHz no mesmo processo de 0,13 mícron.b MIPS são MIPS do Dhrystone VAX.

1.14FAMÍLIA ARM7

O núcleo ARM7 tem uma arquitetura do tipo Von Neumann, em que tanto os dados como as instruções utilizam o mesmo barramento. O núcleo tem um pipeline de três fases e executa o conjunto de instruções da arquitetura ARMv4T. O ARM7TDMI foi o primeiro de uma nova gama de processadores introduzidos em 1995 pela ARM. É atualmente um núcleo muito popular e é utilizado em muitos processadores incorporados de 32 bits. Proporciona uma relação desempenho/potência muito boa. O núcleo do processador ARM7TDMI foi licenciado por muitas das principais empresas de semicondutores do mundo e é o primeiro núcleo a incluir o conjunto de instruções Thumb, uma instrução de multiplicação rápida e a tecnologia de depuração Embedded ICE.

Uma variação significativa da família ARM7 é o ARM7TDMI-S. O ARM7TDMI-S tem as mesmas caraterísticas de funcionamento que um ARM7TDMI normal, mas também é sintetizável. O ARM720T é o membro mais flexível da família ARM7 porque inclui uma MMU. A presença da MMU significa que o ARM720T é capaz de lidar com os sistemas operativos das plataformas incorporadas Linux e Microsoft. O processador também inclui uma cache unificada de 8K. A tabela de vectores pode ser transferida para um endereço mais elevado através da definição de um registo do coprocessador 15. Outra variação é o processador ARM7EJ-S, também sintetizável. O ARM7EJ-S é bastante diferente, pois inclui um pipeline de cinco estágios e executa instruções ARMv5TEJ. Esta versão do ARM7 é a única que fornece tanto a aceleração Java como as instruções melhoradas, mas sem qualquer proteção de memória.

1.15FAMÍLIA ARM9

A família ARM9 foi anunciada em 1997. Devido ao seu pipeline de cinco fases, o processador ARM9 pode funcionar a frequências de relógio mais elevadas do que a família ARM7. As fases adicionais melhoram o desempenho global do processador. O sistema de memória foi redesenhado para seguir a arquitetura Harvard, que separa os barramentos de dados D e de instruções I. O primeiro processador da família ARM9 foi o ARM920T, que inclui uma cache D I separada e uma MMU. Este processador pode ser utilizado por sistemas operativos que necessitem de suporte de memória virtual. O ARM922T é uma variação do ARM920T, mas com metade do tamanho da cache D I.

O ARM940T inclui uma cache D I mais pequena e uma MPU. O ARM940T foi concebido para aplicações que não requerem um sistema operativo de plataforma. Tanto o ARM920T como o ARM940T executam as instruções da arquitetura v4T. Os processadores seguintes da família ARM9 foram baseados no núcleo ARM9E-S. Este núcleo é uma versão sintetizável do núcleo ARM9 com as extensões E. Existem duas variações: o ARM946E-S e o ARM966E-S. Ambos executam instruções da arquitetura v5TE. Também suportam a macrocélula de rastreio incorporada (ETM) opcional, que permite ao programador rastrear a execução de instruções e dados em tempo real no processador. Isto é importante para a depuração de aplicações com segmentos de tempo crítico.

O ARM946E-S inclui TCM, cache e uma MPU. Os tamanhos do TCM e das caches são configuráveis. Este processador foi concebido para utilização em aplicações de controlo incorporadas que requerem uma resposta determinística em tempo real. Por outro lado, o ARM966E não possui as extensões de MPU e cache, mas possui TCMs configuráveis. O núcleo mais recente da linha de produtos ARM9 é o núcleo de processador sintetizável ARM926EJ-S, anunciado em 2000. Foi concebido para utilização em pequenos dispositivos portáteis compatíveis com Java, como telemóveis 3G e assistentes pessoais digitais (PDA). O ARM926EJ-S é o primeiro núcleo de processador ARM a incluir a tecnologia Jazelle, que acelera a execução do bytecode Java. Ele possui uma MMU, TCMs configuráveis e cache D I com memórias de estado de espera zero ou diferente de zero.

1.16FAMÍLIA ARM10

O ARM10, anunciado em 1999, foi concebido tendo em vista o desempenho. Aumenta o pipeline do ARM9 para seis fases. Suporta também uma unidade opcional de vírgula flutuante vetorial (VFP), que acrescenta uma sétima fase ao pipeline ARM10. A VFP aumenta significativamente o desempenho da vírgula flutuante e está em conformidade com a norma de vírgula flutuante IEEE 754.1985. O ARM1020E é o primeiro processador a utilizar um núcleo ARM10E. Tal como o ARM9E, inclui as instruções E melhoradas. Tem caches separadas de 32K D I, unidade de vírgula flutuante vetorial opcional e uma MMU. O ARM1020E também possui uma interface de barramento duplo de 64 bits para aumentar o desempenho. + O ARM1026EJ-S é muito semelhante ao ARM926EJ-S, mas com MPU e MMU. Este processador tem o desempenho do ARM10 com a flexibilidade de um ARM926EJ-S.

1.17FAMÍLIA ARM11

O ARM1136J-S, anunciado em 2003, foi concebido para aplicações de elevado desempenho e baixo consumo de energia. O ARM1136J-S foi a primeira implementação de processador a executar instruções da arquitetura ARMv6. Incorpora um pipeline de oito fases com pipelines loadstore e aritméticos separados. As instruções ARMv6 incluem extensões de dados múltiplos de instrução única (SIMD) para processamento multimédia, especificamente concebidas para aumentar o desempenho do processamento de vídeo . O ARM1136JF-S é um ARM1136J-S com a adição da unidade de vírgula flutuante vetorial para operações rápidas de vírgula flutuante.

1.18INTRODUÇÃO AO CONJUNTO DE INSTRUÇÕES ARM

As diferentes revisões da arquitetura ARM suportam diferentes instruções. No entanto, as novas revisões adicionam normalmente instruções e mantêm a compatibilidade com as versões anteriores. O código que escrever para a arquitetura ARMv4T deverá ser executado num processador ARMv5TE. A Tabela 3.1 fornece uma lista completa das instruções ARM disponíveis na arquitetura do conjunto de instruções ARMv5E (ISA). Esta ISA inclui todas as instruções ARM principais, bem como algumas das funcionalidades mais recentes do conjunto de instruções ARM. A coluna "ARM ISA" indica a revisão ISA em que a instrução foi introduzida. Algumas instruções têm funcionalidades alargadas em arquitecturas posteriores; por exemplo, a instrução CDP tem uma variante ARMv5 chamada CDP2. Da mesma forma, instruções como LDR têm adições ARMv5 mas não requerem uma mnemónica nova ou alargada.

Ilustramos as operações do processador utilizando exemplos com pré e pós-condições, descrevendo os registos e a memória antes e depois da execução da instrução ou instruções. Representaremos os números hexadecimais com o prefixo 0x e os números binários com o prefixo 0b. Os exemplos seguem o seguinte formato:

PRE <pre-condições>

<instrução/s>

POST <post-conditions>

Tabela 1.11 Conjunto de instruções ARM

Mnemónica	MRA	Descrição da ISA
ADC	v1	adiciona dois valores de 32 bits e transporta
ADD	v1	adicionar dois valores de 32 bits
E	v1	E lógico bit a bit de dois valores de 32 bits
B	v1	ramo relativo+/- 32 MB

BIC	v1	apagamento lógico de bits (ANDNOT) de dois valores de 32 bits
BKPT	v5	instruções de ponto de interrupção
BL	v1	ramo relativo com ligação
BLX	v5	ramo com ligação e troca
BX	v4T	sucursal com central telefónica
CDP CDP2	v2 v5	processamento de dados do coprocessador
		funcionamento
CLZ	v5	contar zeros à esquerda
CMN	v1	comparar dois valores negativos de 32 bits
CMP	v1	comparar dois valores de 32 bits
EOR	v1	OU lógico exclusivo de dois valores de 32 bits
MRS	v3	passar para um registo ARM a partir de um registo de estado (cpsr ou spsr)
MSR	v3	passar para um registo de estado (cpsr orspsr) a partir de um registo ARM
MUL	v2	multiplicar dois valores de 32 bits
MVN	v1	mover o NOT lógico de um valor de 32 bits para um registo
ORR	v1	OR lógico bit a bit de dois valores de 32 bits
PLD	v5E	instrução de sugestão de pré-carregamento
QADD	v5E	adição saturada de 32 bits com sinal
QDADD	v5E	duplo saturado com sinal e adição de 32 bits
QDSUB	v5E	duplo saturado assinado e subtração de 32 bits
QSUB	v5E	subtração saturada de 32 bits com sinal
RSB	v1	subtração inversa de dois valores de 32 bits
RSC	v1	subtração inversa com transporte de números inteiros de dois32 bits
SBC	v1	subtrair com transporte de dois

		valores de 32 bits
SMLAL, xy, SML AL Wy	v5E v3M v5E v5E	instruções de acumulação de multiplicação com sinal ((16 X 16) + 32 = 32 bits) SMLAL instruções de acumulação de multiplicação com sinal longo ((32 X 32) + 64 = 64 bits) SML AL, xy multiplicação com sinal acumular long ((16 X 16) + 64 = 64 bits) com sinal multiplicar acumular instrução (((32 X 16) 16) + 32 = 32-bit)
SMULL	v3M	multiplicação com sinal longo (32 x 32 =64 bits)
LDC LDC2	v2 v5	carregar para o coprocessador valores de 32 bits simples ou múltiplos
LDM	v1 v4 v5E	carregar um único valor a partir de um endereço virtual na memória
MCR MCR2 MCRR	v2 v5 v5E	passar para o coprocessador a partir de um registo ou registos ARM
MLA	v2	multiplicar e acumular valores de 32 bits
MOV	v1	mover um valor de 32 bits para um registo
MRC MRC2 MRRC	v2 v5 v5E	passar para um registo ou registos ARM a partir de um coprocessador continuação
SMUL xy	v5E	instruções de multiplicação com sinal (16 X 16 = 32 bits) instrução de multiplicação com sinal ((32 X 16) 16 = 32 bits). armazenar na memória um ou valores múltiplos de 32 bits do coprocessador.
SMUL Wy	v5E v2	multiplica o conteúdo de um registo de 32 bits pelos 16 bits inferiores ou superiores de outro registo de 32 bits e

		armazena os 32 bits mais significativos do resultado num registo de destino
SUB	v5E v1	subtrair um valor de outro e armazenar o resultado num registo
STC STC2 STM STR	v5 vi v1 v4	armazena o conteúdo de um registo do coprocessador na memória
SWI SWP	vi v2a	trocar uma palavra/byte na memória com um registo
TEQ TST	vi vi	teste para bits num valor de 32 bits
UMLAL UMULL	v3M v3M	Multiplicação sem sinal accumulatelong ((32 X 32)+ 64 = 64-bit) multiplicação sem sinal long (32 x 32 = 64-bit)

foi o ARM920T, que inclui uma cache D I separada e uma MMU. Este processador pode ser utilizado por sistemas operativos que necessitem de suporte de memória virtual. O ARM922T é uma variação do ARM920T, mas com metade do tamanho da cache D I.

O ARM940T inclui uma cache D I mais pequena e uma MPU. O ARM940T foi concebido para aplicações que não requerem um sistema operativo de plataforma. Tanto o ARM920T como o ARM940T executam as instruções da arquitetura v4T. Os processadores seguintes da família ARM9 foram baseados no núcleo ARM9E-S. Este núcleo é uma versão sintetizável do núcleo ARM9 com as extensões E. Existem duas variações: o ARM946E-S e o ARM966E-S. Ambos executam instruções da arquitetura v5TE. Também suportam a macrocélula de rastreio incorporada (ETM) opcional, que permite ao programador rastrear a execução de instruções e dados em tempo real no processador. Isto é importante para a depuração de aplicações com segmentos de tempo crítico.

O ARM946E-S inclui TCM, cache e uma MPU. Os tamanhos do TCM e das caches são configuráveis. Este processador foi concebido para utilização em aplicações de controlo incorporadas que requerem uma resposta determinística em tempo real. Em contraste, o ARM966E não tem as extensões MPU e cache, mas tem TCMs configuráveis. O núcleo mais recente da linha de produtos ARM9 é o núcleo de processador sintetizável ARM926EJ-S, anunciado em 2000. Foi concebido para utilização em pequenos dispositivos portáteis compatíveis com Java, como telefones 3G e assistentes pessoais digitais (PDA). O ARM926EJ-S é o primeiro núcleo de processador ARM a incluir a tecnologia Jazelle, que acelera a execução do bytecode Java. Ele possui uma MMU, TCMs configuráveis e cache D I com memórias de estado de espera zero ou diferente de zero.

mem<data_size>[endereço]

Refere-se aos bits de tamanho_de_dados da memória que começam no endereço de byte fornecido. Por exemplo, mem32[1024] é o valor de 32 bits que começa no endereço 1 KB.

As instruções ARM processam dados armazenados em registos e só acedem à memória com instruções de carregamento e armazenamento. As instruções ARM utilizam normalmente dois ou três operandos. Por exemplo, a instrução ADD abaixo adiciona os dois valores armazenados nos registos r1 e r2 (os registos de origem). Escreve o resultado no registo r3 (o registo de destino).

Sintaxe da instrução	**Registos de destino (Rd)**	**Registo de origem i(Rn)**	**Registo de origem 2(Rm)**
ADICIONAR r3, r1, r2	r3	r1	r2

Nas secções seguintes, examinamos a função e a sintaxe das instruções ARM por classe de instruções - instruções de processamento de dados, instruções de ramificação, instruções de armazenamento de carga, instruções de interrupção de software e instruções de registo de estado do programa.

Instruções de processamento de dados

As instruções de processamento de dados manipulam dados dentro dos registos. São instruções de movimento, instruções aritméticas, instruções lógicas, instruções de comparação e instruções de multiplicação. A maioria das instruções de processamento de dados pode processar um dos seus operandos utilizando o deslocador de barril. Se utilizar o sufixo S numa instrução de processamento de dados, esta actualiza os sinalizadores no cpsr. As operações de deslocamento e lógicas actualizam o sinalizador de transporte C, o sinalizador negativo N e o sinalizador de zero Z. O sinalizador de transporte é definido a partir do resultado do deslocamento barril como o último bit deslocado. O flag N é definido para o bit 31 do resultado. O flag Z é definido se o resultado for zero.

Instruções de deslocação

Move é a instrução ARM mais simples. Copia N para um registo de destino Rd, em que N é um registo ou um valor imediato. Esta instrução é útil para definir valores iniciais e transferir dados entre registos.

Sintaxe: <instrução>{<condição>}{S} Rd, N

MOV	Mover um valor de 32 bits para um registo	Rd = N
MVN	mover o NOT do valor de 32 bits para um registo	Rd = ~N

Manípulo de mudança de velocidades

Uma instrução MOV onde N é um simples registo. Mas N pode ser mais do que um simples registo ou valor imediato; pode também ser um registo Rm que tenha sido pré-processado pelo barrel shifter antes de ser usado por uma instrução de processamento de dados.

- As instruções de processamento de dados são processadas na unidade lógica aritmética (ALU).
- Uma caraterística única e poderosa do processador ARM é a capacidade de deslocar o padrão binário de 32 bits num dos registos de origem para a esquerda ou para a direita num número específico de posições antes de entrar na ALU.
- O pré-processamento ou deslocamento ocorre dentro do tempo de ciclo da instrução.
- Esta mudança aumenta a potência e a flexibilidade de muitas operações de processamento de dados .

- Isto é particularmente útil para carregar constantes num registo e obter multiplicações ou divisões rápidas por uma potência de 2.
- Há instruções de processamento de dados que não utilizam o deslocamento de barril, por exemplo, as instruções MUL (multiplicação), CLZ (contagem de zeros à esquerda) e QADD (adição saturada assinada de 32 bits).
- A Figura 1.23 mostra o fluxo de dados entre a UAL e o deslocador de barril. O registo Rn entra na UAL sem qualquer pré-processamento dos registos. Aplicamos um deslocamento lógico à esquerda (LSL) ao registo Rm antes de o mover para o registo de destino. Isto é o mesmo que aplicar o operador de deslocamento padrão da linguagem C ao registo.

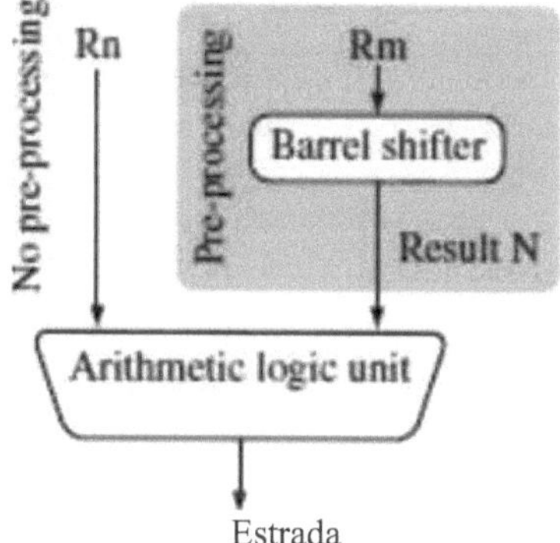

Estrada

Figura 1.23 Barrel shifter e ALU

- A instrução MOV copia o resultado N do operador de deslocamento para o registo Rd. N representa o resultado da operação LSL descrita na Tabela 1.12 a seguir.

Quadro 1.12 Representação do resultado da operação LSL

Mnemoni c	Descrição	Deslocação	Resultado	Montante da deslocação y
LSL	deslocamento lógico à esquerda	x LSL y	x<<y	#0-31 ou Rs
LSR	deslocamento lógico para a direita	x LSR y	(sem sinal)x>> y	#1-32 ou Rs
ASR	Deslocação aritmética	x ASR y	(assinado)x>>y	#1-32 ou Rs
ROR	rodar para a direita	x ROR y	((unsigned)x>>y)|(x <<(32 - y))	#1-31 ou Rs
RRX	Rodar texto correto	x RR X	(cflag<< 31)| ((unsigned)x >>1)	nenhum

Nota: x representa o registo que está a ser deslocado e y representa o valor do deslocamento.

Quadro 1.13 Síntese da operação de deslocação do tambor eixo para instruções de processamento de dados.

Operações por turnos N	Sintaxe
Imediato	#imediato
Registo	Rm
Deslocamento lógico à esquerda por imediato	Rm, LSL #shift imm
Deslocação lógica à esquerda por registo	Rm, LSL Rs
Deslocação lógica imediata para a direita	Rm, LSR #shift imm
Deslocamento lógico à direita com registo	Rm, LSR Rs Deslocação aritmética
Deslocação aritmética Direita por imediata	Rm, ASR #shift_imm
Deslocamento aritmético à direita por registo	Rm, ASR Rs
Rodar para a direita de imediato	Rm, ROR #shift imm
Rodar para a direita por registo	Rm, ROR Rs
Rodar para a direita com extensão	Rm, RRX

A Tabela 1.13 lista a sintaxe para as diferentes operações de deslocamento de barril disponíveis nas instruções de processamento de dados. O segundo operando N pode ser uma constante imediata precedida por #, um valor de registo Rm, ou o valor de Rm processado por uma deslocação.

Instruções aritméticas

As instruções aritméticas implementam a adição e a subtração de valores com e sem sinal de 32 bits.

Sintaxe: <instrução>{<condição>} {S} Rd, Rn, N

Tabela 1.14 Instruções aritméticas

ADC	adiciona dois valores de 32 bits e transporta	Rd = Rn + N + transporte
ADD	adicionar dois valores de 32 bits	Rd = Rn + N
RSB	subtração inversa de dois valores de 32 bits	Rd = N - Rn
RSC	subtração inversa com transporte de dois valores de 32 bits	Rd = N - Rn - !(sinal de transporte)
SBC	subtrair com transporte de dois valores de 32 bits	Rd = Rn - N - !(sinal de transporte)
SUB	subtrair dois valores de 32 bits	Rd = Rn - N

N é o resultado da operação de deslocação. A sintaxe da operação de deslocação é apresentada na Tabela 1.14 Utilizar a deslocação de barril com instruções aritméticas A vasta gama de deslocações do segundo operando disponível nas instruções aritméticas e lógicas é uma caraterística muito poderosa do conjunto de instruções ARM.

Instruções lógicas

As instruções lógicas executam operações lógicas bit a bit nos dois registos de origem.

Sintaxe: <instrução>{<condição>} {S} Rd, Rn, N

AN D	E lógico bit a bit de dois valores de 32 bits	Rd = Rn & N
ORR	lógica de todos os bits OU de dois valores de 32 bits	Rd = Rn | N
EOR	OU lógico exclusivo de dois valores de 32 bits	Rd = Rn A N
BIC	bit lógico claro (AND NOT)	Rd = Rn & ~N

Instruções de comparação

As instruções de comparação são utilizadas para comparar ou testar um registo com um valor de 32 bits. Actualizam os bits de sinalização cpsr de acordo com o resultado, mas não afectam outros registos. Depois de os bits terem sido definidos, a informação pode então ser utilizada para alterar o fluxo do programa utilizando a execução condicional. Para mais informações sobre a execução condicional, consulte a Secção 3.8. Não é necessário aplicar o sufixo S às instruções de comparação para atualizar os sinalizadores.

Sintaxe: <instrução>{<condição>} Rn, N **capaz 1.15**

CM N	comparar negado	bandeiras definidas como resultado de Rn + N
CMP	comparar	bandeiras definidas como resultado de Rn - N
TEQ	teste de igualdade de dois valores de 32 bits	conjunto de bandeiras como resultado de Rn A N
TST	testar bits de um valor de 32 bits	sinalizadores definidos como resultado de Rn & N

N é o resultado da operação de deslocação. A sintaxe da operação de deslocação é apresentada na Tabela 1.15.

Instruções de multiplicação

As instruções de multiplicação multiplicam o conteúdo de um par de registos e, dependendo da instrução, acumulam os resultados com outro registo. As multiplicações longas acumulam num par de registos que representam um valor de 64 bits. O resultado final é colocado num registo de destino ou num par de registos.

Sintaxe: MLA{<cond>}{S} Rd, Rm, Rs, Rn MUL{<cond>}{S} Rd, Rm, Rs

MLA	multiplicar e acumular	Rd = (Rm*Rs) + Rn
MUL	multiplicar	Rd = Rm*Rs

Sintaxe: <instrução>{<condição>}{S} RdLo, RdHi, Rm, Rs

SMLAL	signed multiply accumulate long	[RdHi, RdLo]= [RdHi, RdLo]+ (Rm *Rs)
SMULL	signed multiply long	[RdHi, RdLo]= Rm *Rs
UMLAL	multiplicação sem sinal acumular longo	[RdHi, RdLo]= [RdHi, RdLo]+ (Rm *Rs)
UMULL	multiplicação sem sinal long	[RdHi, RdLo]= Rm *Rs

O número de ciclos necessários para executar uma instrução de multiplicação depende da implementação do processador. Para algumas implementações, o tempo de ciclo também depende do valor em Rs. Para mais pormenores sobre os tempos de ciclo.

Instruções da sucursal

Uma instrução de ramificação altera o fluxo de execução ou é utilizada para chamar uma rotina. Este tipo de instrução permite que os programas tenham sub-rotinas, estruturas if-then-else e loops. A alteração do fluxo de execução força o contador de programa pc a apontar para um novo endereço. O conjunto de instruções ARMv5E inclui quatro instruções de ramificação diferentes.

Sintaxe: B{<cond>} etiqueta

BL{<cond>} label BX{<cond>} Rm BLX{<cond>} label | Rm

B	ramo	pc = etiqueta
BL	ramo com ligação	pc = etiqueta lr = endereço da instrução seguinte após o BL
BX	central telefónica	pc = Rm & 0xfffffff e, T = Rm & 1
BLX	troca de ramo com ligação	pc = etiqueta, T =1 pc = Rm & 0xfffffff e, T = Rm & 1 lr = endereço da instrução seguinte após o BLX

A etiqueta de endereço é armazenada na instrução como um deslocamento pc-relativo assinado e deve estar dentro de aproximadamente 32 MB da instrução de ramificação. T refere-se ao bit Thumb no cpsr. Quando as instruções definem T, o ARM muda para o estado Thumb.

Instruções de carregamento-armazenamento

As instruções de carregamento e armazenamento transferem dados entre a memória e os registos do processador. Existem três tipos de instruções load-store: transferência de registo único, transferência de registo múltiplo e troca.

Transferência de registo único

Estas instruções são utilizadas para mover um único item de dados para dentro e para fora de um registo. Os tipos de dados suportados são palavras assinadas e não assinadas (32 bits), meias palavras (16 bits) e bytes. Aqui estão as várias instruções de transferência de registo único load-store.

Sintaxe: <LDR|STR>{<cond>}{B} Rd,endereçamento1 LDR{<cond>}SB|H|SH Rd, endereçamento2 STR{<cond>}H Rd, endereçamento2

LDR	carregar palavra num registo	Rd <- mem32[endereço s]
STR	guardar byte ou palavra de um registo	Rd -> mem32[endereço s]
LDRB	carregar byte num registo	Rd <- mem8[addres s]
STRB	guardar byte de um registo	Rd -> mem8[endereço s]
LDRH	carregar metade de w ou d num registo	Rd <- mem16[add re ss]
STRH	guardar meia palavra num registo	Rd -> mem16[add re ss]
LDRSB	carregar byte assinado num registo	Rd <- Extensor de sinal (mem8[endereço])
LDRSH	carregar meia palavra assinada num registo	Rd <-Sinal Extend (mem16[endereço])

Modos de endereçamento de registo único de carga-armazenamento

O conjunto de instruções ARM fornece diferentes modos de endereçamento de memória. Estes modos incorporam um dos métodos de indexação: pré-índice com write back, pré-índice e pós-índice.

Tabela.1.16 Métodos de indexação.

Método de indexação	**Dados**	**Registo de endereço base**	**Exemplo**
Pré-indexação com	mem[base +offset]	base+deslocação	LDR r0,[r1,#4]!

escrever de volta			
Pré-índice	mem[base +offset]	Não atualizado	LDR r0,[r1,#4]
Índice de publicação	mem[base]	base+deslocação	LDR r0,[r1],#4

Nota: ! indica que a instrução escreve o endereço calculado de volta no registo de endereço base.

Tabela 1.17 Endereçamento de armazenamento de carga de registo único, palavra ou byte sem sinal.

Modo de endereçamento e método de indexação	**Sintaxe de endereçamento**
Pré-indexação com offset imediato	[Rn, #+/-offset 12]
Pré-indexação com desvio de registo	[Rn, +/-Rm]
Pré-indexação com desvio de registo escalonado	[Rn, +/-Rm, shift #shift imm]
Reescrita do pré-índice com desvio imediato	[Rn, #+/-offset 12]!
Reescrita do pré-índice com desvio de registo	[Rn, +/-Rm]!
Reescrita do pré-índice com desvio de registo escalonado	[Rn, +/-Rm, shift #shift_imm]!
Publicação imediata indexada	[Rn], #+/-offset 12
Registar o índice de publicações	[Rn], +/-Rm
Índice do posto de registo escalonado	[Rn], +/-Rm, shift #shift_imm

Os modos de endereçamento disponíveis com uma determinada instrução de carregamento ou armazenamento dependem da classe da instrução. A Tabela 1.17 mostra os modos de endereçamento disponíveis para carga e armazenamento de uma palavra de 32 bits ou de um byte sem sinal. Um offset ou registo assinado é denotado por " / ", identificando que é um offset positivo ou negativo do registo de endereço base Rn. O registo de endereço de base é um ponteiro para um byte na memória, e o desvio especifica um número de bytes. Imediato significa que o endereço é calculado utilizando o registo de endereço de base e um desvio de 12 bits codificado na instrução. Registo significa que o endereço é calculado utilizando o registo de endereço de base e o conteúdo de um registo específico. Escalonado significa que o endereço é calculado utilizando o registo de endereço de base e uma operação de deslocamento de barril. A Tabela 1.18 fornece um exemplo das diferentes variações da instrução LDR. A Tabela 1.19 mostra os modos de endereçamento disponíveis nas instruções loadandstore usando dados de meia palavra de 16 bits ou bytes assinados. Estas operações não podem usar o deslocador de barril. Não existem instruções STRSB ou STRSH, uma vez que STRH armazena meia palavra assinada e não assinada; da mesma forma, STRB armazena bytes assinados e não assinados. A Tabela 1.20 mostra as variações das instruções STRH.

Tabela 1.18 Exemplos de instruções LDR que utilizam diferentes modos de endereçamento.

Tipo de índice	**Instrução**	**r0 =**	**r1 +=**
Pré-indexação com writeback	LDR r0,[r1,#0x4]!	mem32[r1 +0x4]	0x4

Pré-indexação	LDR r0,[r1,r2]!	mem32[r1+r2]	r2
	LDR r0, [r1,r2,LSR#0x4]!	mem32[r1 +(r2 LSR0x4)]	(r2 LSR 0x4)
	LDR r0,[r1,#0x4]	mem32[r1 +0x4]	não atualizado
	LDR r0,[r1,r2]	mem32[r1 +r2]	não atualizado
	LDR r0,[r1,-r2,LSR #0x4]	mem32[r1-(r2 LS R0x4)]	não atualizado
Pós-indexação	LDR r0,[r1],#0x4	mem32[r1]	0x4
	LDR r0,[r1],r2	mem32[r1]	r2
	LDR r0,[r1],r2,LSR #0x4	mem32[r1]	(r2 LSR 0x4)

Transferência de registos múltiplos

As instruções múltiplas Load-store podem transferir vários registos entre a memória e o processador numa única instrução. A transferência ocorre a partir de um registo de endereço base Rn que aponta para a memória. As instruções de transferência de múltiplos registos são mais eficientes do que as transferências de registo único para mover blocos de dados na memória e guardar e restaurar contexto e pilhas.

Tabela 1.19 Endereçamento load-store de registo único, meia palavra, meia palavra assinada, byte assinado e palavra dupla.

Modo de endereçamento e método de indexação	**Sintaxe de endereçamento Pré-indexação**
desvio imediato	[Rn, #+/-offset 8]
Deslocamento do registo de pré-índice	[Rn, +/-Rm] Pré-índice
Escrever o desvio imediato	[Rn, #+/-offset 8]!
Deslocamento do registo de reescrita do pré-índice	[Rn, +/-Rm]!
Publicação imediata indexada	[Rn], #+/-offset 8
Registar publicação indexada	[Rn], +/-Rm

Tabela 1.20 Variações das instruções STRH.

Tipo de índice	Instrução	Resultado	r1 +=
Pré-indexação com writeback	STRH r0,[r1,#0x4]!	mem16[r1+0x4]=r0	0x4
Pré-índice	STRH r0,[r1,r2]!	mem16[r1+r2]=r0	r2
	STRH r0,[r1,#0x4]	mem16[r1+0x4]=r0	não atualizado
	STRH r0,[r1,r2]	mem16[r1+r2]=r0	não atualizado
Índice de publicação	STRH r0,[r1],#0x4	mem16[r1]=r0	0x4
	STRH r0,[r1],r2	mem16[r1]=r0	r2

O armazenamento em carga de várias instruções pode aumentar a latência da interrupção. As implementações ARM não costumam interromper as instruções enquanto estas estão a ser executadas. Por exemplo, num ARM7, uma instrução de carregamento múltiplo demora 2+Nt ciclos, em que N é o número de registos a carregar e t é o número de ciclos necessários para cada acesso sequencial à memória.

Sintaxe: <LDM|STM>{<cond>}<modo de endereçamento> Rn{!},<registos>{~}

LDM	carregar vários registos	{Rd}*N <- mem32[endereço de s tar t + 4*N] optionalRn atualizado
STM	guardar vários registos	{Rd}*N -> mem32[endereço s tar t + 4*N] optionalRn atualizado

A Tabela 1.20 mostra os diferentes modos de endereçamento para as instruções múltiplas load-store. Aqui N é o número de registos na lista de registos. Qualquer subconjunto do banco de registos atual pode ser transferido para a memória ou obtido da memória. O registo base Rn determina o endereço de origem ou destino para uma instrução múltipla load-store. Este registo pode ser opcionalmente atualizado após a transferência. Isto ocorre quando o registo Rn, semelhante ao registo único load-store usando pré-indexação com write back.

Tabela 1.20 Modo de endereçamento para instruções múltiplas de carregamento-armazenamento.

Modo de endereçamento	Descrição	Endereço de início	Endereço final	Rn!
IA	incremento após	Rn	Rn + 4 *N - 4	Rn + 4 *N
IB	incremento antes de	Rn + 4	Rn + 4*N	Rn + 4*N
DA	decréscimo após	Rn - 4*N + 4	Rn	Rn - 4*N
BD	diminuir antes de	Rn - 4*N	Rn - 4	Rn -4*N

A Tabela 1.21 mostra uma lista de pares de instruções múltiplas load-store. Se utilizar um store com atualização de base, então a instrução load emparelhada do mesmo número de registos irá recarregar os dados e restaurar o ponteiro de endereço base. Isto é útil quando é necessário guardar temporariamente um grupo de registos e restaurá-los mais tarde.

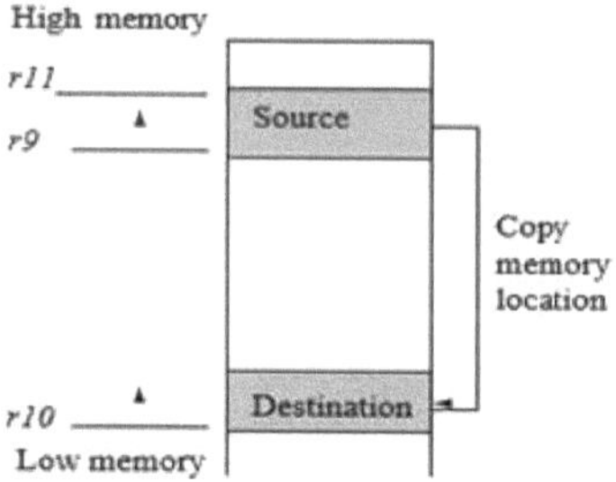

Figura 1.24 Cópia de memória de bloco no mapa de memória

A arquitetura ARM utiliza as instruções múltiplas load-store para realizar operações de pilha. A operação pop (remoção de dados de uma pilha) utiliza uma instrução load multiple; da mesma forma, a operação push (colocação de dados na pilha) utiliza uma instrução remultiple. Ao utilizar uma pilha, tem de decidir se a pilha vai crescer para cima ou para baixo na memória. Uma pilha é ascendente (A) ou descendente (D). As pilhas ascendentes crescem em direção a endereços de memória mais elevados; em contrapartida, as pilhas descendentes crescem em direção a endereços de memória mais baixos.

Tabela 1.21 Carregar - Armazenar Pares múltiplos quando é utilizada a atualização de base.

Armazenar vários	Carregar vários
STMIA	LDMDB
STMIB	LDMDA

STMDA	LDMIB
STMDB	LDMIA

Quando se usa uma pilha cheia (F), o ponteiro de pilha sp aponta para um endereço que é a última localização usada ou cheia (ou seja, sp aponta para o último item da pilha). Em contraste, se você usar uma pilha vazia (E), o ponteiro de pilha sp aponta para um endereço que é a primeira localização não utilizada ou vazia (ou seja, aponta após o último item na pilha). Há uma série de aliases de modo de endereçamento múltiplo de armazenamento de carga disponíveis para suportar operações de pilha (consulte a Tabela 1.22). Ao lado da coluna pop está o equivalente real da instrução load multiple. Por exemplo, uma pilha ascendente completa teria a notação FA anexada à instrução load multiple-LDMFA. Isso seria traduzido em uma instrução LDMDA.

A ARM especificou uma norma de chamada de procedimentos ARM-Thumb (ATPCS) que define o modo como as rotinas são chamadas e como os registos são atribuídos. Na ATPCS, as pilhas são definidas como sendo pilhas descendentes completas. Assim, as instruções LDMFD e STMFD fornecem as funções pop e push, respetivamente.

Tabela 1.22 Métodos de endereçamento para operações de pilha.

Modo de endereçamento	**Descrição**	**Pop = LDM**	**Empurrar = STM**
FA	ascendente total	LDMFA LDMDA	STMFA STMIB
FD	descendente total	LDMFD LDMIA	STMFD B STMD
EA	vazio ascendente	LDMEA LDMDB	STMEA STMIA
ED	vazio descendente	LDMED LDMIB	STMED A STMD

Instrução de troca

A instrução swap é um caso especial de uma instrução load-store. Ela troca o conteúdo da memória com o conteúdo de um registo. Esta instrução é uma operação atómica - lê e escreve uma localização na mesma operação de bus, impedindo que qualquer outra instrução leia ou escreva nessa localização até estar concluída.

Sintaxe: SWP{B}{<cond>} Rd,Rm,[Rn]

SWP	trocar uma palavra entre a memória e um registo	tmp = mem32 [Rn] mem32[Rn] = Rm Rd =tmp
SWPB	trocar um byte entre a memória e um registo	tmp = mem 8 [Rn] mem8 [Rn] = Rm Rd =tmp

A troca não pode ser interrompida por qualquer outra instrução ou qualquer outro acesso ao barramento. Dizemos que o sistema "retém o barramento" até a transação estar concluída.

Instrução de interrupção de software

Uma instrução de interrupção de software (SWI) provoca uma exceção de interrupção de software, que fornece um mecanismo para as aplicações chamarem as rotinas do sistema operativo.

Sintaxe: SWI{<cond>} SWI_number

SWI	Interrupção	lr_svc = endereço da instrução que segue a SWI

	do software	spsr_svc = cpsr pc = vectores + 0x8 cpsr mode = SVCcpsr I = 1 (mascara as interrupções IRQ)

Instruções do registo de estado do programa

O conjunto de instruções ARM fornece duas instruções para controlar diretamente um registo de estado do programa (psr). A instrução MRS transfere o conteúdo do cpsr ou do spsr para um registo; no sentido inverso, a instrução MSR transfere o conteúdo de um registo para o cpsr ou o spsr. Em conjunto, estas instruções são utilizadas para ler e escrever o cpsr e o spsr. Na sintaxe, pode ver uma etiqueta chamada campos. Esta pode ser qualquer combinação de controlo (c), extensão (x), estado (s) e sinalizadores (f). Esses campos estão relacionados a regiões específicas de bytes em um psr, como mostrado na Figura 1.25.

Sintaxe: MRS{<cond>} Rd,<cpsr|spsr> MSR{<cond>}
<cpsr|spsr>_<campos>,Rm
MSR{<cond>} <cpsr|spsr>_<fields>,#immediate

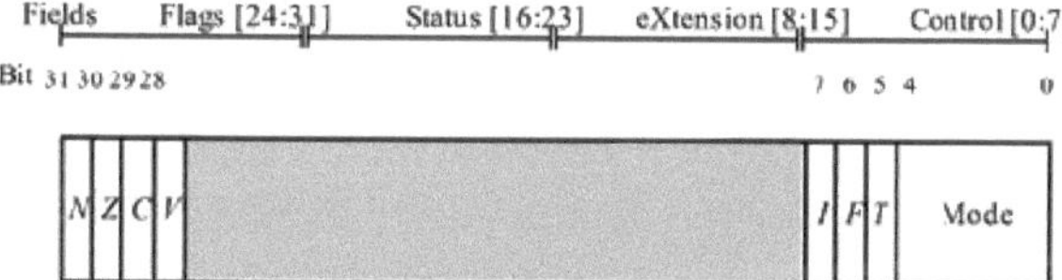

Figura 1.25 Campos de bytes psr.

MRS	copiar o registo de estado do programa para um registo de uso geral	Rd = psr
MSR	mover um registo de uso geral para um registo de estado do programa	psrfie ld] = Rm
MSR	deslocar um valor imediato para um registo de estado do programa	psr[campo] = imediato

O campo c controla as máscaras de interrupção, o estado Thumb e o modo do processador. Esta operação implica a utilização das instruções MRS e MSR para ler e depois escrever no cpsr.

1.19INSTRUÇÕES DO COPROCESSADOR

As instruções do coprocessador são utilizadas para alargar o conjunto de instruções. Um coprocessador pode fornecer capacidade de cálculo adicional ou ser utilizado para controlar o subsistema de memória, incluindo caches e gestão de memória. As instruções do coprocessador incluem instruções de processamento de dados, transferência de registos e transferência de memória. Apresentaremos apenas uma breve panorâmica, uma vez que estas instruções são específicas do coprocessador. Note-se que estas instruções só são utilizadas por núcleos com um coprocessador.

Sintaxe: CDP{<cond>} cp, opcode1, Cd, Cn {, opcode2}
<MRC|MCR>{<cond>} cp, opcode1, Rd, Cn, Cm {, opcode2}
<LDC|STC>{<cond>} cp, Cd, endereçamento

CDP	processamento de dados do coprocessador efetuar uma operação num coprocessador

MRC MCR	transferência de registos do coprocessador mover dados de/para registos do coprocessador
LDC STC	transferência de memória do coprocessador carregar e armazenar blocos de memória de/para um coprocessador

Na sintaxe das instruções do coprocessador, o campo cp representa o número do coprocessador entre p0 e p15. Os campos de código op descrevem a operação a efetuar no coprocessador. Os campos Cn, Cm e Cd descrevem os registos no coprocessador. As operações e os registos do coprocessador dependem do coprocessador específico que está a ser utilizado. O coprocessador 15 (CP15) está reservado para fins de controlo do sistema, tais como gestão da memória, controlo da memória intermédia de escrita, controlo da cache e registos de identificação.

O primeiro termo, CP15, define-o como coprocessador 15. O segundo termo, após os dois pontos de separação, é o registo primário. O registo primário X pode ter um valor entre 0 e 15. O terceiro termo é o registo secundário ou alargado. O registo secundário Y pode ter um valor entre 0 e 15. O último termo, opcode2, é um modificador de instrução e pode ter um valor entre 0 e 7. Algumas operações podem também utilizar um valor diferente de zero w do opcode1. Escrevemos isto como CP15:w:cX:cY:Z.

1.20CARREGAMENTO DE CONSTANTES

Deve ter reparado que não existe uma instrução ARM para mover uma constante de 32 bits para um registo. Uma vez que as instruções ARM têm 32 bits de tamanho, não podem obviamente especificar uma constante geral de 32 bits. Para ajudar a programação, existem duas pseudo-instruções para mover um valor de 32 bits para um registo.

Sintaxe: LDR Rd, =constanteADR Rd, etiqueta

LDR	pseudo-instrução carregar constante	Rd = Constante de 32 bits
ADR	pseudo-instrução de carregamento de endereço	Rd = endereço relativo de 32 bits

A primeira pseudo-instrução escreve uma constante de 32 bits num registo usando as instruções disponíveis. Por omissão, é uma leitura de memória se a constante não puder ser codificada usando outras instruções. A segunda pseudo-instrução escreve um endereço relativo num registo, que será codificado usando uma expressão pc-relative.

Tabela 1.23 Conversão da pseudo-instrução LDR.

Pseudo-instrução	Instrução efectiva
LDR r0, =0xff	MOV r0, #0xff
LDR r0, =0x5555555555	LDR r0, [pc, #offset_12]

1.21EXECUÇÃO CONDICIONAL

A maioria das instruções ARM são executadas condicionalmente, sendo possível especificar que a instrução só é executada se os marcadores de código de condição passarem numa determinada condição ou teste. Ao utilizar instruções de execução condicional, pode aumentar o desempenho e a densidade do código. O campo de condição é uma mnemónica de duas letras anexada à mnemónica da instrução. A mnemónica predefinida é AL, ou executar sempre.

A execução condicional reduz o número de ramificações, o que também reduz o número de descargas do pipeline, melhorando assim o desempenho do código executado. A execução condicional depende de dois componentes: o campo de condição e os sinalizadores de condição. O campo de condição está localizado na instrução, e os sinalizadores de condição estão localizados no cpsr.

1.22INTRODUÇÃO AO CONJUNTO DE INSTRUÇÕES THUMB

O Thumb codifica um subconjunto das instruções ARM de 32 bits num espaço de conjunto de instruções de 16 bits. Uma vez que o Thumb tem um desempenho superior ao do ARM num processador com um barramento de dados de 16 bits, mas um desempenho inferior ao do ARM num barramento de dados de 32 bits, utilize o Thumb para sistemas com limitações de memória. O Thumb tem maior densidade de código - o espaço ocupado na memória por um programa executável - do que o ARM. Para sistemas incorporados com limitações de memória, por exemplo, telemóveis e PDA, a densidade do código é muito importante. As pressões em termos de custos também limitam o tamanho, a largura e a velocidade da memória.

Em média, uma implementação Thumb do mesmo código ocupa cerca de 30% menos memória do que a implementação ARM equivalente. A título de exemplo, a Figura 4.1 mostra a mesma rotina de código de divisão implementada em código de montagem ARM e Thumb. Embora a implementação Thumb utilize mais instruções, o espaço total de memória é reduzido. A densidade do código foi a principal força motriz do conjunto de instruções Thumb. Uma vez que também foi concebido como alvo de um compilador, e não para código de montagem escrito à mão, recomendamos que escreva o código alvo Thumb numa linguagem de alto nível como C ou C++.

Cada instrução Thumb está relacionada com uma instrução ARM de 32 bits. A figura 4.2 mostra uma instrução Thumb ADD simples a ser descodificada numa instrução ARM ADD equivalente. A Tabela 4.1 apresenta uma lista completa das instruções Thumb disponíveis na arquitetura THUMBv2 utilizada na arquitetura ARMv5TE. Apenas a instrução de ramificação relativa pode ser executada condicionalmente. O espaço limitado disponível em 16 bits faz com que as operações de deslocamento de barril ASR, LSL, LSR e ROR sejam instruções separadas no Thumb ISA.

Código ARM	**Código do polegar**

ARMDivide
IN:r0(valor), rl(valor)
OUT:r2(Módulo), r3(Dividir)
MOV r3, #0
Loop SUBS r0, r0, r1 ADDGE r3, r3, #1
	Dividir o polegar
	IN: r0(valor),r1(valor) OUT:r2(módulo), r3(divisão)
	MOV r3, #0
	Loop ADD r3, #1
	SUB r0, r1

BGE Loop ADD r2, r0, r1 5 x 4 = 20bytes	BGE Loop SUB r3, #1 ADICIONAR r2, r0, r1 6 x 2 = 12 Bytes

Figura 1.26 Densidade do código

Cpsr nzcvift_SVC =

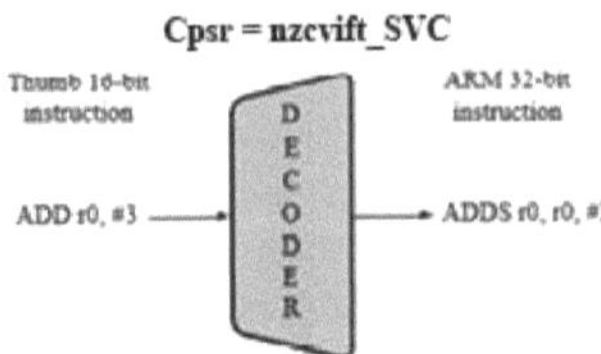

Figura 1.27 Descodificação de instruções Thumb

Apenas descrevemos um subconjunto destas instruções neste capítulo, uma vez que a maior parte do código é compilado a partir de uma linguagem de alto nível. Consulte o Apêndice A para obter uma lista completa das instruções Thumb. Este capítulo abrange a utilização de registos Thumb, interfuncionamento ARM-Thumb, instruções de ramificação, instruções de processamento de dados, instruções de armazenamento de carga, operações de pilha e interrupções de software.

Tabela 1.24 Conjunto de instruções Thumb.

Mnemónica	PUNHO ISA	Descrição
ADC	v1	adiciona dois valores de 32 bits e transporta
ADD	v1	adicionar dois valores de 32 bits
E	v1	E lógico bit a bit de dois valores de 32 bits
ASR	v1	deslocamento aritmético à direita
B	v1	ramo relativo
BIC	v1	apagamento do bit lógico (ANDNOT) de dois valores de 32 bits
BKPT	v2	instruções de ponto de interrupção
BL	v1	ramo relativo com ligação
BLX	v2	ramo com ligação e troca
BX	v1	sucursal com central telefónica
CMN	v1	comparar dois valores negativos de 32 bits
CMP	v1	comparar dois números inteiros de 32 bits
EOR	v1	OU lógico exclusivo de dois valores de 32 bits
LDM	v1	carregar múltiplas palavras de 32 bits da memória para os registos ARM
LDR	v1	carregar um único valor a partir de um endereço virtual na memória
LSL	v1	deslocamento lógico à esquerda
LSR	v1	deslocamento lógico para a direita
MOV	v1	mover um valor de 32 bits para um registo

MUL	v1	multiplicar dois valores de 32 bits
MVN	v1	mover o NOT lógico de um valor de 32 bits para um registo
NEG	v1	negar um valor de 32 bits
ORR	v1	OR lógico bit a bit de dois valores de 32 bits
POP	v1	retira vários registos do pilha
PUSH	v1	empurra vários registos para o pilha
ROR	v1	rodar para a direita um valor de 32 bits
SBC	v1	subtrair com transporte um bit de 32 bits valor
STM	v1	armazenar múltiplos registos de 32 bits na memória
STR	v1	armazenar um registo num endereço virtual na memória
SUB	v1	subtrair dois valores de 32 bits
SWI	v1	interrupção de software
TST	v1	bits de teste de um valor de 32 bits

Utilização do registo Thumb

No estado Thumb, o utilizador não tem acesso direto a todos os registos. Apenas os registos baixos r0 a r7 são totalmente acessíveis, como mostra a Tabela 1.25. Os registos superiores r8 a r12 só são acessíveis com instruções MOV, ADD ou CMP. O CMP e todas as instruções de processamento de dados que operam em registos baixos actualizam os sinalizadores de condição no cpsr.

Tabela 1.25 **Resumo da utilização do registo Thumb.**

Registar s	Acesso
r0-r7	totalmente acessível
r8-r12	apenas acessível por MOV, ADD e CMP
r13 sp	acessibilidade limitada
r14 lr	acessibilidade limitada
r15 pc	acessibilidade limitada
cpsr	apenas acesso indireto

spsr	sem acesso

Deve ter reparado na lista do conjunto de instruções Thumb e na tabela de utilização de registos Thumb que não existe acesso direto ao cpsr ou ao spsr. Por outras palavras, não existem instruções Thumb equivalentes a MSR e MRS. Para alterar o cpsr ou spsr, é necessário mudar para o estado ARM para usar MSR e MRS. Da mesma forma, não existem instruções de coprocessador no estado Thumb. É necessário estar no estado ARM para aceder ao coprocessador para configurar a gestão da cache e da memória.

Interfuncionamento ARM-Thumb

O interfuncionamento ARM-Thumb é o nome dado ao método de ligação entre os códigos ARM e Thumb, tanto para assembly como para C/C++. Trata da transição entre os dois estados. Por vezes é necessário código adicional, designado por veneer, para efetuar a transição. O ATPCS define as normas de chamada de procedimentos ARM e Thumb. Para chamar uma rotina Thumb a partir de uma rotina ARM, o núcleo tem de mudar de estado. Esta mudança de estado é indicada no bit T do cpsr. As instruções de ramificação BX e BLX causam uma mudança entre os estados ARM e Thumb ao ramificar para uma rotina. A instrução BX lr regressa de uma rotina, também com uma mudança de estado, se necessário.

A instrução BLX foi introduzida no ARMv5T. Nos núcleos ARMv4T, o ligador utiliza um veneer para mudar de estado numa chamada de sub-rotina. Em vez de chamar a rotina diretamente, o ligador chama o veneer, que muda para o estado Thumb utilizando a instrução BX.

Existem duas versões das instruções BX ou BLX: uma instrução ARM e uma equivalente Thumb. A instrução ARM BX entra no estado Thumb apenas se o bit 0 do endereço em Rn for definido como binário 1; caso contrário, entra no estado ARM. A instrução BX do Thumb faz o mesmo.

Sintaxe: BX Rm
BLX Rm |
etiqueta

BX	Versão miniatura branchexchange	pc= Rn & 0xfffffffeT= Rn[0]
BLX	Versão em miniatura da troca de ramos com ligação	lr = (endereço do instrumento depois do BLX)+ 1pc = etiqueta, T = 0 pc= Rm & 0xfffffffe, T= Rm[0]

Ao contrário da versão ARM, a instrução Thumb BX não pode ser executada condicionalmente.

1.23OUTRAS INSTRUÇÕES DO RAMO

Existem duas variações da instrução de ramificação padrão, ou B. A primeira é semelhante à versão ARM e é executada condicionalmente; o intervalo de ramificação é limitado a um imediato de 8 bits com sinal, ou 256 a +254 bytes. A segunda versão remove a parte condicional da instrução e expande o intervalo de ramificação efetivo para um imediato de 11 bits com sinal, ou 2048 a +2046 bytes. A instrução de ramificação condicional é a única instrução executada condicionalmente no estado Thumb.

Sintaxe: B<cond> etiqueta B etiqueta BL etiqueta

B	Ramo	pc = etiqueta
BL	ramo com ligação	pc = etiqueta lr = (endereço da instrução após oBL)+ 1

A instrução BL não é executada condicionalmente e tem um alcance aproximado de /4 MB. Este intervalo+ é possível porque as instruções BL (e BLX) são traduzidas num par de instruções Thumb de 16 bits. A primeira instrução do par contém a parte alta do desvio do ramo, e a segunda a parte baixa. Estas instruções devem ser utilizadas como um par. O código aqui mostra as várias instruções usadas para retornar de uma chamada de subrotina BL:

MOV pc,
lrBX lr
POP {pc}

Para regressar, definimos o pc para o valor em lr. A instrução de pilha chamada POP

1.24INSTRUÇÕES DE PROCESSAMENTO DE DADOS

As instruções de processamento de dados manipulam dados dentro dos registos. Incluem instruções de deslocação, instruções aritméticas, deslocações, instruções lógicas, instruções de comparação e instruções de multiplicação. As instruções de processamento de dados Thumb são um subconjunto das instruções de processamento de dados ARM.

Sintaxe:

<ADC|ADD|AND|BIC|EOR|MOV|MUL|MVN|NEG|ORR|SBC|SUB> Rd, Rm
<ADD|ASR|LSL|LSR|ROR|SUB> Rd, Rn #imediato
<ADD|MOV|SUB> Rd, #imediato
<ADD|SUB> Rd, Rn, Rm
ADD Rd, pc, #imediato ADD Rd, sp, #imediato
<ADD|SUB> sp, #imediato
<ASR|LSL|LSR|ROR> Rd, Rs
<CMN|CMP|TST> Rn, Rm
CMP Rn, #imediato MOV Rd, Rn

ADC	adiciona dois valores de 32 bits e transporta	Rd= Rd+ Rm + Cflag
ADD	adicionar dois valores de 32 bits	Rd = Rn + imediato Rd = Rd + imediato Rd= Rd+ RmRd = Rd + Rm Rd = (pc & 0xfffffffc) +(imediato 2)Rd = sp+ (imediato 2) Sp = sp+ (imediato 2)
E	E lógico bit a bit de dois valores de 32 bits	Rd = Rd & Rm
ASR	deslocamento aritmético à direita	Rd= Rm imed ia te , sinalizador C = Rm[imediato - 1] Rd= Rd Rs, sinalizador C = Rd[Rs - 1]
BIC	limpeza lógica de bits (AND NOT) de dois valores de 32	Rd= Rd E NOT(Rm)

	bits	
CMN	comparar dois valores negativos de 32 bits	Rn + Rm define bandeiras
CMP	comparar dois números inteiros de 32 bits	Rn - imediato define bandeirasRn - Rm define bandeiras
EOR	OU lógico exclusivo de dois valores de 32 bits	Rd= Rd EOR Rm
LSL	deslocamento lógico à esquerda	Rd= Rm imediato , sinalizador C = Rm[32 - imediato]Rd = Rd Rs, sinalizador C = Rd[32 - Rs]
LSR	deslocamento lógico para a direita	Rd= Rm imediato , sinalizador C = Rd[imediato - 1]Rd= Rd Rs, sinalizador C = Rd[Rs - 1]
MOV	mover um valor de 32 bits para um registo	Rd = imediatoRd= Rn Rd= Rm
MUL	multiplicar dois valores de 32 bits s	Rd = (Rm * Rd)[31:0]
MVN	mover o NOT lógico de um valor de 32 bits para um registo	Rd = NOT(Rm)
NEG	negar um valor de 32 bits	Rd = 0 - Rm
ORR	lógica al bitwise OR de dois valores de 32 bits	Rd= Rd OU Rm
ROR	rodar para a direita um valor de 32 bits	Rd= Rd RIGHT_ROTATE Rs, C flag = Rd[Rs-1]
SBC	subtrair com transporte um valor de 32 bits	Rd= Rd - Rm - NOT(C flag)
SUB	subtrair dois valores de 32 bits	Rd = Rn - imediato Rd = Rd - imediato Rd = Rn - Rm sp= sp - (imediato 2)
TST	bits de teste de um valor de 32 bits	Rn E Rm define bandeiras

Estas instruções seguem o mesmo estilo que as instruções ARM equivalentes. A maioria das instruções de processamento de dados Thumb opera em registos baixos e actualiza o cpsr. As excepções são as que podem operar nos registos superiores r8-r14 e no pc. Estas instruções, exceto a CMP, não actualizam os sinalizadores de condição no cpsr quando utilizam os registos superiores. A instrução CMP, no entanto, actualiza sempre o cpsr.

MOV Rd,Rn

ADD Rd,RmCMP Rn,Rm

ADD sp, #imediato

SUB sp, #imediato

ADDRd,sp,#imediato

ADDRd,pc,#imediato

1.25INSTRUÇÕES DE REGISTO ÚNICO DE CARREGAMENTO E ARMAZENAMENTO

O conjunto de instruções Thumb suporta registos de carga e armazenamento, ou LDR e STR. Estas instruções utilizam dois modos de endereçamento pré-indexados: deslocamento por registo e deslocamento por imediato.

Sintaxe:

<LDR|STR>{<B|H>}Rd,
[Rn,#imediato]
LDR{<H|SB|SH>}
Rd,[Rn,Rm]
STR{<B|H>} Rd,[Rn,Rm]
LDR Rd,[pc,#imediato]
<LDR|STR> Rd,[sp,#imediato]

LDR	carregar palavra num registo	Rd <- mem32[endereço]
STR	guardar palavra de um registo	Rd -> mem32[endereço]
LDRB	carregar byte num registo	Rd <- mem8[endereço]
STRB	guardar byte de um registo	Rd -> mem8[endereço]
LDRH	carregar metade de w ou d num registo	Rd <- mem16[endereço]
STRH	guardar meia palavra num registo	Rd -> mem16[endereço]
LDRS B	carregar byte assinado num registo	Rd <- Extensor de sinal(mem8[endereço])
LDRS H	carregar meia palavra assinada num registo	Rd <- Extensor de sinal(mem16[endereço])

Pode ver os diferentes modos de endereçamento na Tabela 1.26. O offset by register utiliza um registo de base Rn mais o offset de registo Rm. O segundo utiliza o mesmo registo base Rn mais um mediato de 5 bits ou um valor dependente do tamanho dos dados. O offset de 5 bits codificado na instrução é multiplicado por um para acessos de bytes, dois para acessos de 16 bits e quatro para acessos de 32 bits.

Tabela 4.3 Modos de endereçamento.

Tipo	Sintaxe
Carregar / armazenar registo	[Rn, Rm]
Registo de base + desvio	[Rn, #imediato]
Relativo	[pc|sp, #imediato]

1.26 Instruções de carregamento e armazenamento de registos múltiplos

As versões Thumb das instruções múltiplas de armazenamento de carga são formas reduzidas das instruções múltiplas de armazenamento de carga ARM. Elas suportam apenas o modo de endereçamento increment after (IA) .

Sintaxe : <LDM|STM>IA Rn!, {lista de registos baixa}

LDMIA	carregar vários registos	{Rd}*N <- mem32[Rn + 4 *N], Rn = Rn + 4 *N
STMIA	guardar vários registos	{Rd}*N -> mem32[Rn + 4 *N], Rn = Rn + 4 *N

Aqui N é o número de registos na lista de registos. Pode ver que estas instruções actualizam sempre o registo base. Rn após a execução. O registo base e a lista de registos estão limitados aos registos baixos r0 a r7.

1.27INSTRUÇÕES DE EMPILHAMENTO

As operações de pilha Thumb são diferentes das instruções ARM equivalentes porque utilizam o conceito mais tradicional de POP e PUSH.

Sintaxe:

POP

{lista_de_registo_baixa{,

pc}}PUSH

{lista_de_registo_baixa{, lr}}

POP	retirar registos das pilhas	Rd*N <- mem32[sp + 4 *N], sp = sp + 4 *N
PUSH	empurrar registos para a pilha	Rd*N -> mem32[sp + 4 *N], sp = sp - 4 *N

O ponto interessante a ser observado é que não há ponteiro de pilha na instrução. Isto acontece porque o stack pointer é fixado como o registo r13 nas operações Thumb e o sp é automaticamente atualizado. A lista de registos está limitada aos registos baixos r0 a r7. A lista de registos PUSH também pode incluir o registo de ligação lr; da mesma forma, a lista de registos POP pode incluir o pc. Isto permite suportar a entrada e saída de subrotinas. As instruções de pilha suportam apenas operações de pilha descendentes completas. O registo de ligação lr é colocado na pilha com o registo r1. Ao retornar, o registo r1 é retirado da pilha, assim como o endereço de retorno é carregado no pc. Isso retorna da sub-rotina.

1.28INSTRUÇÃO DE INTERRUPÇÃO DE SOFTWARE

À semelhança do equivalente ARM, a instrução de interrupção de software Thumb (SWI) provoca uma exceção de interrupção de software. Se qualquer sinalizador de interrupção ou exceção for ativado no estado Thumb, o processador regressa automaticamente ao estado ARM para tratar a exceção.

Sintaxe: SWI imediato

SWI	interrupção de software	lr_svc = endereço da instrução que se segue à SWI spsr_svc = cpsr pc = vectores + 0x8 cpsr mode = SVCcpsr I = 1 (mascara as interrupções IRQ) cpsr T = 0 (estado ARM)

A instrução SWI Thumb tem o mesmo efeito e quase a mesma sintaxe que a equivalente ARM. Difere no facto de o número SWI estar limitado ao intervalo de 0 a 255 e não ser executado condicionalmente.

1.29NÚCLEOS DE PROCESSADOR ARM

O núcleo ARMS foi desenvolvido na ARM Limited de 1993 a 1996 para satisfazer a procura de um núcleo ARM com um desempenho superior ao que era possível obter com o pipeline de 3 fases ARM? 3 - stage pipeline. Foi agora substituído pelo ARM9TDMI e pelo ARM10TDMI, mas a sua conceção suscita alguns pontos de interesse. O desempenho de um núcleo de processador pode ser melhorado através de: Aumentando a taxa de clock. Para tal, é necessário simplificar a lógica em cada fase do pipeline e, por conseguinte, aumentar o número de fases do pipeline.

1.30REDUZINDO O CPI (CICLOS DE RELÓGIO POR INSTRUÇÃO).

Para tal, é necessário que as instruções que ocupam mais do que uma ranhura na conduta num ARM7 sejam reimplementadas de modo a ocuparem menos ranhuras, ou que as paragens na conduta causadas por dependências entre instruções sejam reduzidas, ou uma combinação de ambos. Repetindo mais uma vez o argumento apresentado anteriormente, o problema fundamental da redução do IPC em relação a um núcleo ARM7 está relacionado com o gargalo de von Neumann - qualquer computador de programa armazenado com uma única instrução e memória de dados terá o seu desempenho limitado pela largura de banda de memória disponível.

Um núcleo ARM7 acede à memória em (quase) todos os ciclos de relógio, quer para ir buscar uma instrução quer para transferir dados. Para obter um IPC significativamente melhor do que o do ARM7, o sistema de memória deve fornecer mais do que um valor em cada ciclo de relógio, quer fornecendo mais do que 32 bits por ciclo a partir de uma única memória, quer dispondo de memórias separadas para os acessos a instruções e a dados.

1.31MEMÓRIA DE DUPLA LARGURA DE BANDA

O ARMS mantém uma memória unificada (sob a forma de cache ou de RAM na pastilha), mas explora a natureza sequencial da maioria dos acessos à memória para obter uma largura de banda dupla a partir de uma única memória. Assume que a memória à qual está ligada pode entregar uma palavra num ciclo de relógio e entregar a palavra sequencial seguinte meio ciclo mais tarde, em simultâneo com o início do acesso seguinte.

As organizações de memória típicas são perfeitamente capazes de fornecer os dados extra com apenas um pequeno custo extra de hardware. Restringir a largura de banda extra a acessos sequenciais pode parecer limitar a sua utilidade, mas as aquisições de instruções são altamente sequenciais e as instruções de carregamento múltiplo do ARM geram endereços sequenciais (tal como as instruções de armazenamento múltiplo, embora estas não explorem a memória de largura de banda dupla no ARMS), pelo que a ocorrência de acessos sequenciais é bastante elevada no código ARM típico

1.32ORGANIZAÇÃO CENTRAL

Uma memória de 64 bits de largura tem as caraterísticas necessárias, mas atrasar a chegada da segunda palavra em meio ciclo de relógio permite a utilização de um barramento de 32 bits e pode poupar área, uma vez que o encaminhamento de um barramento de 32 bits requer menos área do que o encaminhamento de um barramento de 64 bits. O processador ARMS é constituído por uma unidade de pré-busca e por uma via de dados inteiros.

A unidade de pré-busca é responsável por buscar instruções na memória e armazená-las em buffer (a fim de explorar a memória de largura de banda dupla). Em seguida, fornece até uma instrução por ciclo de relógio à unidade de inteiros, juntamente com o seu valor PC. A unidade de pré-busca é responsável pela previsão de ramificação e utiliza a previsão estática baseada na direção da ramificação (as ramificações para trás são previstas como "tomadas", enquanto as ramificações para a frente são previstas como "não tomadas") para tentar adivinhar para onde irá o fluxo de instruções; a unidade de inteiros calcula o fluxo exato e emite correcções para a unidade de pré-busca, se necessário.

A memória de dupla largura de banda estará normalmente integrada na pastilha, sob a forma de memória cache num dispositivo de utilização geral como o ARMS 10 (descrito na secção 12.2 da página 323) ou como RAM endereçável numa aplicação incorporada. A restante memória pode ser constituída por dispositivos convencionais de largura de banda única, mas sem alguma memória rápida no sistema, o núcleo ARMS apresentará poucas vantagens em relação aos núcleos ARM mais simples. O processador utiliza um pipeline de 5 fases, com a unidade de pré-busca a ocupar a primeira fase e a unidade de inteiros a utilizar as restantes quatro fases:

- Pré-busca de instruções.
- Descodificação de instruções e leitura de registos.
- Executar (shift e ALU).
- Acesso à memória de dados.
- Resultados do write-back.

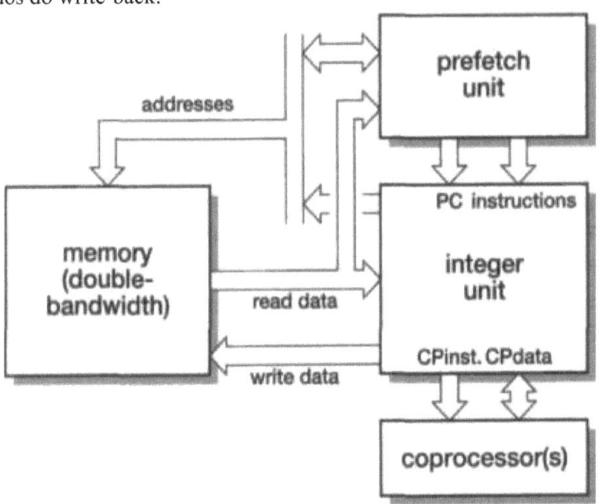

Figura. 1.28 Organização do núcleo do processador ARMS

O fluxo de instruções e os valores de PC associados são fornecidos pela unidade de pré-busca através da interface mostrada no topo da figura; o coprocessador de controlo do sistema liga-se através dos barramentos de instruções e de dados dedicados ao coprocessador, à esquerda da figura; a interface para a memória de dados está à direita da figura e inclui um barramento de endereços, um barramento de dados de escrita e um barramento de dados de leitura. Note-se que o barramento de dados da memória de leitura suporta transferências de largura de banda dupla em instruções de carregamento múltiplo, e ambas as portas de escrita do registo são utilizadas em instruções de carregamento múltiplo para armazenar o fluxo de dados de largura de banda dupla. Uma vez que as instruções de carregamento múltiplo transferem apenas quantidades de palavras, não importa que metade do fluxo de dados contorne o alinhamento de bytes e a lógica de extensão de sinal

1.33APLICAÇÕES DE ARMAS

O ARMS foi concebido como um núcleo de processador de uso geral que pode ser facilmente fabricado pelos muitos licenciados da ARM Limited, pelo que não está altamente optimizado para uma tecnologia de processamento específica. Oferece um desempenho significativamente (duas a três vezes) mais elevado do que os núcleos ARM7 mais simples para um aumento semelhante da área de silício e requer o suporte de memória on-chip com largura de banda dupla para poder concretizar todo o seu potencial.

ARMAS Silício

O núcleo ARMS utiliza 124.554 transístores e funciona a velocidades até 72 MHz num processo CMOS de 0,5 um com três camadas de metal.

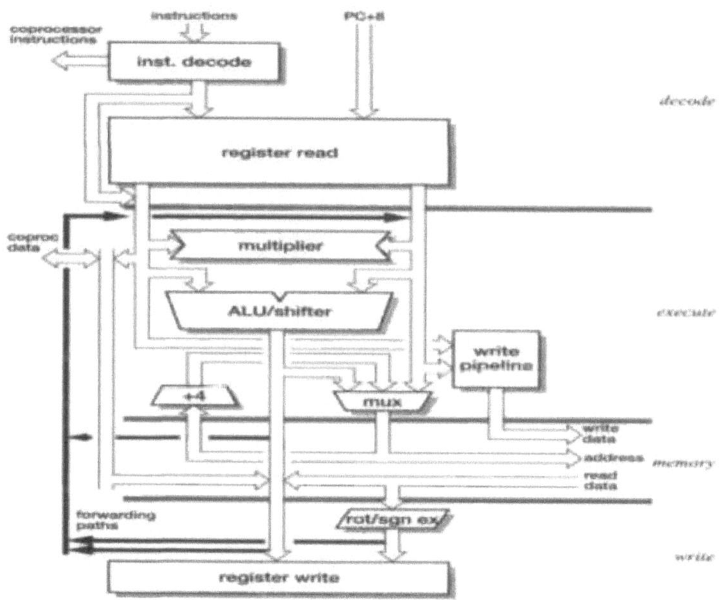

Figura 1.28 Organização da unidade de inteiros ARMS

1.34PROGRAMAÇÃO EM LINGUAGEM DE MONTAGEM ARM

O processador ARM é muito fácil de programar ao nível da linguagem assembly, embora para a maioria das aplicações seja mais adequado programar numa linguagem de alto nível, como C ou C++. A programação em linguagem assembly requer que o programador pense ao nível da instrução individual da máquina. Uma instrução ARM tem 32 bits de comprimento, pelo que existem cerca de 4 mil milhões de instruções de máquina binárias diferentes. Felizmente, existe uma estrutura considerável no espaço de instruções, pelo que o programador não tem de estar familiarizado com cada uma das 4 mil milhões de codificações binárias numa base individual. Mesmo assim, há uma quantidade considerável de pormenores a acertar em cada instrução. O assembler é um programa de computador que trata da maior parte destes pormenores para o programador. Escrever programas simples em linguagem assembly Temos agora todas as ferramentas básicas para escrever programas simples em linguagem assembly. Como em qualquer tarefa de programação, é importante ter uma ideia clara do seu algoritmo antes de começar a escrever instruções no computador.

Os programas de grande dimensão são quase de certeza melhor escritos em C ou C++, pelo que apenas veremos pequenos exemplos de programas em linguagem assembly. Mesmo os programadores mais experientes começam por verificar se conseguem fazer correr um programa muito simples antes de passarem à sua tarefa real. Existem muitas complexidades relacionadas com a aprendizagem da utilização de um editor de texto, com a forma de fazer funcionar o assembler, como carregar o programa na máquina, como fazer com que comece a ser executado e assim por diante. Este tipo de programa de teste simples é muitas vezes referido como um programa Hello World porque tudo o que faz é imprimir 'Hello World' no ecrã antes de terminar. Aqui está uma versão em linguagem assembly do ARM.

AREA HELLOW, CORE, APENAS para leitura; declara a área de código SWI_writeC
EQU &0; produzir carácter em r0 SWI_Exit
EQU &11; terminar o programa
ENTRADA Código Ponto de entrada
INICIAR ADR r1, TEXT ; r1-> "Olá mundo" LOOP
LDRB r0, [r1], #1 ; obtém o próximo byte
CMP ro, #0 ; verificar se há texto fim SWINE
SWI_writeC ; se não for fim printBNE
LOOP; e volta ao ciclo SWI SWI_exit ; fim da execução TEXT = "Hello World", &0a, &0d,0END

Este programa ilustra uma série de caraterísticas da linguagem de montagem e do conjunto de instruções ARM:

- A declaração do código "AREA", com os atributos adequados.
- As definições das chamadas de sistema que serão utilizadas na rotina. (Num programa maior, estas seriam definidas num ficheiro que outros ficheiros de código referenciariam).
- A utilização da pseudo-instrução ADR para obter um endereço num registo de base.
- A utilização de endereçamento auto-indexado para percorrer uma lista de bytes.
- Execução condicional da instrução SWI para evitar um desvio suplementar. Note também a utilização de um byte zero para marcar o fim da cadeia (a seguir aos caracteres especiais de avanço de linha e de retorno de carro). Sempre que utilizar uma estrutura de looping, certifique-se de que esta tem uma condição de fim. Para executar este programa, precisará das seguintes ferramentas, todas elas disponíveis no kit de ferramentas de desenvolvimento de software ARM:
- Um editor de texto para escrever o programa num assembler para transformar o programa em código binário ARM.
- Um sistema ARM ou emulador para executar o binário. O sistema ARM deve ter alguma capacidade de saída de texto. (A placa de desenvolvimento ARM, por exemplo, envia a saída de texto de volta para o hospedeiro para saída no ecrã do hospedeiro). Depois de ter este programa a correr, está pronto para tentar algo mais útil. A partir de agora, a única coisa que muda é o texto do programa. O uso do editor, do assembler, e do sistema de teste ou emulador permanecerá bastante semelhante ao que já fez, pelo menos até ao ponto em que o seu programa se recusa a fazer o que quer e não consegue perceber porque se recusa. Nessa altura, terá de usar um depurador para ver o que está a acontecer no seu programa. Isto significa aprender a usar outra ferramenta complexa, pelo que vamos adiar esse momento o mais possível.

1.35Conceção do programa:

Com uma compreensão básica do conjunto de instruções, pequenos programas podem ser escritos e depurados sem grandes problemas, bastando digitá-los num editor e ver se funcionam. No entanto, é perigoso assumir que esta abordagem simples será escalonada para o desenvolvimento bem-sucedido de programas complexos que se espera que funcionem por muitos anos, que podem ser alterados por outros programadores no futuro e que podem acabar nas mãos de clientes que os usarão de maneiras inesperadas. Este livro não é um texto sobre a conceção de programas, mas tendo oferecido uma introdução à programação, seria uma omissão grave não salientar que há muito mais para escrever um programa útil do que apenas sentar-se e digitar código.

Uma programação séria não deve começar com a codificação, mas com um design cuidadoso. O primeiro passo do processo de desenvolvimento é compreender os requisitos; é surpreendente a frequência com que os programas não se comportam como esperado porque os requisitos não foram bem compreendidos pelo programador! Em seguida, os requisitos (muitas vezes informais) devem ser traduzidos numa especificação inequívoca. Agora o projeto pode começar, definindo uma estrutura de programa, as estruturas de dados com que o programa trabalha e os algoritmos que são utilizados para realizar as operações necessárias sobre os dados. Os algoritmos podem ser expressos em pseudo-código, uma notação programática que não segue a sintaxe de uma linguagem de programação específica, mas que torna o significado claro. Só quando o projeto estiver desenvolvido é que se deve começar a codificar. Os módulos individuais devem ser codificados, testados minuciosamente (o que pode exigir a conceção de programas especiais como "test-harnesses") e documentados, e o programa deve ser construído peça por peça. Atualmente, quase toda a programação se baseia em linguagens de alto nível, pelo que é raro que os grandes programas sejam construídos utilizando a programação em assembly, tal como aqui descrita. Por vezes, no entanto, pode ser necessário desenvolver pequenos componentes de software em linguagem assembly para obter o melhor desempenho para uma aplicação crítica, pelo que é útil saber como escrever código assembly para estes fins.

CAPÍTULO II

SUPORTE ARQUITECTÓNICO PARA LINGUAGEM DE ALTO NÍVEL

1.1 ESCREVER E OPTIMIZAR O CÓDIGO DE MONTAGEM DO BRAÇO

Os projectos de software incorporado contêm frequentemente algumas sub-rotinas chave que dominam o desempenho do sistema. Ao otimizar estas rotinas, pode reduzir o consumo de energia do sistema e a velocidade de relógio necessária para o funcionamento em tempo real. A otimização pode transformar um sistema inviável num sistema viável, ou um sistema não competitivo num sistema competitivo. É necessário um esforço adicional para otimizar as rotinas de montagem, por isso não se preocupe em otimizar as rotinas não críticas. Quando se dedica algum tempo à otimização de uma rotina, esta tem o benefício secundário de lhe dar uma melhor compreensão do algoritmo, dos seus estrangulamentos e do fluxo de dados. A melhor otimização de uma rotina pode variar de acordo com o núcleo ARM utilizado no seu hardware alvo, especialmente para o processamento de sinais. No entanto, muitas vezes é possível codificar uma rotina que seja razoavelmente eficiente para todas as implementações ARM. Para ser consistente, este capítulo utiliza optimizações e contagens de ciclos ARM9TDMI nos exemplos. No entanto, os exemplos serão executados de forma eficiente em todos os núcleos ARM, do ARM7TDMI ao ARM10E.

Se escrever o seu código C cuidadosamente utilizando as regras, terá uma implementação relativamente eficiente. Para obter o máximo desempenho, pode otimizar as rotinas críticas utilizando o assembly escrito à mão. Escrever o assembly à mão dá-lhe o controlo direto de três ferramentas de otimização que não pode utilizar explicitamente ao escrever o código fonte em C:

Programação da instrução:

Reordenação das instruções numa sequência de código para evitar paragens do processador. Uma vez que as implementações ARM são em pipeline, o tempo de uma instrução pode ser afetado por instruções vizinhas.

Atribuição de registos:

Decidir como as variáveis devem ser alocadas aos registos ARM ou às localizações da pilha para obter o máximo desempenho. O nosso objetivo é minimizar o número de acessos à memória.

Execução condicional:

Aceder a toda a gama de códigos de condição ARM e instruções condicionais.

2.1.1 ESCREVER CÓDIGO ASSEMBLY

Pré-requisito:

É necessário estar familiarizado com as instruções ARM. Conhecer a norma de chamada de procedimentos ARM e Thumb.

Exemplo :1 Este exemplo mostra como converter uma Função C para uma Função Assembly, normalmente a primeira fase da Otimização Assembly. Considere o seguinte programa simples em C Main.C que imprime o quadrado dos inteiros de 0 a 9:

```
#incluir
<stdio.h>int
quadrado(int i); int
principal(void)
{
```

int i;
for (i=0; i<10; i++);
{
printf ("O quadrado de %d é %d\n", i, square(i));
}
} int square(int i);
{
devolver i*i;
}
Vejamos como substituir square por uma função assembly que executa. A mesma ação. remova a definição c de square, mas não a declaração (a segunda linha) para produzir um novo ficheiro C mainl.C. A seguir adicione um ficheiro armasm assembler square.s com o seguinte conteúdo:
AREA |.text|, CODE, READ ONLY EXPORT quadrado

```
int square(int i);
square MUL r1, r0, r0;        r1 = r0 * r0
MOV  r0, r1;                  r0 = r1
MOV  pc, lr;                  return r0
END
```

A diretiva AREA nomeia a área ou secção de código em que o código se encontra. Se utilizar caracteres não alfanuméricos num símbolo ou nome de área, coloque o nome entre barras verticais. Muitos caracteres não alfanuméricos têm significados especiais. No código anterior, definimos uma área de código só de leitura chamada texto. A diretiva EXPORT torna o símbolo quadrado disponível para ligação externa. Na linha 6, definimos o símbolo quadrado como uma etiqueta de código. Note-se que arm as treason indented text como uma definição de etiqueta.
Quando square é chamado, a passagem de parâmetros é definida pelo ATPCS . O argumento de entrada é passado no registo *r0*, e o valor de retorno é devolvido no registo *r0*. A instrução de multiplicação tem a restrição de que o registo de destino não pode ser o mesmo que o registo do primeiro argumento. Assim, colocamos o resultado da multiplicação em *r1* e movemo-lo para *r0*. A diretiva END marca o fim do ficheiro de montagem. Os comentários seguem um ponto e vírgula. O seguinte script ilustra como construir este exemplo usando ferramentas de linha de comando
armcc -c main1.c armasm square.s armlink -o
main1.axf main1.o square.o
O exemplo 1 só funciona se estiver a compilar o seu C como código ARM. Se compilar o seu C como código Thumb, então a rotina de montagem tem de regressar utilizando uma instrução BX.
EXEMPLO: 2 Ao chamar código ARM a partir de C compilado como Thumb, a única alteração necessária ao Assembly no exemplo 1 é mudar a instrução return para BX. BX retornará ao estado ARM ou Thumb de acordo com o bit 0 de Lr. Portanto, esta rotina pode ser chamada a partir de ARM ou Thumb. Utilize BX Lr em vez de MOV Pc, Lr sempre que o seu processador suportar BX (Arm v4t e superior). Crie um novo ficheiro Assembly Square2.S como se segue:
AREA |.text|, CODE, READONLY EXPORT square;
int quadrado(int i)

```
Quadrado MUL rl, r0, r0;     rl= r0 * r0
MOV r0, rl;   r0= rl
BXlr ;
devolver r0
FIM
```

Com este exemplo, construímos o ficheiro C utilizando o compilador Thumb C tcc. Montamos o arquivo assembly com o sinalizador de interfuncionamento ativado para que o vinculador permita que o código Thumb C chame o código assembly ARM. Você pode usar os seguintes comandos para construir este exemplo:

```
tcc -c main1.c
armasm -apcs /interwork square2.s
armlink -o main2.axf main1.o square2.o
```

2.2 PERFILAGEM E CONTAGEM DE CICLOS

- A primeira fase de qualquer processo de otimização consiste em identificar as rotinas críticas e medir o seu desempenho atual. Um profiler é uma ferramenta que mede a proporção de tempo ou ciclos de processamento gastos em cada sub-rotina. Utiliza-se um profiler para identificar as rotinas mais críticas. Um contador de ciclos mede o número de ciclos utilizados por uma rotina específica. Pode medir o seu sucesso utilizando um contador de ciclos para aferir uma determinada sub-rotina antes e depois de uma otimização.
- O simulador ARM utilizado pelo depurador ADS1.1 é designado por ARMulator e fornece funcionalidades de criação de perfis e de contagem de ciclos. O criador de perfis do ARMulator funciona através da amostragem do contador de programa pc em intervalos regulares. O criador de perfil identifica a função para a qual pc aponta e actualiza um contador de acertos para cada função que encontra. Outra abordagem consiste em utilizar a saída de rastreio de um simulador como fonte de análise.
- Certifique-se de que conhece o funcionamento do perfilador que está a utilizar e os limites da sua precisão. Um profiler com amostragem pc pode produzir resultados sem sentido se registar muito poucas amostras. Pode até implementar o seu próprio perfilador com amostragem pc num sistema de hardware usando interrupções de temporização para recolher os pontos de dados pc. Note que as interrupções temporizadas tornarão mais lento o sistema que está a tentar medir!
- As implementações ARM normalmente não contêm hardware de contagem de ciclos, pelo que, para medir facilmente as contagens de ciclos, deve utilizar um depurador ARM com um simulador ARM. Pode configurar o simulador ARM para simular uma gama de diferentes núcleos ARM e obter referências de contagem de ciclos para uma série de plataformas.

2.3 PROGRAMAÇÃO DE INSTRUÇÕES

O tempo necessário para executar instruções depende do pipeline de implementação. Para este capítulo, assumimos os tempos de pipeline do ARM9TDMI As regras a seguir resumem os tempos de ciclo para classes de instruções comuns no ARM9TDMI. As instruções que estão condicionadas ao valor dos códigos de condição ARM no cpsr demoram um ciclo se a condição não for satisfeita. Se a condição for satisfeita, aplicam-se as seguintes regras

- As operações da UAL, como a adição, a subtração e as operações lógicas, demoram um ciclo. Isto inclui uma deslocação por um valor imediato. Se utilizar um deslocamento especificado no registo, adicione um ciclo. Se a instrução escreve no PC, então adicione dois ciclos.

- As instruções de carga que carregam N palavras de 32 bits da memória, como LDR e LDM, demoram N ciclos a serem emitidas, mas o resultado da última palavra carregada não está disponível no ciclo seguinte. O endereço de carga atualizado está disponível no ciclo seguinte. Isto pressupõe uma memória em estado de espera zero para um sistema sem cache, ou um acerto na cache para um sistema com cache. Um LDM de um único valor é excecional, demorando dois ciclos. Se a instrução carrega pc, então adiciona dois ciclos.
- As instruções de carga que carregam dados de 16 ou 8 bits, tais como LDRB, LDRSB, LDRH e LDRSH, demoram um ciclo a serem emitidas. O resultado da carga não está disponível nos dois ciclos seguintes. O endereço de carga atualizado está disponível no ciclo seguinte. Isto pressupõe uma memória em estado zero para um sistema sem cache, ou um acerto na cache para um sistema com cache.
- As instruções de ramificação demoram três ciclos.
- As instruções de armazenamento que armazenam N valores demoram N ciclos. Isto pressupõe uma memória em estado de espera zero para um sistema sem cache, ou um acerto na cache ou uma memória intermédia de escrita com N entradas livres para um sistema com cache. Um STM de um único valor é excecional, demorando dois ciclos.
- As instruções de multiplicação demoram um número variável de ciclos, dependendo do valor do segundo operando no produto.
- Para entender como programar o código de forma eficiente no ARM, precisamos entender o pipeline e as dependências do ARM. O processador ARM9TDMI executa cinco operações em paralelo:

Buscar:

Vai buscar à memória a instrução no endereço pc. A instrução é carregada no núcleo e, em seguida, processada no pipeline do núcleo.

Descodificar:

Descodifica a instrução que foi obtida no ciclo anterior. O processador também lê os operandos de entrada do banco de registos se estes não estiverem disponíveis através de um dos caminhos de encaminhamento.

ALU:

Executa a instrução que foi descodificada no ciclo anterior. Note-se que esta instrução foi originalmente obtida a partir do endereço pc 8 (estado ARM) ou pc 4 (estado Thumb). Normalmente, isto envolve o cálculo da resposta para uma operação de processamento de dados, ou o endereço para uma operação de carregamento, armazenamento ou ramificação. Algumas instruções podem passar vários ciclos nesta fase. Por exemplo, as operações de multiplicação e de deslocamento controladas por registo demoram vários ciclos da ALU.

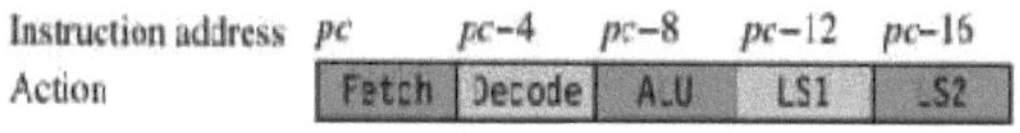

Instruction address	pc	pc-4	pc-8	pc-12	pc-16
Action	Fetch	Decode	ALU	LS1	LS2

Figura 2.1 Encravamento de um ciclo causado pela utilização da carga.

A Figura 2.1 ilustra como este encravamento afecta o pipeline. O processador bloqueia a instrução ADD durante um ciclo na fase ALU do pipeline, enquanto a instrução load completa a fase LS1. Esta paragem foi assinalada com um ADD em itálico. Uma vez que a instrução LDR prossegue no pipeline, mas a instrução ADD está parada, abre-se um espaço entre elas. Essa lacuna às vezes é chamada de bolha de pipeline. Marcámos a bolha com um traço.

EXEMPLO:**3** Este exemplo mostra um encravamento de um ciclo causado pela utilização de carga atrasada.

LDRB rl, [r2, #1]

ADICIONAR r0, r0, r2

EOR r0, r0, rl

Este tripleto de instruções demora quatro ciclos. Embora o ADD prossiga no ciclo seguinte ao byte de carga, a instrução EOR não pode começar no terceiro ciclo. O valor rl não está pronto até que a instrução de carga complete o estágio LS2 do pipeline. O processador pára a instrução EOR durante um ciclo. Note-se que a instrução ADD não afecta de todo a temporização. A sequência demora quatro ciclos, quer ela esteja lá ou não! A Tabela 2.1 mostra como esta sequência progride através do pipeline do processador. A instrução ADD não causa qualquer paragem, uma vez que não utiliza rl, o resultado da carga.

Quadro 2.1 Intervalo de um ciclo ocausada por carga atrasada utilização

Condutas	Obter	Descodificar	ALU	LS1	LS2
Ciclo 1	EOR	ADD	LDRB		
Ciclo 2		EOR	ADD	LDRB	
Ciclo 3			EOR	ADD	LDRB
Ciclo 4			EOR		ADD

Exemplo 4 Este exemplo mostra porque é que uma instrução de ramificação demora três ciclos. O processador tem de descarregar o pipeline quando salta para um novo endereço.

MOV rl, #1

Caso Bl

E r0, r0, rl

EOR r2, r2, r3

...

Casol

SUB r0, r0, rl

Quadro 2.2 Descarga da conduta causada por um ramal

Condutas	Obter	Descodificar	ALU	LS1	LS2
Ciclo 1	E	B	MOV		
Ciclo 2	EOR	E	B	MOV	
Ciclo 3	SUB			B	MOV
Ciclo 4		SUB			B
Ciclo 5			SUB		

As três instruções executadas demoram um total de cinco ciclos. A instrução MOV é executada no primeiro ciclo. No segundo ciclo, a instrução branch calcula o endereço de destino. Isto faz com que o núcleo descarregue o pipeline e o volte a encher utilizando este novo valor pc. O reabastecimento demora dois ciclos. Finalmente, a instrução SUB é executada normalmente. A Tabela 2.2 ilustra o estado do pipeline em cada ciclo. O pipeline descarta as duas instruções que se seguem à ramificação quando esta ocorre.

2.4 PROGRAMAÇÃO DAS INSTRUÇÕES DE CARGA

As instruções de carga ocorrem frequentemente no código compilado, representando aproximadamente um terço de todas as instruções. A programação cuidadosa das instruções de carga para que não ocorram paragens no pipeline pode melhorar o desempenho. O compilador tenta programar o código da melhor forma possível, mas os problemas de aliasing do C limitam as optimizações disponíveis. O compilador não pode mover uma instrução de carga antes de uma instrução de armazenamento, a menos que tenha certeza de que os dois ponteiros usados não apontam para o mesmo endereço.

Dois tipos:

- Programação de cargas por pré-carregamento
- Programação de cargas por desenrolamento

2.4.1 Programação de carga por pré-carregamento

Neste método de programação de carga, carregamos os dados necessários para o loop no final do loop anterior, em vez de no início do loop atual. Para obter uma melhoria de desempenho com pouco aumento no tamanho do código, não desenrolamos o loop.

Exemplo:5 Esta montagem aplica o método de pré-carregamento à função str_to lower

```
out RN0;        ponteiro para a saída  string
em RN1;         ponteiro para a saída  cadeia
c RN2; carácter carregado
t RN3; registo de rascunho
void str_tolower _preload(char *out, char *in)
str_tolower_preload
LDRB c, [in], #1;
Laço
SUB t, c, #A;
CMP t, #z, -A;
ADDLS c, c, # a, - A;
STRB c, [out], #1;
TEQ c, #0;
LDRNEB c, [in], #1;
Loop BNE;
MOV pc, lr;
c =† (in++)
t = c- A'
se (t <= 'z' - 'A') c += 'a' - A
*(out++) = (char) c teste se c ==0
se (c!=0) vai para Loop voltar
```

- A versão programada é uma instrução mais longa do que a versão C, mas poupamos dois ciclos por cada iteração do ciclo interno. Isto reduz o ciclo de 11 ciclos por carácter para 9 ciclos por carácter num ARM9TDMI, o que representa uma melhoria de velocidade de

1,22 vezes.
- A arquitetura ARM é particularmente adequada a este tipo de pré-carregamento porque as instruções podem ser executadas condicionalmente. Como o loop i está a carregar os dados para o loop i +1, existe sempre um problema com o primeiro e o último loops. Para o primeiro loop, podemos pré-carregar os dados inserindo instruções de carregamento extra antes do início do loop.
- Para o último ciclo, é essencial que o ciclo não leia quaisquer dados, ou lerá para além do fim da matriz. Isto poderia causar um aborto de dados! Com o ARM, podemos resolver facilmente este problema tornando a instrução load condicional.
- No Exemplo 4, o pré-carregamento do carácter seguinte só ocorre se o ciclo for iterado mais uma vez. Não ocorre qualquer carregamento de bytes no último ciclo.

2.4.2 Programação de carga por desenrolamento

Este método de agendamento de carga funciona desenrolando e depois intercalando o corpo do loop. Por exemplo, podemos efetuar iterações do ciclo i, i + 1, i + 2 intercaladas. Quando o resultado de uma operação do laço i não está pronto, podemos executar uma operação do laço i + 1 que evita esperar pelo resultado do laço i.

EXEMPLO 5 A montagem aplica o escalonamento da carga desenrolando para a função str_tolowerout RN0; ponteiro para a cadeia de saída em RN1; ponteiro para a cadeia de entrada

ca0 RN2; Carácter 0
t RN3; registo de rascunho
cal RN12; Carácter
1ca2 RN14; Carácter
2
void str_tolower_unrolled (char *out, char *in)str_tolower_unrolled
STMFD sp! {lr}; entrada de função loop_next3LDRB ca0, [in], #1; ca0 = *in++;
LDRB ca0, [in],
#1;
Cal = in++;
LDRB ca2, [in],#1;
Ca2 = in++
SUB t, ca0, #A; converte ca0 em minúsculasCMP t, #z, -A;
ADDLS ca0, ca0, #a,-A;
SUB t, cal, #A; converter cal em inferior
caseCMP t, #z,-A;
ADDLS cal,cal,#a,-A;
SUB t, ca2, #A; converte ca2 para perdedor
caseCMP t, #z, -A;
ADDLS ca2, ca2, #a, -
A;
STRB ca0, [out], #1;
*out++ =
ca0TEQ
ca0, #0;
se (ca0!=0)
STRNEB ca11, [out], #1;

*out++ =
ca1;
TEQNB ca1 #0;
se (ca0 != 0 && ca1!=0)
STRNEB ca2, [out], #1
*out++ =
ca2;
TEQNE ca2, #0;
se(ca0! = 0 && ca1!=0 && ca2!=0)
BNE loop_next3; goto loop_next3LDMFD sp ! = {pc}; return

Este ciclo é a implementação mais eficiente que vimos até agora. A implementação requer sete ciclos por caractere no ARM9TDMI. Isso dá um aumento de velocidade de 1,57 vezes em relação ao str_tolower original. Mais uma vez, é a natureza condicional das instruções ARM que torna isto possível. Utilizamos instruções condicionais para evitar armazenar caracteres que já passaram do fim da cadeia de caracteres. No entanto, a melhoria no Exemplo 5 tem alguns custos. A rotina tem mais do dobro do tamanho do código da implementação original. Assumimos que pode ler até dois caracteres para além do fim da cadeia de caracteres de entrada, o que pode não ser verdade se a cadeia de caracteres estiver mesmo no fim da RAM disponível, onde a leitura fora do fim causará um aborto de dados. Além disso, o desempenho pode ser mais lento para strings muito curtas porque

(1) O empilhamento de lr causa sobrecarga adicional de chamadas de função e
(2) A rotina pode processar até dois caracteres inutilmente, antes de descobrir
que se encontram para além da extremidade da corda.

Esta forma de agendamento deve ser utilizada através de unrolling para partes críticas de uma aplicação onde se sabe que o tamanho dos dados é grande. Se também souber o tamanho dos dados em tempo de compilação, pode eliminar o problema de ler para além do fim da matriz.

2.5 ATRIBUIÇÃO DE REGISTOS

Pode utilizar 14 dos 16 registos ARM visíveis para guardar dados de uso geral. Os outros dois registos são o ponteiro de pilha r13 e o contador de programa r15. Para que uma função seja compatível com o ATPCS, deve preservar os valores chamados dos registos r4 a r11. O ATPCS também especifica que a pilha deve ser alinhada em oito bytes; portanto, você deve preservar esse alinhamento ao chamar subrotinas. Utilize o seguinte modelo para rotinas assembly optimizadas que requerem muitos registos:

nome_da_rotina
STMFD sp!, {r4-r12, lr} ; registos guardados na pilha ; corpo da rotina ; os catorze registos r0-r12 e lr estão disponíveis
LDMFD sp!, {r4-r12, pc} ; restaura os registos e regressa

O nosso único objetivo ao empilhar r12 é manter a pilha alinhada em oito bytes. Não é necessário empilhar r12 se a sua rotina não chamar outras rotinas ATPCS. Para ARMv5 e superiores, pode utilizar o modelo anterior mesmo quando é chamado a partir de código Thumb.

nome_da_rotina
STMFD sp!, {r4-r12, lr} ; registos guardados na pilha ; corpo da rotina ; registos r0-r12 e lr

disponível LDMFD sp!, {r4-r12, lr} ; restaurar registos

BX lr ; regresso, com comutador de modo

Nesta secção, analisamos a melhor forma de atribuir variáveis para registar números para Tarefas de registo intensivo, como utilizar mais de 14 variáveis locais e como utilizar da melhor forma os 14 registos disponíveis.

2.6 ATRIBUIÇÃO DE VARIÁVEIS A NÚMEROS DE REGISTO

Quando escreve uma rotina de montagem, é melhor começar por utilizar nomes para as variáveis, em vez de números de registo explícitos. Isto permite-lhe alterar a atribuição de variáveis para registar números facilmente. Pode até utilizar nomes de registos diferentes para o mesmo número de registo físico quando a sua utilização não se sobrepõe. Os nomes de registo aumentam a clareza e a legibilidade do código optimizado. Na sua maioria, as operações ARM são ortogonais em relação ao número de registo. Por outras palavras, os números de registo específicos não têm funções específicas. Se trocar todas as ocorrências de dois registos Ra e Rb numa rotina, a função da rotina não se altera. No entanto, há vários casos em que o número físico do registo é importante

Registos de argumentos.

A convenção ATPCS define que os primeiros quatro argumentos de uma função são colocados nos registos r0 a r3. Outros argumentos são colocados na pilha. O valor de retorno deve ser colocado em r0.

Registos utilizados num carregamento ou armazenamento múltiplo.

Instruções múltiplas de carregamento e armazenamento LDM e STM operam numa lista de registos por ordem crescente de número de registo. Se r0 e r1 aparecerem na lista de registos, o processador carregará ou armazenará sempre r0 utilizando um endereço inferior a r1 e assim sucessivamente.

Carregar e armazenar palavra dupla.

As instruções LDRD e STRD introduzidas no ARMv5E operam num par de registos com números de registo sequenciais, Rd e Rd + 1. Além disso, Rd tem de ser um número de registo par.

2.7 UTILIZANDO MAIS DE 14 VARIÁVEIS LOCAIS

Se você precisar de mais de 14 variáveis locais de 32 bits em uma rotina, então você deve armazenar algumas variáveis na pilha. O procedimento padrão é trabalhar para fora a partir do loop mais interno do algoritmo, uma vez que o loop mais interno tem o maior impacto no desempenho.

2.8 TIRAR O MÁXIMO PARTIDO DOS REGISTOS DISPONÍVEIS

Numa arquitetura de armazenamento de carga, como o ARM, é mais eficiente aceder a valores guardados em registos do que a valores guardados na memória. Existem vários truques que podem ser utilizados para encaixar várias variáveis de sub-comprimento de 32 bits num único registo de 32 bits, reduzindo assim o tamanho do código e aumentando o desempenho. Esta secção apresenta três exemplos que mostram como é possível agrupar várias variáveis num único registo ARM.

2.9 EXECUÇÃO CONDICIONAL

O núcleo do processador pode executar condicionalmente a maioria das instruções ARM. Esta execução condicional é baseada num dos 15 códigos de condição. Se não for especificada uma condição, o assembler assume por defeito a condição executar sempre (AL). As outras 14 condições dividem-se em sete pares de complementos. As condições dependem dos quatro sinalizadores de código de condição N, Z, C, V armazenados no registo cpsr. Por defeito, as instruções ARM não actualizam os sinalizadores N, Z, C, V no cpsr ARM. Para a maioria das instruções, para atualizar estes marcadores, acrescenta-se um sufixo S à mnemónica da instrução. As excepções são as instruções de comparação que não escrevem num registo de destino. O seu único objetivo é atualizar os sinalizadores, pelo que não requerem o sufixo S. Combinando a execução condicional e a definição condicional dos sinalizadores, pode implementar instruções if simples sem qualquer necessidade de ramificações. Isto melhora a eficiência, uma vez que as ramificações podem demorar muitos ciclos, e também reduz o tamanho do código.

Exemplo 6 O seguinte código C identifica se C é uma vogal: if (c = = 'a' || c = = 'e' || c = = 'i'|| c = ='o'|| c = = 'u') {
vogal ++;
}

No Assembly, pode escrever isto utilizando comparações condicionais:

```
TEQ c, #'a'
TEQNE c, # "e
TEQNE c. # "i
TEQNE c, # "o
TEQNE c, # "u
ADDEQ vogal, vogal, #1
```

Assim que uma das comparações TEQ detecta uma correspondência, os sinalizadores Z são definidos no cpsr. As instruções TRQNE seguintes não têm efeitos, uma vez que estão condicionadas a Z = 0.

A próxima instrução a ter efeito é a ADDEQ que incrementa a vogal. Pode utilizar este método sempre que todas as comparações na instrução if forem do mesmo tipo.

Exemplo 7 Considere o seguinte código que detecta se 'c' é uma letra:

```
if(( c >= 'A' && c <= 'Z') || (c >= 'a' && c <= 'z')
{
letra++;
}
```

Para implementar isto de forma eficiente, podemos utilizar uma adição ou subtração para mover cada intervalo para a forma 0 <= c <= limite. Depois utilizamos comparações sem sinal para detetar este intervalo e comparações condicionais para encadear intervalos. A montagem a seguir implementa isso de forma eficiente

```
SUB temp, c, #'A'
CMP temp, #'Z' - 'A'
SUBHI temp, c, # 'a'
CMPHI temp, #'z' - 'a'
ADDLS carta, carta, #1
```

2.10 CONSTRUÇÕES EM LOOP

A maioria das rotinas críticas para o desempenho conterá um loop. Esta secção descreve como implementar estes loops de forma eficiente em assembly. Também analisamos exemplos de como desenrolar loops para obter o máximo desempenho.

Tipos de laços

- Laços contados decrescentes
- Laços contados não enrolados
- Vários loops aninhados

- Outros laços contados

Indexação negativa

♦♦♦ Indexação logarítmica

2.10.1 LOOPS COM CONTAGEM DECRESCENTE

Para um ciclo decrescente de N iterações, o contador do ciclo i faz uma contagem decrescente de N
a 1 inclusive. O ciclo termina com i = 0. Uma implementação eficiente é

MOV i, N

Loo

p O corpo do laço vai aqui e I =N, N-

1.1. ...,1 SUBS I, I, #1

Circuito BGT

A sobrecarga do ciclo consiste numa subtração que define os códigos de condição seguidos de uma ramificação condicional. No ARM7 e no ARM9, esta sobrecarga custa quatro ciclos por ciclo. Se' 'i' for um índice de matriz, então
pode querer fazer a contagem decrescente de N 1 a 0, inclusive, para poder aceder ao elemento zero da matriz. Pode implementar isto da mesma forma utilizando um ramo condicional diferente:

SUBS I, N, #1

Laço

; o corpo do ciclo passa aqui e i=N, N-1, ,1

SUBS i, I, #1

Circuito BGE

Nesta disposição, o sinalizador Z é definido na última iteração do ciclo e apagado nas outras iterações. Se houver algo diferente no último ciclo, então podemos conseguir isso utilizando as condições EQ e NE.

MOV i, N

Loo

p ;o corpo do ciclo passa aqui e repete (arredondando para cima)(N/3) vezes

SUBS I, I, #3

Circuito BGT

2.10.2 LAÇOS CONTADOS NÃO ENROLADOS

Isso nos leva ao assunto do desenrolar de laços. O desenrolar de laços reduz a sobrecarga do laço ao executar o corpo do laço várias vezes. No entanto, há problemas a serem superados. E se a contagem do loop não for um múltiplo da quantidade de desenrolamento? E se a contagem do loop for menor que a quantidade de desenrolamento? Analisámos estas questões para o código C. Nesta secção, veremos como pode lidar com estas questões em assembly. Vamos usar a função memset da biblioteca C como um estudo de caso. Esta função define N bytes de memória no endereço s para o valor de byte c. A função precisa de ser eficiente, por isso vamos ver como desenrolar o ciclo sem colocar restrições extra nos operandos de entrada. A nossa versão de memset terá o seguinte protótipo em C: void my_memset(char *s, int c, unsigned int N);

Para sermos eficientes para um N grande, precisamos de escrever vários bytes de cada vez usando instruções STR ou STM. Por isso, a nossa primeira tarefa é alinhar o ponteiro do array s. No entanto, só vale a pena fazer isto se N for suficientemente grande. Ainda não temos a certeza do que significa "suficientemente grande", mas vamos assumir que podemos escolher um valor limite T1 e só nos preocupamos em alinhar a matriz quando N T1 . Claramente T1 3, pois não faz sentido alinhar se não tivermos quatro bytes para escrever! Agora suponhamos que alinhámos a matriz s. Podemos utilizar múltiplos de armazenamento para definir a memória de forma eficiente. Por exemplo, podemos utilizar um ciclo de quatro store múltiplos de oito palavras cada para definir 128 bytes em cada ciclo. No entanto, só valerá a pena fazer isso se N > T2 > *128,* onde T2 é outro limite a ser determinado mais tarde. Finalmente, resta-nos N < T2 bytes para escrever. Podemos escrever bytes em blocos de quatro usando STR até N < 4. Depois podemos terminar escrevendo bytes individualmente com STRB até ao fim do array.

2.10.3 MÚLTIPLOS LOOPS ANINHADOS

Quantos contadores de loops são necessários para manter múltiplos loops aninhados? Na verdade, um será suficiente ou, mais precisamente, um desde que a soma dos bits necessários para cada contagem de laço não exceda 32. - Podemos combinar as contagens dos loops num único registo, colocando a contagem do loop mais interno nas posições de bit mais elevadas. Esta secção apresenta um exemplo que mostra como fazer isto. Iremos garantir que os loops fazem uma contagem decrescente de max 1 a 0 inclusive, para que o loop termine produzindo um resultado negativo.

2.10.4 OUTROS LOOPS CONTADOS

Pode querer usar o valor de um contador de laço como uma entrada para cálculos no laço. Nem sempre é desejável fazer uma contagem decrescente de N para 1 ou de N 1 para 0. Por exemplo, pode querer selecionar bits de um registo de dados um de cada vez; neste caso, pode querer uma máscara de potência de dois que duplique em cada iteração. As subsecções seguintes mostram estruturas de looping úteis que contam em diferentes padrões. Utilizam apenas uma única instrução combinada com uma ramificação para implementar o ciclo.

Tipos:

- Indexação negativa
- Indexação logarítmica

2.10.4.1 INDEXAÇÃO NEGATIVA

Esta estrutura de laço conta de -N a 0 (inclusive ou exclusivo) em passos de tamanho STEP.

RSB i, N, #0 ; i=-N loop
; o corpo do ciclo passa aqui e i=-N,-N+STEP,...,
ADDS i, i, #STEP
Laço BLT ; utilizar BLT ou BLE para excluir 0 ou não

2.10.4.2 INDEXAÇÃO LOGARÍTMICA

Esta estrutura de laço faz a contagem decrescente de 2N para 1 em potências de dois. Por exemplo, se N =4, então conta = 16, 8, 4, 2, 1.

2.11 MANIPULAÇÃO DE BITS

Os formatos de ficheiros comprimidos empacotam itens com uma granularidade de bits para maximizar a densidade dos dados. Os itens podem ter uma largura fixa, como um campo de comprimento ou um campo de versão, ou podem ter uma largura variável, como um símbolo codificado por Huffman. Os códigos Huffman são utilizados na compressão para associar a cada símbolo um código de bits. O código é mais curto para símbolos comuns e mais longo para símbolos mais raros.

Tipos:

- Empacotamento e desempacotamento de campos de bits de largura fixa
- Empacotamento de fluxo de bits de largura variável
- Desempacotamento de fluxo de bits de largura variável

2.11.1 EMPACOTAMENTO E DESEMPACOTAMENTO DE CAMPOS DE BITS DE LARGURA FIXA

É possível extrair um campo de bits sem sinal de uma posição arbitrária num registo ARM num ciclo, desde que se defina previamente uma máscara; caso contrário, são necessários dois ciclos. Um campo de bits assinado requer sempre dois ciclos para ser desempacotado, a menos que o campo de bits se encontre no topo de uma palavra (o bit mais significativo do campo de bits é o bit mais significativo do registo).

Exemplo 8 O código assembly mostra como desempacotar os bits 4 a 15 do registo ro, colocando o resultado em r1

Desempacotamento sem sinal com máscara definida antecipadamente

Máscara = 0x00000FFF

E r1, máscara, ro, LSR#4

Desempacotamento não assinado sem máscara MOV r1, r0, LSL#16; MOV r1, r1, LSR#20;	descartar bits16-31 descartar os bits 0-3 e zero de extensão

Desembalagem assinada
MOV r1, r0, LSL#16;
MOV r1, r1, ASR#20;
	descartar bits 16-31
	descartar os bits 0-3 e prolongar o sinal

2.11.2 EMPACOTAMENTO DE FLUXO DE BITS DE LARGURA VARIÁVEL

A nossa tarefa aqui é empacotar uma série de códigos de comprimento variável para criar um fluxo de bits. Normalmente, estamos a comprimir um fluxo de dados e os códigos de comprimento variável representam símbolos de Huffman ou de codificação aritmética. No entanto, não precisamos de fazer quaisquer suposições sobre o que os códigos representam para os empacotar eficientemente. Precisamos de ter cuidado com o endianness do empacotamento. Muitos formatos de ficheiros comprimidos utilizam uma ordem de empacotamento de bits big-endian em que o primeiro código é colocado nos bits mais significativos do primeiro byte. Por esta razão, usaremos uma ordem de empacotamento de bits bigendiana para nossos exemplos. Esta é por vezes conhecida como ordem de rede. A Figura 2.2 mostra como formamos um fluxo de bytes a partir de códigos de bits de comprimento variável usando uma ordem de empacotamento big-endian. Alto e baixo representam os extremos de bits mais e menos significativos do byte. Para implementar o empacotamento de forma eficiente no ARM, usamos um registo de 32 bits como buffer para guardar quatro bytes, por ordem big-endian. Por outras palavras, colocamos o byte 0 do fluxo de bytes nos 8 bits mais significativos do registo. Depois podemos inserir códigos no registo, um de cada vez, começando pelo bit mais significativo e indo até ao bit menos significativo.

Quando o registo estiver cheio, podemos armazenar 32 bits na memória. Para um sistema de memória big-endian, podemos armazenar a palavra sem modificações. Para um sistema de memória little-endian, temos de inverter a ordem dos bytes na palavra antes de a armazenar. Chamamos ao registo de 32 bits que inserimos códigos no buffer de bits. Precisamos de um segundo registo de bits livres para registar o número de bits que não usámos no buffer de bits. Por outras palavras, o buffer de bits contém 32 bits livres de código e bits livres de zero bits, como na Figura 2.3. Para inserir um código de k bits no buffer de bits, subtraímos k aos bits livres e depois inserimos o código com um deslocamento à esquerda dos bits livres. Também precisamos de ter cuidado com o alinhamento. Um fluxo de bytes não precisa de estar alinhado com palavras, pelo que não podemos usar acessos a palavras para o escrever. Para permitir acessos por palavra, começamos por recuar até ao último endereço alinhado por palavra. Depois, preenchemos o buffer de bits do registo de 32 bits com os dados que foram copiados. A partir daí, podemos usar leitura e escrita de palavras (32 bits).

Alto Baixo Alto Baixo Alto Baixo Alto Baixo Alto Baixo

Byte 0		Byte 1		Byte 2	Byte 3	
Código 0	Código 1		Código 2	Código 3	Código 4	

Figura 2.2 Códigos de bits de grande índio empacotados num fluxo de bytes

	31	bits free	0
Bit buffer =	Code bits		0

Figura 2.3 Formato do buffer de bits

2.11.3 DESEMPACOTAMENTO DE FLUXO DE BITS DE LARGURA VARIÁVEL

É muito mais difícil desempacotar um fluxo de bits de códigos de largura variável do que empacotá-lo. O problema é que normalmente não sabemos a largura dos códigos que estamos a descompactar! Para os fluxos de bits codificados por Huffman, é necessário derivar o comprimento de cada código olhando para a sequência seguinte de bits e descobrindo que código pode ser esse. Aqui vamos usar uma tabela de pesquisa para acelerar o processo de descompactação. A ideia é pegar nos N bits seguintes do fluxo de bits e fazer uma pesquisa em duas tabelas, look_codebits[] e look_code [], cada uma com 2N entradas. Se os N bits seguintes forem suficientes para determinar o código, então as tabelas indicam-nos o comprimento e o valor do código, respetivamente. Se os N bits seguintes não forem suficientes para determinar o código, então a tabela look_codebits devolverá um valor de escape de 0xFF. Um valor de escape é apenas um sinalizador para indicar que este caso é excecional. Numa sequência de códigos Huffman, os códigos comuns são curtos e os códigos raros são longos. Assim, esperamos descodificar rapidamente os códigos mais comuns, usando as tabelas de pesquisa. No exemplo seguinte, assumimos que N = 8 e usamos tabelas de pesquisa com 256 entradas.

2.12 FUNÇÕES E PROCEDIMENTOS

2.12.1Concepção do programa:

As boas práticas de programação exigem que os programas de grande dimensão sejam divididos em componentes suficientemente pequenos para serem testados exaustivamente; um programa grande e monolítico é demasiado complexo para ser testado exaustivamente e é provável que tenha 'bugs' em cantos escondidos que não surgem suficientemente cedo na vida do programa para serem corrigidos antes de o programa ser enviado aos utilizadores. Cada pequeno componente de software deve executar uma operação específica usando uma interface bem definida. A forma como executa esta operação não deve ter qualquer significado para o resto do programa (este é o princípio da abstração).

2.12.2 Hierarquia do programa:

Para além disso, o programa completo deve ser concebido como uma hierarquia de componentes, e não apenas como uma lista simples. Uma hierarquia típica é ilustrada na

Figura 2.4. O topo da hierarquia é o programa chamado main. A restante hierarquia é bastante informal; as rotinas de nível inferior podem ser partilhadas por rotinas de nível superior, as chamadas podem saltar níveis e a profundidade pode variar ao longo da hierarquia.

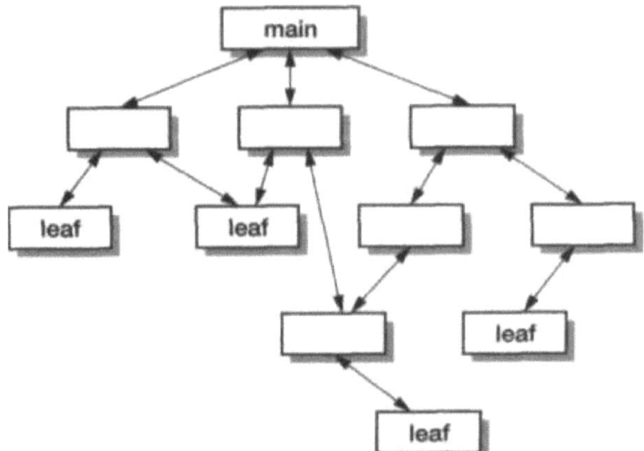

Figura 2.4 Estrutura típica de um programa hierárquico

2.12.3 Rotinas da folha:

No nível mais baixo da hierarquia existem rotinas "folha"; estas são rotinas que não chamam, elas próprias, quaisquer rotinas de nível inferior. Num programa típico, algumas das rotinas de nível inferior serão funções de biblioteca ou de sistema; trata-se de operações predefinidas que podem ou não ser rotinas folha (ou seja, podem ou não ter estrutura interna).

2.12.4 Terminologia:

Existem vários termos que são utilizados para descrever componentes desta estrutura de programa, muitas vezes de forma imprecisa. Tentaremos aplicar os termos da seguinte forma:

- ***Sub-rotina:***

Um termo genérico para uma rotina que é chamada por uma rotina de nível superior, particularmente quando se vê um programa ao nível da linguagem assembly.

- ***Função:***

Uma sub-rotina que devolve um valor através do seu nome. Uma invocação típica é semelhante a: c = max (a, b);

- ***Procedimento:***

Uma sub-rotina que é chamada para efetuar uma operação num item(s) de dados especificado(s). Uma invocação típica tem o seguinte aspeto:

printf ("Hello WorldXn");

2.12.5 Funções C:

Algumas linguagens de programação fazem uma distinção clara entre funções e procedimentos, mas C não o faz. Em C todas as sub-rotinas são funções, mas podem ter efeitos secundários para além de devolverem um valor, e quando o valor devolvido é do tipo 'void' é efetivamente suprimido e apenas os efeitos secundários permanecem, dando um comportamento que se assemelha a um procedimento

2.12.6 Argumentos e parâmetros:

Um argumento é uma expressão passada para uma chamada de função; um valor recebido pela função é um parâmetro. C usa uma semântica estrita de "chamada por valor", pelo que é feita uma cópia de cada argumento quando uma função é chamada e, embora a função possa alterar os valores dos seus parâmetros, uma vez que estes são apenas cópias dos argumentos, os próprios argumentos não são afectados. (Uma semântica de chamada por referência faria com que qualquer alteração a um parâmetro dentro de uma função fosse passada de volta para o programa chamador, o que claramente só faz sentido quando o argumento é uma variável simples, mas C não suporta isso). A forma como uma função C pode alterar dados dentro do programa que a chama, sem ser devolvendo um único valor, é quando lhe é passado um ponteiro para os dados como argumento. A função pode então utilizar o ponteiro para aceder e modificar a estrutura de dados

2.12.7 Norma de chamada de procedimento ARM:

Para suportar a mistura flexível de rotinas geradas por diferentes compiladores e escritas em linguagem assembly, a ARM Limited definiu um conjunto de regras para a entrada e saída de procedimentos. A norma ARM Procedure Call Standard (APCS) é utilizada pelo compilador ARM C, embora seja importante para o programador C apenas quando o resultado a nível de assembly tem de ser compreendido em pormenor.

A APCS impõe uma série de convenções à arquitetura ARM que, de resto, é uma arquitetura "baunilha":

- □ Define utilizações específicas para os registos de "uso geral".
- □ Define que forma de pilha é utilizada a partir das opções cheia/vazia, ascendente/descendente suportadas pelo conjunto de instruções ARM.
- □ Define o formato de uma estrutura de dados baseada em pilha utilizada para rastreio durante a depuração de programas.
- □ Define o argumento da função e o mecanismo de passagem de resultados a utilizar por todas as funções e procedimentos visíveis externamente.
- □ Suporta o mecanismo de biblioteca partilhada ARM, o que significa que suporta uma forma normalizada de o código partilhado (reentrante) aceder a dados estáticos.

2.12.8 Utilização do registo ARCS:

A convenção para a utilização dos 16 registos ARM atualmente visíveis está resumida em Tabela 2.3. Os registos estão divididos em três conjuntos

Tabela 2.3 Tipos de registos

Registo	Nome APCS	Papel da APCS
0	a1	Argumento 1 / resultado inteiro / registo de rascunho
1	a2	Argumento 2 / registo de rascunho
2	a3	Argumento 3 / registo de rascunho
3	a4	Argumento 4 / registo de rascunho
4	v1	Variável de registo 1
5	v2	Variável de registo 2
6	v3	Variável de registo 3
7	v4	Variável de registo 4

8	v5	Variável de registo 5
9	sl/v6	Base estática / variável de registo 6
10	sl/v7	Limite da pilha / variável de registo 7
11	fp	Ponteiro de quadro
12	ip	Registo de rascunho. / novo sb em chamadas entre unidades
13	esp	Extremidade inferior do atual stack frame
14	Ir	Endereço de ligação / registo de rascunho
15	pc	Contador de programas

2.12.9 Passagem de argumentos:

Uma função C pode ter muitos argumentos (ou mesmo um número variável de argumentos). O APCS organiza os argumentos da seguinte forma:

1. Se os valores de vírgula flutuante forem passados através de registos de vírgula flutuante, os primeiros quatro argumentos de vírgula flutuante são carregados nos primeiros quatro registos de vírgula flutuante.
2. Todos os argumentos restantes são organizados numa lista de palavras; as primeiras quatro palavras são carregadas em al a a4, depois as restantes palavras são colocadas na pilha por ordem inversa.

Note que os argumentos de várias palavras, incluindo valores de vírgula flutuante de dupla precisão, podem ser passados em registos inteiros, na pilha, ou mesmo divididos entre os registos e a pilha.

2.12.10Retorno do resultado:

Um resultado simples (como um número inteiro) é devolvido através de all. Um resultado mais complexo é devolvido na memória para uma localização especificada por um endereço que é efetivamente passado como um primeiro argumento adicional para a função através de all.

2.12.11 Entrada e saída de funções:

Uma função folha simples que pode executar todas as suas funções utilizando apenas al a a4 pode ser compilada em código com uma sobrecarga de chamada mínima:

```
BL  folha 1
..
Folha 1        ..
MOV pc, lr; return
```

Em programas típicos, cerca de 50% de todas as chamadas de funções são para funções folha, e estas são frequentemente bastante simples. Quando os registos têm de ser guardados, a função tem de criar uma estrutura de pilha. Isto pode ser compilado eficientemente usando as instruções múltiplas de carregamento e armazenamento do ARM:

```
BL  folha2
```

..

Folha 2 STMFD SP!, {regs, lr}; guardar registos ...

LDMFD SP!,{regs, pc}; restaurar e devolver

Aqui o número de registos que são guardados e restaurados será o mínimo necessário para implementar a função. Note-se que o valor guardado do registo de ligação (Ir) é devolvido diretamente ao contador de programa (pc) e, por isso, Ir está disponível como um registo de rascunho no corpo da função (o que não acontecia no caso simples acima). Sequências de entrada de função mais complexas são usadas quando necessário para criar estruturas de dados de rastreamento de pilha, lidar com argumentos de ponto flutuante passados em registradores de ponto flutuante, verificar o estouro de pilha e assim por diante.

2.12.12 Funções contínuas da cauda:

As funções simples que chamam outra função imediatamente antes de regressarem não incorrem frequentemente em qualquer sobrecarga de chamada significativa; o compilador fará com que o código regresse diretamente da função contínua. Isto torna as funções de revestimento (funções que simplesmente reordenam os argumentos, alteram o seu tipo ou adicionam um argumento extra) particularmente eficientes.

2.12.13 Eficiência dos motores de arranque:

Em geral, o ARM suporta funções e procedimentos de forma eficiente e flexível. As várias variantes da norma de chamada de procedimento correspondem bem aos diferentes requisitos das aplicações e todas resultam num código eficiente. As instruções de carregamento e armazenamento de registos múltiplos são exploradas com bons resultados pelo compilador neste contexto; sem elas, as chamadas a funções não-folha seriam muito mais dispendiosas. O compilador também é capaz de fazer optimizações eficazes para funções contínuas leaf e tail, encorajando assim bons estilos de programação. Os programadores podem utilizar uma conceção mais bem estruturada quando as chamadas às funções leaf são eficientes e podem explorar melhor a abstração quando as funções veneer são eficientes

2.13 UTILIZAÇÃO DA MEMÓRIA

Um sistema ARM, tal como a maioria dos sistemas informáticos, tem a sua memória organizada como um conjunto linear de endereços lógicos. Um programa em C espera ter acesso a uma área fixa da memória do programa (onde reside a imagem da aplicação) e à memória para suportar duas áreas de dados que crescem dinamicamente e para as quais o compilador não consegue frequentemente calcular um tamanho máximo. Estas áreas de dados dinâmicas são:

A pilha:

Sempre que uma função (não trivial) é chamada, é criada uma nova moldura de ativação na pilha que contém um registo de backtrace, variáveis locais (não estáticas), etc. Quando uma função regressa, o seu espaço na pilha é automaticamente recuperado e será reutilizado para a próxima chamada de função.

A pilha:

O heap é uma área de memória utilizada para satisfazer os pedidos dos programas (malloc ()) de mais memória para novas estruturas de dados. Um programa que continua a pedir memória durante um longo período de tempo deve ter o cuidado de libertar todas as secções que já não são necessárias, caso contrário o heap crescerá até a memória se esgotar.

2.13.1 Modelo de espaço de endereçamento:

- A utilização normal da memória é ilustrada na Figura 2.5. Quando uma aplicação pode utilizar todo o espaço de memória (ou quando uma unidade de gestão de memória pode permitir que uma aplicação pense que tem todo o espaço de memória), a imagem da aplicação é carregada no endereço mais baixo, a pilha cresce para cima a partir do topo da aplicação e a pilha cresce para baixo a partir do topo da memória. A memória não utilizada entre o topo da heap e o fundo da pilha é atribuída a pedido à heap ou à pilha e, se se esgotar, o programa pára por falta de memória.
- Num sistema ARM gerido por memória típico, o espaço lógico atribuído a uma única aplicação será muito grande, na ordem dos 1 a 4 Gbytes. A unidade de gerenciamento de memória alocará páginas adicionais, sob demanda, para o heap ou para a pilha, até que fique sem páginas para alocar (seja por ter alocado todas as páginas da memória física ou, em um sistema com memória virtual, por ter ficado sem espaço de troca no disco rígido). Isso geralmente acontece muito tempo antes que o topo do heap encontre o fundo da pilha.
- Num sistema sem suporte de gestão de memória, será atribuída à aplicação a totalidade (se for a única aplicação a ser executada no momento) ou parte (se for executada mais do que uma aplicação) do espaço de endereçamento da memória física restante, depois de o sistema operativo ter satisfeito os seus requisitos, e a aplicação fica sem memória precisamente quando o topo da pilha se encontra com o fundo da pilha

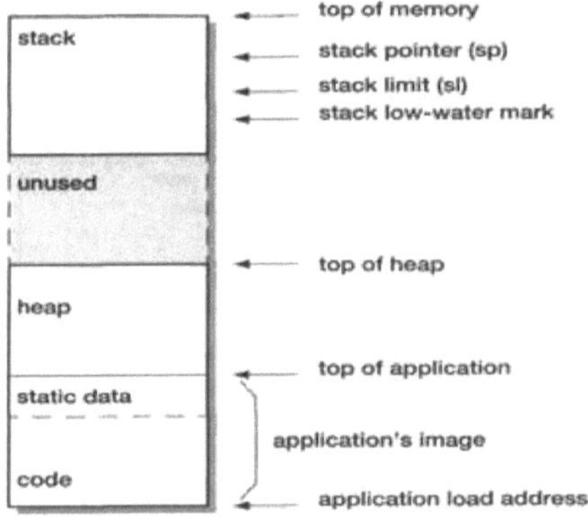

topo da memória
ponteiro de pilha (sp)
limite de pilha (si)
marca de baixa-mar da pilha
topo da pilha
topo da aplicação
imagem da aplicação
endereço de carregamento da aplicação

Figura 2.5 O modelo padrão do espaço de endereçamento do programa ARM C.

2.13.2 Modelo de pilha em pedaços:

Outros modelos de espaço de endereçamento são possíveis, incluindo a implementação de uma pilha "em pedaços", onde a pilha é uma série de pedaços encadeados dentro da pilha. Isso faz com que a aplicação ocupe uma única área contígua de memória, que cresce em uma direção conforme necessário, e pode ser mais conveniente quando a memória é muito apertada.

2.13.3 Comportamento da pilha:

É importante compreender o comportamento dinâmico da pilha enquanto um programa está a ser executado, uma vez que esclarece as regras de definição do âmbito das variáveis locais (às quais é atribuído espaço na pilha). Considere esta estrutura simples de programa:

```
Principal ()
{
... func1(); ...
func2 (); ...
} /*fim da secção principal */
fun1()
{
..
}/*fim da func 1 */
fun2()
{
..
}/*fim da func 2 */
```

Assumindo que o compilador aloca espaço na pilha para cada chamada de função, o comportamento da pilha será como mostrado na Figura 2.6. Em cada chamada de função, o espaço de pilha é alocado para argumentos (se não puderem ser todos passados em registos), para guardar registos para uso dentro da função, para guardar o endereço de retorno e o antigo ponteiro de pilha, e para alocar memória na pilha para variáveis locais. Observe como todo o espaço da pilha é recuperado na saída da função e reutilizado para chamadas subsequentes, e como as duas chamadas a func2 () recebem áreas de memória diferentes (nos tempos t3 e t6, portanto, mesmo que a memória usada para uma variável local na primeira chamada não tenha sido sobrescrita em uma chamada intermediária para outra função, o valor antigo não pode ser acessado na segunda chamada, pois seu endereço não é conhecido. Uma vez que um procedimento tenha saído, os valores das variáveis locais são perdidos para sempre

2.13 4 Armazenamento de dados:

Os vários tipos de dados suportados em C requerem quantidades diferentes de memória para armazenar as suas representações binárias. Os tipos de dados básicos ocupam um byte (chars), uma meia palavra (short ints), uma palavra (ints, float de precisão simples) ou várias palavras (floats de precisão dupla). Os tipos de dados derivados (structs, arrays, unions, etc.) são definidos em termos de múltiplos tipos de dados básicos. O conjunto de instruções ARM, à semelhança de muitos outros processadores RISC, é mais eficiente no carregamento e armazenamento de itens de dados quando estes estão devidamente alinhados na memória. Um acesso por byte pode ser efectuado a qualquer endereço de byte com igual eficiência, mas o armazenamento de uma palavra num endereço não alinhado é muito ineficiente, levando até sete instruções ARM e exigindo registos de trabalho temporários.

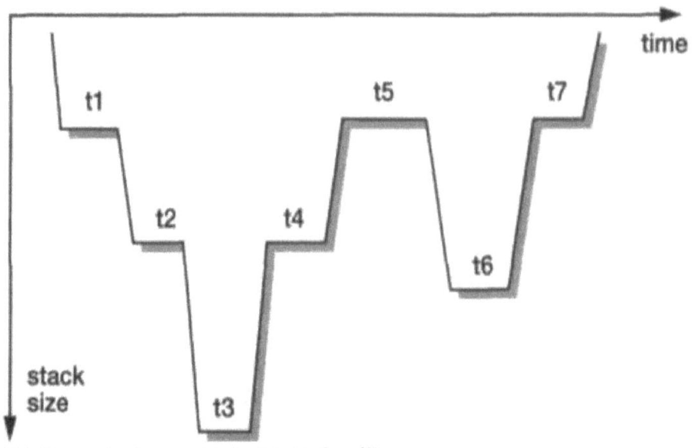

Figura 2.6 Exemplo de comportamento da pilha

2.13.5 Alinhamento dos dados:

Por conseguinte, o compilador ARM C alinha geralmente os itens de dados em limites apropriados:

- Os bytes são armazenados em qualquer endereço de byte.
- As meias-palavras são armazenadas em endereços de bytes pares.
- As palavras são armazenadas em limites de quatro bytes.

Quando vários itens de dados de tipos diferentes são declarados ao mesmo tempo, o compilador introduzirá um preenchimento quando necessário para alcançar este alinhamento:

struct SI {char c; int x; short s;} examplel;

Esta estrutura ocupará três palavras de memória, como mostrado na Figura 2.7. (Note que as estruturas também são preenchidas para terminar num limite de palavra.) As matrizes são dispostas na memória repetindo o item de dados básico apropriado, obedecendo às regras de alinhamento para cada item.

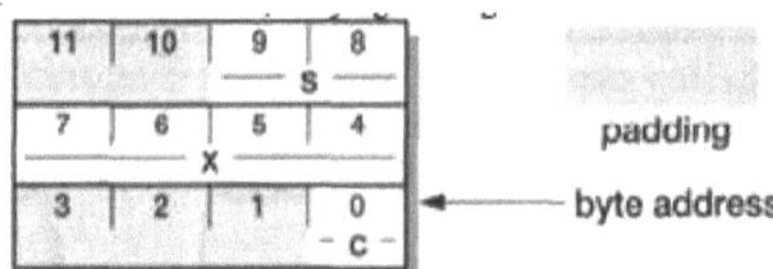

Figura 2.7 Um exemplo de alocação normal de structmemory.

2.13.6 Eficiência da memória:

Dadas as regras de alinhamento de dados descritas acima, o programador pode ajudar o compilador a minimizar o desperdício de memória organizando as estruturas adequadamente. Uma estrutura com o mesmo conteúdo como acima, mas reordenada como abaixo, ocupa apenas duas palavras de memória em vez das três originais:

struct S2 {char c; short s; int x;} exemplo2;

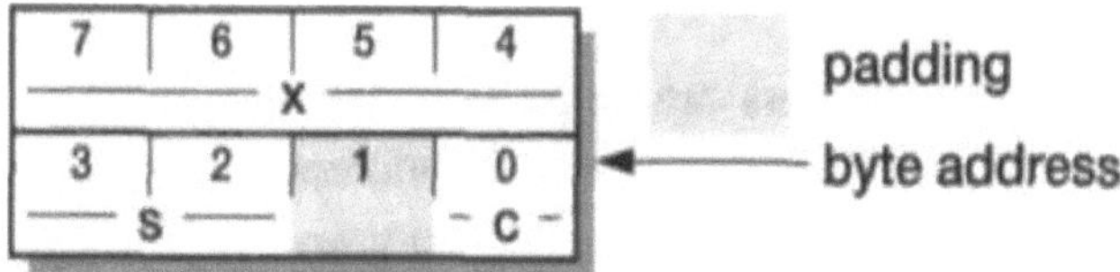

Figura 2.8 Um exemplo de alocação de memória struct mais eficiente.

Isso resultará na ocupação de memória ilustrada na Figura 2.8. Em geral, ordenar os elementos da estrutura de modo a que os tipos mais pequenos do que uma palavra possam ser agrupados dentro de uma palavra minimizará a quantidade de preenchimento que o compilador tem de inserir para manter um alinhamento eficiente.

2.13.7 Estruturas empacotadas:

Por vezes é necessário trocar dados com outros computadores que seguem convenções de alinhamento diferentes, ou empacotar dados de forma apertada para minimizar a utilização de memória, mesmo que isso reduza o desempenho. Para tais fins, o compilador ARM C pode produzir código que funciona com estruturas de dados empacotadas, onde todo o preenchimento é removido. A estrutura empacotada permite um controlo preciso do alinhamento de todos os campos, mas incorre na sobrecarga do acesso relativamente ineficiente do ARM a operandos não alinhados, pelo que só deve ser utilizada quando estritamente necessário. A ocupação de memória da estrutura empacotada declarada acima é ilustrada na Figura 2.9.

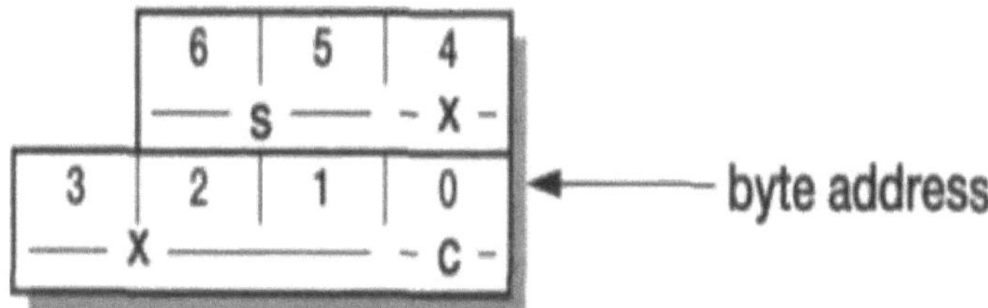

Figura 2.9 Um exemplo de alocação de memória de struct empacotada

CAPÍTULO III

APOIO ARQUITECTÓNICO AO DESENVOLVIMENTO DE SISTEMAS

3.1 A INTERFACE DE MEMÓRIA DO BRAÇO

Nesta secção, analisamos os princípios gerais envolvidos na ligação de um processador ARM a um sistema de memória construído a partir de componentes de memória padrão. A eficiência da interface de memória é um determinante importante do desempenho do sistema, pelo que estes princípios devem ser bem compreendidos pelo projetista que pretende desenvolver um sistema de elevado desempenho. Os núcleos ARM mais recentes têm interfaces AMBA diretas, mas muitas das questões básicas aqui discutidas continuam a aplicar-se.

Sinais do barramento ARM

Os chips de processador ARM variam nos detalhes das suas interfaces de barramento, mas são geralmente de natureza semelhante. Os sinais da interface do barramento de memória incluem o seguinte:

- □ Um barramento de endereço de 32 bits, *A[31:0],* que fornece o endereço de byte dos dados a aceder...
- □ Um barramento de dados bidirecional de 32 bits, *D[3J:OJ,* ao longo do qual os dados são transferidos.
- □ Sinais que especificam se a memória é necessária *(mreq)* e se o endereço é sequencial *(seq);* estes sinais são emitidos no ciclo anterior para que a lógica de controlo da memória se possa preparar adequadamente.
- □ Sinais que especificam a direção (r/w) e o tamanho (b/w nos processadores anteriores; mas[1:0] nos processadores posteriores) da transferência.
- □ Sinais de temporização e controlo do barramento (abe, ale, ape, dbe, lock, bl[3:0])

Interface de memória simples

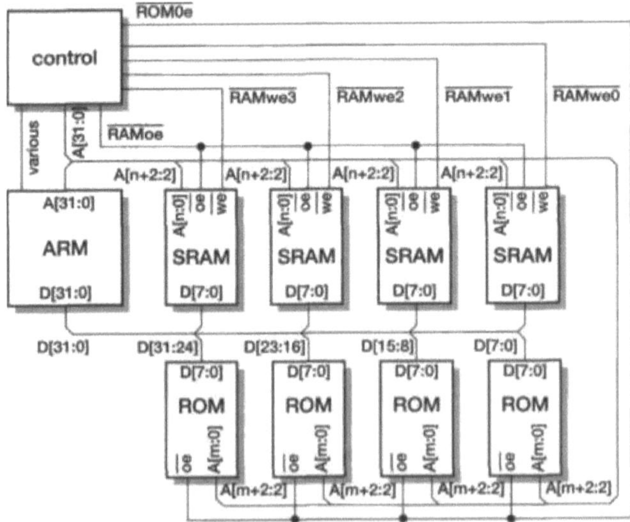

Figura 3.1 Um sistema de memória ARM básico.

A forma mais simples de interface de memória é adequada para funcionamento com ROM e RAM estática (SRAM). Estes dispositivos requerem que o endereço seja estável até ao

fim do ciclo, o que pode ser conseguido desactivando a conduta de endereço (ligando *ape* low) nos processadores mais recentes ou retimizando o barramento de endereço (ligando *ale* a *mclk)* nos processadores mais antigos. Os barramentos de endereço e de dados podem então ser ligados diretamente às partes da memória, como se mostra na figura 3.1 em página 209, que mostra também os sinais de autorização de saída *(RAM* e *ROM)* e de autorização de escrita *(RAM).*
Esta figura ilustra a ligação de elementos de memória de 8 bits, que são uma configuração padrão para SRAMs e ROMs. São necessárias quatro partes de cada tipo para formar uma memória de 32 bits e um dispositivo individual é ligado a uma secção de byte único do barramento. A notação na figura mostra a numeração do barramento do dispositivo dentro do dispositivo e os fios do barramento aos quais está ligado fora do dispositivo, pelo que, por exemplo, a SRAM mostrada mais próxima do ARM tem os seus pinos D[7:0] ligados aos pinos do barramento D[31:24] que estão ligados aos pinos D[31:24] do ARM. Portanto, as linhas de endereço nos dispositivos de memória são conectadas a A [2] e acima, o número exato usado dependendo do tamanho da parte da memória (por exemplo, uma parte ROM de 128 Kbytes usará A[18:2J).
Embora o ARM efectue leituras tanto de bytes como de palavras, o sistema de memória pode ignorar a diferença (à custa de algum desperdício de energia) e fornecer sempre simplesmente uma quantidade de palavras. O ARM extrairá o byte endereçado e ignorará o resto da palavra. Por conseguinte, as ROMs não necessitam de activações individuais e a utilização de dispositivos de 16 bits não causa problemas. No entanto, as escritas de bytes requerem habilitações individuais de bytes, pelo que a lógica de controlo tem de gerar quatro controlos de habilitação de escrita de bytes. Isto torna difícil (e ineficiente) a utilização de RAMs mais largas, a não ser que estas incorporem permissões de byte separadas, uma vez que a escrita de um byte individual exigiria uma operação de memória de leitura-modificação-escrita. Uma vez que muitos processadores requerem suporte para escrita de bytes, é provável que, se as RAMs estiverem disponíveis com uma largura de dados superior a um byte, incorporem permissões de bytes individuais

Lógica de controlo

A lógica de controlo desempenha as seguintes funções.

□ Decide quando ativar a RAM e quando ativar a ROM. Esta lógica determina o mapa de memória do sistema. O processador parte da posição zero após um reset, pelo que tem de encontrar a ROM nessa posição, uma vez que a RAM não está inicializada. Assim, o mapa de memória mais simples ativa a ROM seAf31J for baixo e a RAM se for alto. (A maioria dos sistemas ARM altera o mapa de memória logo após o arranque para colocar a RAM na parte inferior da memória, de modo a que os vectores de exceção possam ser modificados).

□ Controla as activações de escrita de bytes durante uma operação de escrita. Durante uma escrita de palavra, todas as activações de byte devem estar activas, durante uma escrita de byte apenas o byte endereçado deve ser ativado e, quando o ARM suporta half_words, uma escrita de meia palavra deve ativar duas das quatro activações

□ Garante que os dados estão prontos antes de o processador continuar. A solução mais simples é fazer correr o mclk suficientemente devagar para garantir que todos os dispositivos de memória podem ser acedidos num único ciclo de relógio. Os sistemas mais sofisticados podem ter o relógio definido para se adequar aos acessos à RAM e utilizar estados de espera para acessos à ROM e a periféricos (normalmente mais lentos).

□ A lógica necessária para as funções acima é bastante simples e está ilustrada na Figura 2.2. (Toda esta lógica pode ser implementada usando um único dispositivo lógico programável). Talvez o aspeto mais complicado do projeto esteja relacionado com o barramento de dados bidirecional. Aqui é muito importante garantir que apenas um

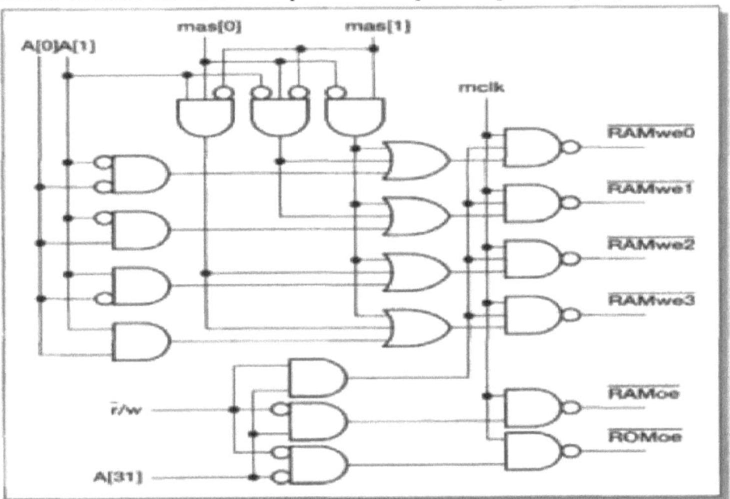

Figura 3.2 Lógica de controlo do sistema de memória ARM simples

O dispositivo de dados ativa o barramento em qualquer altura, pelo que é necessário cuidado ao rodar o barramento para um ciclo de escrita, ou ao alternar entre a leitura da ROM e a leitura da RAM. A solução ilustrada na figura ativa a fonte de dados apropriada quando mclk está alto e desliga todas as fontes quando mclk está baixo, pelo que dbe, a habilitação do barramento de dados do processador, também deve ser ligada a mclk. Esta é uma solução muito conservadora que frequentemente compromete o desempenho do sistema ao limitar a frequência máxima de relógio que pode ser utilizada.

Note-se que esta conceção pressupõe que as saídas ARM são estáveis até ao final do ciclo de relógio, o que será o caso nos processadores mais recentes com a entrada de controlo de ativação do pipeline de endereços (ape) ligada a um valor baixo. Os processadores mais antigos devem usar ale = mclk para repor as saídas de endereço, mas precisarão de um trinco transparente externo que esteja aberto quando mclk estiver baixo para repor r/w e ~b/w (que substitui mas[l], e mas[0] está ligado a um valor baixo). Este sistema de memória simples não faz uso de mreq (ou seq)\ simplesmente ativa a memória em cada ciclo. Isso é seguro, pois o ARM só solicitará um ciclo de gravação em um acesso genuíno à memória. O controlo r/w permanece baixo durante todos os ciclos de transferência de registos internos e do coprocessador.

Estados de espera

Se tentarmos acelerar o relógio neste sistema, ele deixará de funcionar em g quando o caminho mais lento falhar. Este será normalmente o acesso à ROM. Podemos obter muito mais desempenho do sistema se o relógio for ajustado ao tempo de acesso à RAM e se forem introduzidos estados de espera para permitir mais tempo de acesso à ROM. Normalmente, a ROM tem direito a um número fixo de ciclos de relógio por acesso, sendo

o número exato determinado pela frequência de relógio e pela folha de dados da ROM. Vamos assumir um tempo de acesso de quatro ciclos de relógio.
A lógica de controlo da memória deve agora incorporar uma máquina de estados finitos simples para controlar o acesso à ROM. A Figura 3.3 apresenta um diagrama de transição de estados adequado.

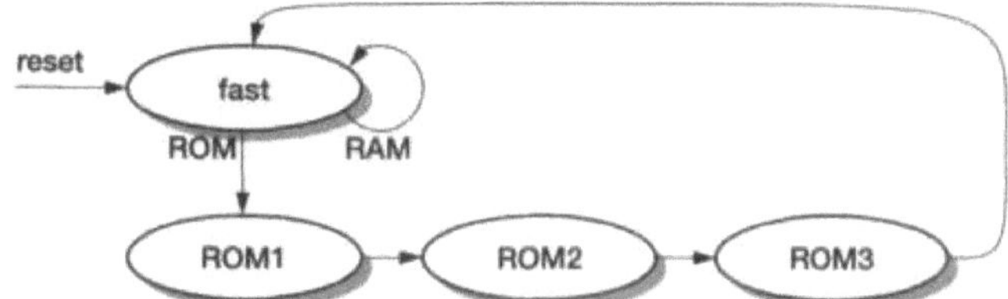

Figura 3.3 Diagrama de transição do estado de controlo de espera da ROM

Os três estados da ROM são utilizados para aumentar o tempo de acesso à ROM para quatro ciclos, activando a entrada wait do ARM. Um problema de design aqui é que, uma vez que os endereços foram retimados para se tornarem válidos no início do ciclo atual e o wait tem de ser afirmado antes de o mclk subir, o wait não pode ser gerado como uma simples saída de máquina de estados, uma vez que não existe uma borda de relógio que possa ser usada para o gerar. Outro problema é gerar um sinal de ROM esticado que seja livre de falhas

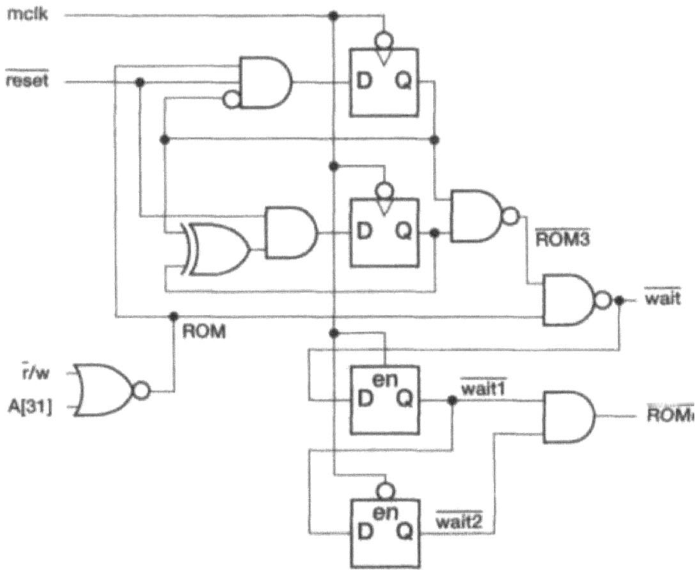

Figura 3.4 Circuito gerador de estado de espera ROM.

Um circuito possível é apresentado na Figura 3.4. A máquina de estados é um contador síncrono que utiliza os dois flip-flops de disparo de borda. Apenas o estado ROM3 tem significado, uma vez que desactiva o wait que, de outro modo, está ativo sempre que é detectado um acesso à ROM. Os dois latches sensíveis ao nível são utilizados para gerar uma ROM limpa e alargada utilizando o wait como ponto de partida. A Figura 3.5 apresenta um diagrama de temporização para este circuito, que deverá clarificar o funcionamento da lógica

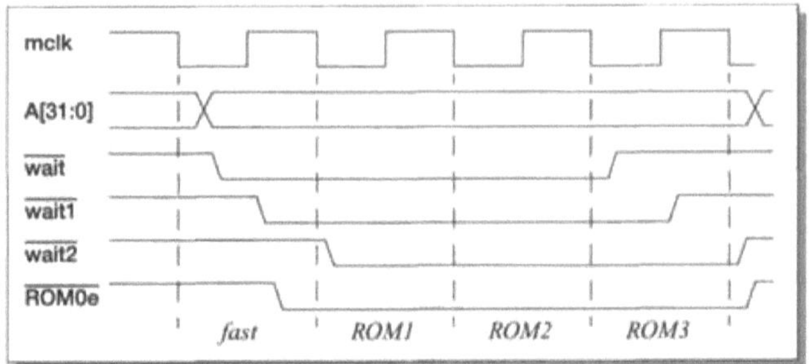

Figura 3.5 Diagrama de temporização da lógica de estado de espera do ROM

Acessos sequenciais

Se o sistema tiver de funcionar ainda mais rapidamente, pode não ser possível descodificar um novo endereço e efetuar um acesso à RAM num único ciclo de relógio. Neste caso, pode ser inserido um ciclo extra sempre que é emitido um endereço desconhecido para dar tempo para a descodificação do endereço. Os únicos endereços que não são desconhecidos são os sequenciais, mas estes representam cerca de 75% de todos os endereços num programa típico. Também devemos agora começar a reconhecer os ciclos que não usam a memória, uma vez que não há razão para que não operem à taxa de relógio total. Um diagrama de transição de estados adequado é mostrado na Figura 3.6.

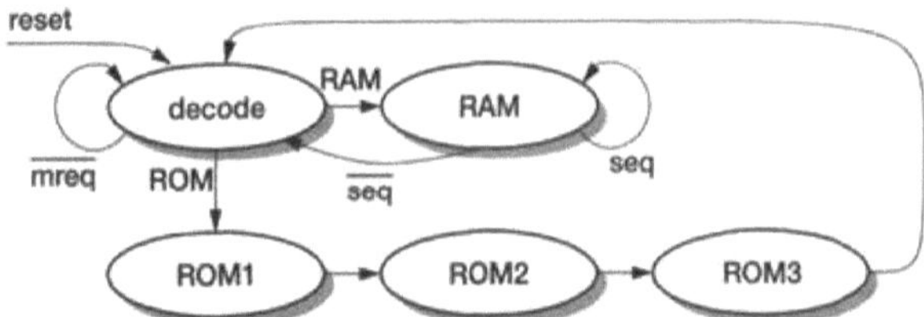

Figura 3.6 Diagrama de transição de estados com um estado de espera para descodificação de endereços.

DRA

M A tecnologia de memória mais barata (em termos de preço por bit) é a memória dinâmica de acesso aleatório (DRAM). A memória "dinâmica" armazena informação sob a forma de carga eléctrica num condensador, que se vai dissipando gradualmente (ao longo de cerca de um milissegundo). Os dados da memória têm de ser lidos e reescritos ("refrescados") antes de desaparecerem. A responsabilidade de atualizar a memória recai normalmente sobre a lógica de controlo da memória, e não sobre o processador, pelo que não nos diz respeito de imediato. O que nos interessa é a organização interna da memória, que é mostrada na Figura 3.7. Como a maioria dos dispositivos de memória, as células de armazenamento em uma DRAM são organizadas em uma matriz aproximadamente quadrada. Ao contrário da maioria dos outros dispositivos de memória, esta organização está exposta ao utilizador. A matriz é endereçada por linha e por coluna, e uma DRAM aceita os endereços de linha e de coluna separadamente no mesmo barramento de endereços multiplexado. Em primeiro lugar, o endereço de linha é apresentado e bloqueado utilizando o sinal ativo-baixo do estroboscópio de endereço de linha (ras) e, em seguida, o endereço de coluna é apresentado e bloqueado utilizando o sinal ativo-baixo do estroboscópio de endereço de coluna (cas). Se o acesso seguinte se situar na mesma linha, pode ser apresentado um novo endereço de coluna sem que seja necessário fornecer primeiro um novo endereço de linha. Uma vez que um acesso cos-only não ativa a matriz de células, pode entregar os seus dados duas a três vezes mais depressa do que um acesso rascas completo e consome consideravelmente menos energia. Por conseguinte, é muito vantajoso utilizar acessos apenas com base em casos sempre que possível. A dificuldade está em detetar suficientemente cedo no acesso à memória que o novo endereço está na mesma linha que o endereço anterior. Efetuar uma comparação dos bits relevantes do novo endereço com os bits correspondentes do endereço anterior é quase sempre demasiado lento

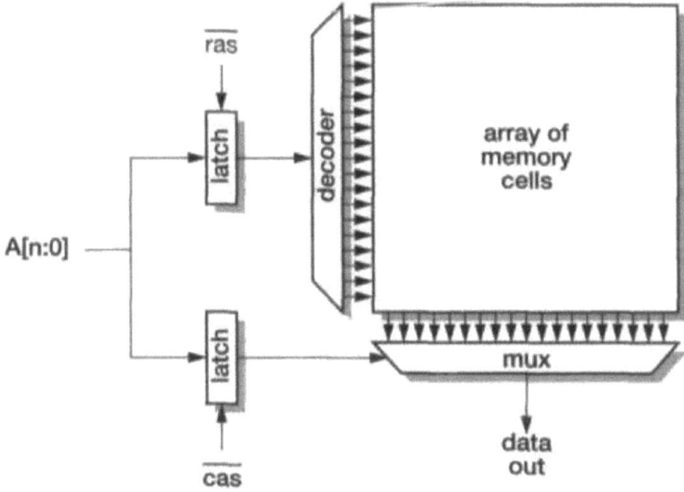

Figura 3.7 Organização da memória DRAM

Incrementador de endereços ARM

A solução adoptada no ARM explora o facto de a maioria dos endereços (tipicamente 75%) ser gerada no incrementador de endereços. A lógica de seleção de endereços do ARM (mostrada na Figura 3.8) escolhe o endereço para o ciclo seguinte a partir de uma de quatro fontes. Uma dessas fontes é o incrementador. O ARM indica ao mundo exterior sempre que o próximo endereço está a vir do incrementador, afirmando a saída seq. A lógica externa pode então olhar para o endereço anterior para verificar se há limites de linha; se o endereço anterior não estiver no fim de uma linha e o sinal seq for ativado, pode ser efectuado um acesso à memória só com cas. Embora este mecanismo não capture todos os acessos que se situam na mesma linha da DRAM, encontra a maioria deles e é muito simples de implementar e explorar. O sinal seq e o endereço anterior estão todos disponíveis mais de meio ciclo de relógio antes do ciclo em questão, dando à lógica de controlo da memória bastante tempo. Um diagrama de temporização típico da DRAM é mostrado na Figura 3.9. O primeiro acesso, não sequencial, demora dois ciclos de relógio à medida que o endereço da linha é introduzido, mas os endereços sequenciais subsequentes utilizam um acesso cos-only e funcionam num único ciclo de relógio. (Note que a temporização de endereço antecipado é agora usada, com ape ou ale alto).

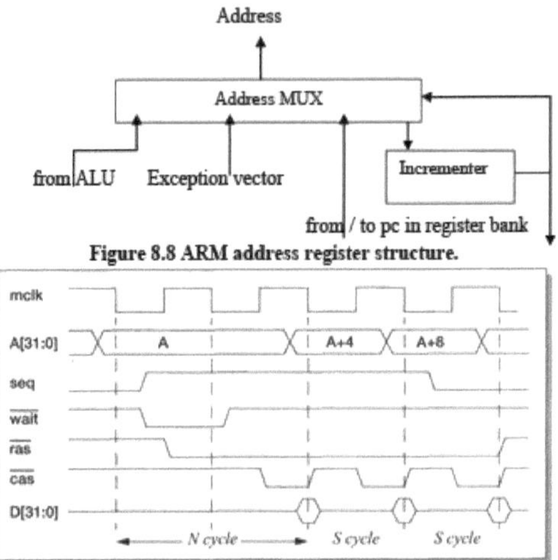

Figure 8.8 ARM address register structure.

Figure 8.9 DRAM timing illustration

Figura 8.8 Estrutura do registo de endereços ARM.

Figura 8.9 Ilustração da temporização da DRAM

A outra utilização do sinal seq, para indicar um ciclo que utilizará o mesmo endereço que o ciclo anterior de transferência de registos internos ou do coprocessador, pode também ser explorada para melhorar os tempos de acesso à DRAM. O acesso à DRAM é iniciado no ciclo anterior, o que só é possível porque o seq está disponível tão cedo. A temporização típica é ilustrada na Figura 3.10. (wait está inativo durante esta sequência).

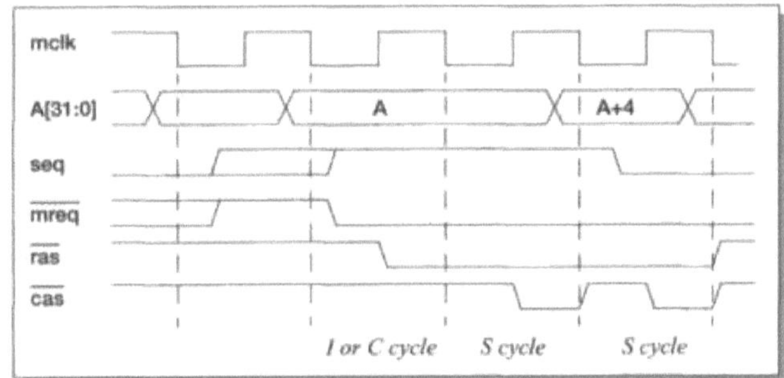

Figura 8.10 Temporização da DRAM após um ciclo interno

Acesso periférico

A maioria dos sistemas incorpora dispositivos periféricos para além dos componentes de memória descritos até agora. Estes têm frequentemente velocidades de acesso lentas, mas podem ser interligados utilizando técnicas semelhantes às descritas acima para o acesso à ROM.

3.2 A ARQUITECTURA AVANÇADA DE BARRAMENTO DE MICROCONTROLADORES (AMBA)

Os núcleos dos processadores ARM têm interfaces de barramento optimizadas para a interface de cache de alta velocidade. Quando um núcleo é utilizado, com ou sem cache, como componente de um chip de sistema complexo, é necessária alguma interface para permitir que o ARM comunique com outras macrocélulas do chip. Embora este interfaceamento não seja particularmente difícil de conceber, existem muitas soluções potenciais. Fazer uma escolha ad hoc em todos os casos consome recursos de design e inibe a reutilização de macrocélulas periféricas. Para evitar este desperdício, a ARM Limited especificou a Advanced Microcontroller Bus Architecture, AMBA, para normalizar a ligação na pastilha de diferentes macrocélulas. As macrocélulas concebidas para esta interface de barramento podem ser vistas como um kit de peças para futuros chips de sistema e, em última análise, a conceção de um sistema complexo num chip baseado numa nova combinação de macrocélulas existentes pode tornar-se uma tarefa simples.

Autocarros AMBA

Na especificação AMBA estão previstos três autocarros:

□ O barramento avançado de alto desempenho (AHB) é utilizado para ligar módulos de sistema de elevado desempenho. Suporta transferências de dados em modo burst e transacções divididas, e toda a temporização é referenciada a um único bordo de relógio.

□ O barramento de sistema avançado (ASB) é utilizado para ligar módulos de sistema de elevado desempenho. Suporta transferências de dados em modo burst.

□ O barramento periférico avançado (APB) oferece uma interface mais simples para periféricos de baixo desempenho.

Um microcontrolador típico baseado em AMBA incorporará um AHB ou um ASB juntamente com um APB, conforme ilustrado na figura 3.11. O ASB é a forma mais antiga de barramento de sistema, tendo o AHB sido introduzido mais tarde para melhorar o suporte de um maior desempenho, síntese e verificação de temporização. O APB é geralmente utilizado como um barramento secundário local que aparece como um módulo escravo único no AHB ou no ASB. Nas secções seguintes, assumimos que o barramento do sistema é um ASB. No final da secção, são fornecidos mais pormenores sobre o AHB.

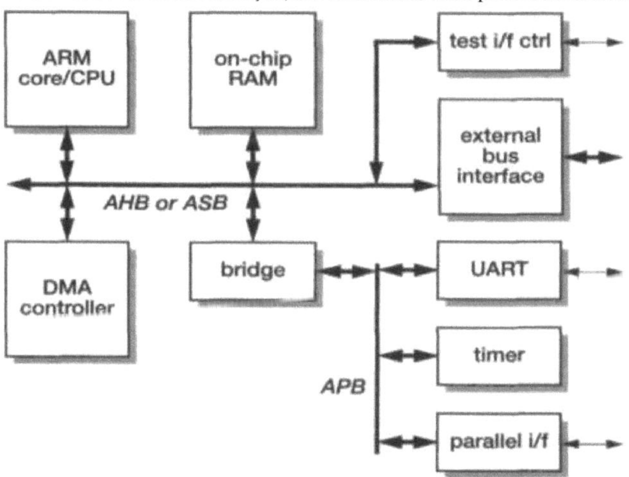

Figura 3.11 Um sistema típico baseado em AMBA.

Arbitragem

Uma transação de barramento é iniciada por um bus master que solicita o acesso a um árbitro central. O árbitro decide as prioridades quando há pedidos contraditórios, e a sua conceção é uma questão específica do sistema. O ASB apenas especifica o protocolo que deve ser seguido:

- O mestre, x, emite um pedido (AREQx) para o árbitro central.
- Quando o barramento está disponível, o árbitro emite uma concessão (AGNTx) para o mestre. (A arbitragem deve ter em conta o sinal de bloqueio do barramento (BLOK) ao decidir qual a concessão a emitir para garantir que as transacções atómicas do barramento não são violadas).

Transferências de autocarro

Quando é concedido a um mestre acesso ao barramento, este emite informações de endereço e de controlo para indicar o tipo de transferência e o dispositivo escravo que deve responder. O sinal seguinte é utilizado para definir o tempo da transação:

□ O relógio do barramento, BCLK. Este será normalmente o mesmo que o mclk, o relógio do processador ARM. O bus master que detém a concessão prossegue então com a transação de bus utilizando os seguintes sinais.

□ A transação de barramento, BTRAN[1:0], indica se o próximo ciclo de barramento será apenas de endereço, sequencial ou não sequencial. É activada pelo sinal de concessão e está à frente do ciclo de barramento a que se refere.

□ O barramento de endereço, BA[31:OJ. (Nem todas as linhas de endereço precisam de ser implementadas em sistemas com requisitos modestos de espaço de endereço e, numa implementação multiplexada, o endereço é enviado pelo barramento de dados).

□ Direção de transferência do autocarro, BWRITE.

□ Sinais de proteção do barramento, BPROT[1:0], que indicam a obtenção de instruções ou dados e o acesso do supervisor ou do utilizador.

□ O tamanho da transferência, BSIZE[1:0], especifica uma transferência de byte, meia palavra ou palavra.

□ O bloqueio do barramento, BLOK, permite que um mestre retenha o barramento para completar uma transação atómica de leitura-modificação-escrita.

□ O barramento de dados, BD[31:0], é utilizado para transmitir dados de escrita e para receber dados de leitura. Numa implementação com endereço e dados multiplexados, o endereço também é transmitido por este barramento. Uma unidade escrava pode processar a transação solicitada imediatamente, aceitando dados de escrita ou emitindo dados de leitura em ED[31:0], ou sinalizar uma das seguintes respostas.

□ A espera de barramento, BWAIT, permite que um módulo escravo insira estados de espera quando não pode concluir a transação no ciclo atual.

□ O último barramento, BLAST, permite que um slave termine um burst sequencial para forçar o bus master a emitir um novo pedido de transação de barramento para continuar.

□ O erro de barramento, BERROR, indica uma transação que não pode ser concluída. Se o mestre for um processador, deve abortar a transferência.

Reinicialização do barramento

O ASB suporta uma série de módulos independentes no chip, muitos dos quais podem ser capazes de conduzir o barramento de dados (e algumas linhas de controlo). Desde que todos os módulos obedeçam aos protocolos de barramento, haverá apenas um módulo a conduzir qualquer linha de barramento em qualquer altura. Imediatamente após a ligação, no entanto, todos os módulos aparecem em estados desconhecidos. Demora algum tempo para um oscilador de relógio estabilizar após a ligação, pelo que pode não haver um relógio fiável disponível para sequenciar todos os módulos num estado conhecido. Em qualquer caso, se dois ou mais módulos se ligarem tentando conduzir as linhas de barramento em direcções opostas, os choques de condução de saída podem causar problemas de crow-bar na fonte de alimentação, o que pode impedir que o chip se ligue corretamente. O arranque correto do ASB é assegurado pela imposição de um modo de reinicialização assíncrono que força todos os controladores a saírem do barramento independentemente do relógio.

Interface de teste

Uma possível utilização do AMBA é o suporte de uma metodologia de teste modular através do Controlador de Interface de Teste. Esta abordagem permite que cada módulo no AMBA seja testado de forma independente, permitindo que um testador externo apareça como um bus master no ASB. O único requisito para que o modo de teste seja suportado é que o testador tenha acesso ao ASB através de uma porta bidirecional de 32 bits. Quando existe uma interface de barramento de dados bidirecional de 32 bits para memória externa ou dispositivos periféricos, isso é suficiente. Quando a interface de dados fora da pastilha tiver apenas 16 ou 8 bits de largura, são necessários outros sinais, como as linhas de endereço, para que haja 32 linhas para acesso ao teste. A interface de teste permite o controlo do endereço ASB e dos barramentos de dados utilizando protocolos definidos nas duas entradas de pedido de teste {TREQA e TREQB) e um trinco de endereço e incrementador no controlador. Um módulo de macrocélula adequadamente concebido pode então permitir o acesso a todos os seus sinais de interface em grupos de até 32 bits. Por exemplo, a macrocélula ARM ? tem uma entrada de controlo e de configuração de 13 bits, uma entrada de dados de 32 bits, uma saída de estado de 15 bits e saídas de endereço e de dados de 32 bits. Os vectores de teste são aplicados e as respostas detectadas segundo uma sequência definida por um autómato de estado finito cujas transições de estado são controladas por TREQA e TREQB. A metodologia de ensaio de macrocélulas AMBA pode ser comparada com a metodologia baseada em JTAG proposta em "Ensaios de macrocélulas". Embora talvez menos genérica, a abordagem AMBA reduzirá o custo dos ensaios devido à sua interface de ensaio paralela.

Barramento periférico avançado

O ASB oferece uma interconexão na pastilha de desempenho relativamente elevado que se adequa a macro-células de processador, memória e periféricos com alguma sofisticação de interface incorporada. Para periféricos muito simples e de baixo desempenho, a sobrecarga da interface é demasiado elevada. O barramento periférico avançado é um barramento simples e estático que funciona como um stub num ASB para oferecer uma interface minimalista a macrocélulas periféricas muito simples. O barramento inclui endereços (PADDR[n:0]\os 32 bits completos não são normalmente necessários) e dados de leitura e escrita (PRDATA[m:0] e PWDATA[m:0], onde mis 7, 15 ou 31) que não são mais largos do que o necessário para os periféricos ligados, um indicador de direção de leitura/escrita (PWRITE), estroboscópios de seleção de periféricos individuais (PSELx) e um estroboscópio de temporização de periféricos (PENABLE). As transferências APB são temporizadas para PCLK, e todos os dispositivos APB são reiniciados com PRESETn. O endereço e os sinais de controlo são todos configurados e mantidos em relação ao estroboscópio de temporização para dar tempo à descodificação local com o select a atuar como a ativação local. Os periféricos que são dispositivos escravos baseados em mapeamento simples de registos podem ser ligados diretamente em interface com um mínimo de sobrecarga lógica.

BUS avançado de alto desempenho

O AHB destina-se a substituir o ASB em sistemas de desempenho muito elevado, por exemplo, os baseados no ARM1020E. As seguintes caraterísticas diferenciam o AHB do ASB:

□ Suporta transacções divididas, em que um slave com uma latência de resposta longa pode libertar o barramento para outras transferências enquanto prepara os seus dados para transmissão.

□ Utiliza uma única borda de relógio para controlar todas as suas operações, ajudando a síntese e a verificação do projeto (através da utilização de análise de temporização estática e ferramentas semelhantes).

□ Utiliza um esquema de barramento multiplexado centralmente em vez de um barramento bidirecional com controladores tristate.

□ Suporta configurações de barramento de dados mais alargadas de 64 ou 128 bits. O esquema de barramento multiplexado pode parecer introduzir muito excesso de cablagem, mas os barramentos bidireccionais criam uma série de problemas para os projectistas e ainda mais para os sistemas de síntese. Por exemplo, à medida que as dimensões das pastilhas diminuem, os atrasos nos fios começam a dominar as questões de desempenho e os barramentos unidireccionais podem beneficiar da inserção de controladores de repetição que são muito difíceis de adicionar a um barramento bidirecional.

3.3 FERRAMENTAS DE PROTOTIPAGEM DE SISTEMAS DE HARDWARE

A tarefa que o projetista de sistemas em chip enfrenta atualmente é assustadora. O número de portas num chip continua a crescer a um ritmo exponencial e já atinge os milhões. Com as melhores ferramentas de conceção de software disponíveis no mercado, os projectistas não conseguem produzir sistemas totalmente testados desta complexidade dentro dos limites do tempo de colocação no mercado.

O primeiro passo para resolver este problema, como já foi indicado, é basear uma proporção significativa do projeto em componentes de projeto pré-existentes. A reutilização do projeto pode reduzir a quantidade de trabalho de projeto novo a uma pequena fração do número total de portas na pastilha. Uma abordagem sistemática da interconexão na pastilha através da utilização de um barramento como o AMBA reduz ainda mais a tarefa de conceção. No entanto, ainda há problemas difíceis de resolver, tais como:

□ Como é que o designer pode ter a certeza de que todos os blocos reutilizáveis selecionados, que podem provir de várias fontes, funcionarão corretamente em conjunto?

□ Como é que o projetista pode ter a certeza de que o sistema especificado cumpre os requisitos de desempenho, que incluem frequentemente questões complexas em tempo real?

□ Como é que os projectistas de software podem fazer avançar o seu trabalho antes de o chip estar disponível?

A simulação do sistema utilizando ferramentas de software resulta normalmente num desempenho que é várias ordens de grandeza inferior ao do sistema final, tornando impraticável o desenvolvimento de software e a verificação completa do sistema. Uma solução que contribui consideravelmente para resolver todos estes problemas é a utilização da prototipagem de hardware: construir um sistema de hardware que combine todos os componentes necessários numa forma que não tente satisfazer as restrições de potência e dimensão do sistema final, mas que forneça uma plataforma para a verificação do sistema e o desenvolvimento de software. O "Integrador" ARM é um desses sistemas; outro é o sistema "Rapid Silicon Prototyping" da VLSI Technology, Inc.

Prototipagem rápida de silício

A VLSI Technology, Inc., introduziu um sistema de desenvolvimento denominado "Rapid Silicon Prototyping". A base deste sistema é a utilização de pastilhas de referência especialmente desenvolvidas, cada uma oferecendo um conjunto específico e abundante de componentes na pastilha e suporte para extensões fora da pastilha, que podem ser utilizadas para criar um protótipo de um projeto de sistema na pastilha. O sistema-alvo é modelizado em duas etapas:

1 O chip de referência selecionado é "desconfigurado" para tornar inactivos os blocos no chip que não são necessários no sistema alvo.

2 Os blocos necessários no sistema-alvo que não estão disponíveis no chip de referência são implementados como extensões fora do chip. Estas podem ser circuitos integrados existentes com a funcionalidade necessária ou FPGAs configuradas para a função requerida (normalmente por síntese a partir de uma linguagem de alto nível, como VHDL).

A utilização de blocos pré-existentes, interligados através de barramentos padrão como o AMBA, minimiza o risco técnico na produção do chip final. Todos os blocos do chip de referência existem como componentes sintetizáveis. As descrições em linguagem de alto nível das funções necessárias são tomadas em conjunto com a fonte em linguagem de alto nível utilizada para configurar as FPGAs, as funções desconfiguradas são descartadas e o resultado é sintetizado de novo para obter o chip alvo. Este processo é ilustrado na Figura 3.12

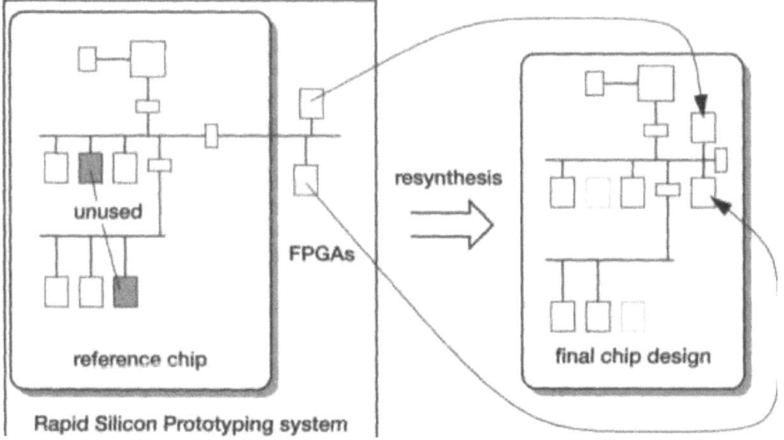

Figura 3.12 Princípio da prototipagem rápida de silício

É evidente que esta abordagem depende do facto de o chip de referência conter componentes-chave apropriados, como o núcleo da CPU e, possivelmente, um sistema de processamento de sinais (quando tal é exigido pela aplicação-alvo). Embora, em princípio, possa ser possível construir um único chip de referência que contenha todos os diferentes núcleos do processador ARM (incluindo todas as diferentes configurações da cache e da MMU), na prática esse chip não seria económico, mesmo para efeitos de prototipagem. O êxito da abordagem depende, por conseguinte, de uma escolha cuidadosa dos componentes do chip de referência, para garantir que possa abranger uma vasta gama de sistemas, e da construção de diferentes chips de referência com diferentes CPU e outros núcleos essenciais para diferentes domínios de aplicação.

8.4 O ARMULADOR

O ARMulator faz parte do conjunto de ferramentas de desenvolvimento cruzado. É um emulador de software do processador ARM que suporta a depuração e avaliação do código ARM sem necessitar de um chip de processador ARM. O ARMulator tem um papel na conceção de sistemas incorporados. Suporta a criação de protótipos de alto nível de várias partes do sistema para apoiar o desenvolvimento de software e a avaliação de alternativas arquitectónicas. É constituído por quatro componentes:

- O modelo do núcleo do processador, que pode emular qualquer núcleo ARM atual, incluindo o conjunto de instruções Thumb.
- Uma interface de memória que permite modelar as caraterísticas do sistema de memória alvo. São fornecidos vários modelos para apoiar a prototipagem rápida, mas a interface é totalmente personalizável para incorporar o nível de pormenor necessário.
- Uma interface de coprocessador que suporta modelos de coprocessador personalizados.
- Uma interface do sistema operativo que permite que as chamadas de sistema individuais sejam tratadas pelo anfitrião ou emuladas no modelo ARM.

O modelo do núcleo do processador incorpora a interface de depuração remota, pelo que o processador e o estado do sistema são visíveis a partir do ARMsd, o depurador simbólico da ARM. Os programas podem ser carregados, executados e depurados através desta interface.

Modelação do sistema

Utilizando o ARMulator, é possível construir um modelo de software completo e preciso do ciclo de relógio de um sistema, incluindo uma cache, MMU, memória física, dispositivos periféricos, sistema operativo e software. Uma vez que este é provavelmente o modelo de nível mais elevado do sistema, é o melhor local para efetuar a avaliação inicial das alternativas de conceção. Quando a conceção estiver razoavelmente estável, o desenvolvimento do hardware passará provavelmente para um ambiente CAD com precisão de tempo, mas o desenvolvimento do software pode continuar a utilizar o modelo baseado no ARMulator (passando provavelmente de uma temporização com precisão de ciclos para uma temporização com precisão de instruções, para obter um melhor desempenho). No decurso da conceção detalhada do hardware, é provável que alguns dos pressupostos de temporização incorporados no modelo de software original se revelem impossíveis de cumprir. medida que o projeto evolui, é importante manter o modelo de software atualizado, para que o desenvolvimento do software se baseie nas estimativas de temporização mais precisas disponíveis. Atualmente, é comum que o desenvolvimento de sistemas complexos seja apoiado por vários modelos informáticos do sistema alvo construídos em diferentes níveis de abstração. A menos que os modelos de nível inferior sejam sintetizados automaticamente a partir dos modelos mais abstractos, a manutenção da coerência entre os modelos exige sempre um cuidado e um esforço consideráveis.

A ARQUITECTURA DO TESTE DE VARRIMENTO DE FRONTEIRA JTAG

Duas áreas difíceis no desenvolvimento de um produto baseado num chip de sistema incorporado de aplicação específica são o ensaio de produção do componente VLSI e o ensaio de produção da placa de circuito impresso montada. A segunda destas áreas é abordada pela norma IEEE número 1149, "Standard Test Access Port and Boundary-Scan Architecture". Esta norma descreve um protocolo de série de 5 pinos para aceder e controlar os níveis de sinal nos pinos de um circuito digital e tem extensões para testar os circuitos na própria pastilha. A norma foi desenvolvida pelo Joint Test Action Group (a seguir designado por JTAG), e a arquitetura descrita pela norma é conhecida como "JTAG boundary scan" ou como "IEEE 1149". A estrutura geral da interface de teste de varrimento limite JTAG é mostrada na figura 8.13. Todos os sinais entre a lógica do núcleo e os pinos são interceptados pela via de varrimento em série, que pode ligar a lógica do núcleo aos pinos em modo de funcionamento normal, ou pode ler o valor original e substituí-lo por um novo valor em modo de ensaio.

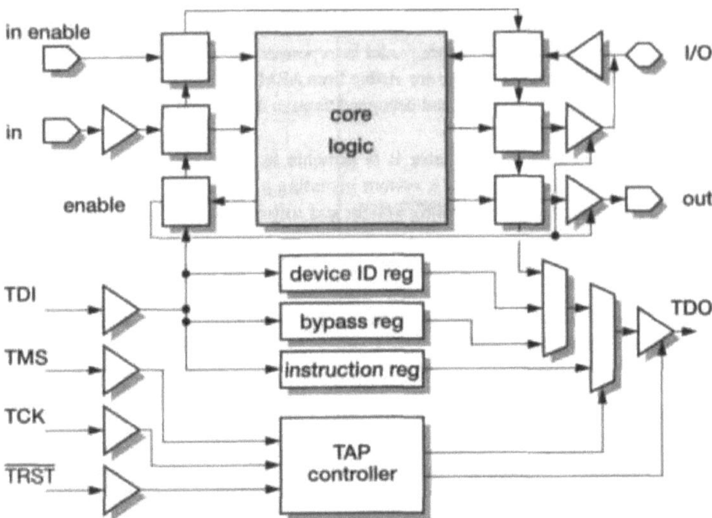

Figura 3.13 Organização do varrimento de limites JTAG.

Sinais de teste

A interface funciona com cinco sinais dedicados que devem ser fornecidos em cada chip que suporta o padrão de teste:

- TRST é uma entrada de reinicialização de teste que inicializa a interface de teste.
- TCK é o relógio de teste que controla a temporização da interface de teste independentemente de quaisquer relógios do sistema.
- TMS é a seleção do modo de teste que controla o funcionamento da máquina de estado da interface de teste.
- TDI é a linha de entrada de dados de teste que fornece os dados aos registos de varrimento de limite ou de instrução.
- TDO é a linha de saída de dados de teste que transporta os valores amostrados da cadeia de varrimento de limites e propaga os dados para o chip seguinte no circuito de teste em série.

A organização normal do circuito de teste numa placa que incorpora vários chips com suporte JTAG consiste em ligar TRST, TCK e TMS a cada chip em paralelo e ligar TDO de um chip a TDI do seguinte num único loop, pelo que a interface de teste da placa tem os mesmos cinco sinais acima indicados.

Controlador TAP

O funcionamento da interface de ensaio é controlado pelo controlador da porta de acesso de ensaio (TAP). Trata-se de uma máquina de estados cujas transições de estado são controladas pelo TMS; o diagrama de transição de estado é apresentado na Figura 3.14. Todos os estados têm duas saídas, pelo que as transições podem ser controladas por um único sinal, o TMS. Os dois caminhos principais no diagrama de transição de estados controlam o funcionamento de um registo de dados (DR) e do registo de instruções (IR).

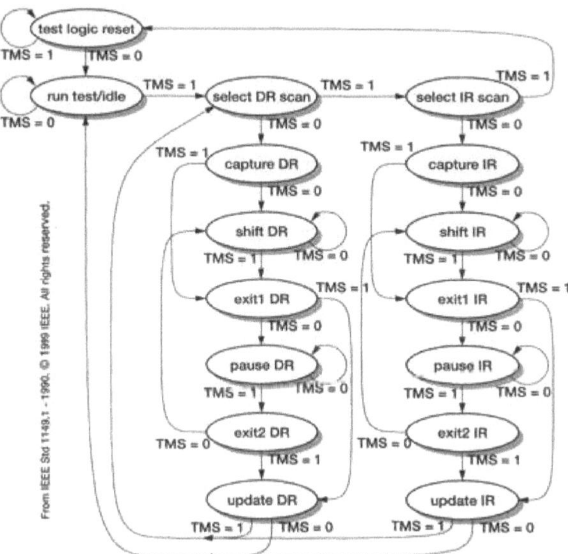

Figura 3.14 Diagrama de transição de estado do controlador da porta de acesso de teste (TAP)

Registos de dados

O comportamento de um chip específico é determinado pelo conteúdo do registo de instruções de teste, que pode selecionar entre vários registos de dados diferentes

- O registo de ID do dispositivo lê um número de identificação que está ligado ao chip.
- O registo de bypass liga o TDI ao TDO com um atraso de 1 relógio para dar ao testador acesso rápido a outro dispositivo no circuito de teste na mesma placa.
- O registo de varrimento de fronteira intercepta todos os sinais entre a lógica do núcleo e os pinos e inclui os bits individuais do registo que são mostrados como os quadrados ligados à lógica do núcleo na Figura 3.13
- Podem ser utilizados outros registos no chip para testar outras funções, conforme necessário.

Instruções

O funcionamento normal de um sistema de teste JTAG consiste em introduzir no registo de instruções uma instrução que especifica o tipo de teste a realizar a seguir e o registo de dados a utilizar para esse teste, e depois utilizar o registo de dados para realizar o teste. As instruções podem ser públicas ou privadas. As instruções públicas são declaradas e estão disponíveis para utilização geral em testes, e a norma especifica um conjunto mínimo de instruções públicas que devem ser suportadas por todos os dispositivos que cumprem a norma. As instruções privadas destinam-se a fins de teste especializados no circuito integrado e a norma não especifica como devem funcionar ou como devem ser utilizadas.

Instruções públicas

O conjunto mínimo de instruções públicas que todos os dispositivos conformes devem suportar é

1. ***BYPASS:***

Aqui o dispositivo liga TDI a TOO através de um único atraso de relógio. Esta instrução existe para facilitar o teste de outros dispositivos no mesmo circuito de teste.

2. EXTEST:

Aqui, o registo de varrimento de fronteira está ligado entre TDI e TOO e os estados dos pinos são capturados e controlados pelo registo. Referindo-se ao diagrama de transição de estado na Figura 3.14, os estados dos pinos são capturados no estado Capture DR e deslocados para fora do registo através do pino TDO no estado Shift DR. À medida que os dados capturados são deslocados para fora, novos dados são deslocados para dentro através do pino TDI, e estes dados são aplicados às saídas do registo de varrimento de limites (e, consequentemente, aos pinos de saída) no estado Update DR. Esta instrução existe para apoiar o teste da conetividade ao nível da placa.

3. IDCODE:

Aqui o registo ID está ligado entre TDI e TDO. No estado Capture DR, o ID do dispositivo (um número de identificação com fio que indica o fabricante, o número da peça e a versão da peça) é copiado para o registo, que é depois deslocado no estado Shift DR. Outras instruções públicas podem incluir

4. INTEST :

Aqui, o registo de varrimento de fronteira está ligado entre TDI e TDO e os estados de entrada e saída da lógica do núcleo são captados e controlados pelo registo. Note-se que as entradas são conduzidas para o complemento dos valores fornecidos. Caso contrário, a operação é semelhante a

5. EXTEST.

Esta instrução existe para apoiar o teste da lógica do núcleo.

Ensaios VLSI

Os circuitos integrados de alta complexidade requerem testes de produção extensivos para identificar dispositivos defeituosos antes de serem incorporados no produto. Um testador 1C de produção é um equipamento muito caro, e o tempo que cada dispositivo passa no testador é um fator importante no seu custo de fabrico. Uma vez que o circuito de teste JTAG funciona através de acesso em série, não é uma forma de alta velocidade de aplicar vectores de teste à lógica do núcleo. Além disso, não é possível aplicar vectores de teste através da porta JTAG à velocidade normal de funcionamento do dispositivo para verificar o seu desempenho. Por conseguinte, a arquitetura JTAG não é uma solução genérica para todos os problemas dos ensaios de produção VLSI. No entanto, pode resolver uma série de problemas:

- A porta JTAG pode ser utilizada para testes funcionais no circuito de um 1C (desde que a instrução INTEST seja suportada).

Permite um bom controlo dos pinos 1C para testes paramétricos (verificação do acionamento dos buffers de saída, fugas, limiares de entrada, etc.). Isto utiliza apenas a instrução EXTEST que é necessária em todos os dispositivos compatíveis com JTAG.

- Pode ser utilizado para aceder a percursos de varrimento internos para melhorar a controlabilidade e a observabilidade dos nós internos que são difíceis de aceder a partir dos pinos.
- Pode ser utilizada para dar acesso a funções de depuração na pastilha sem pinos adicionais e sem interferir com as funções do sistema. Isto é explorado pela arquitetura de depuração ARM Embedded lCE descrita brevemente abaixo e em pormenor na secção 3.7

.

- Oferece uma abordagem para o ensaio funcional de projectos baseados em macrocélulas, como se descreve a seguir. Todas estas utilizações são complementares ao seu objetivo principal, que é o ensaio da produção de placas de circuitos impressos

Embedded-ICE

A arquitetura de depuração ARM, descrita na secção 3.9, baseia-se numa extensão da porta de teste JTAG. O módulo Embedded ICE introduz registos de ponto de interrupção e de ponto de observação que são acedidos como registos de dados adicionais utilizando instruções JTAG especiais, e um buffer de rastreio que é acedido de forma semelhante. O percurso de varrimento em torno da macrocélula do núcleo ARM é utilizado para introduzir instruções na conduta ARM sem interferir com outras partes do sistema e estas instruções podem ser utilizadas para aceder e modificar o estado do ARM e do sistema. A arquitetura de depuração oferece a maior parte da funcionalidade de um sistema convencional de emulação em circuito para depurar uma macrocélula ARM num chip de sistema complexo e, uma vez que a porta de acesso de teste JTAG é utilizada para controlar o hardware de depuração, não são necessários pinos adicionais no chip.

Ensaios de macrocélulas

Uma tendência crescente na conceção de chips de sistemas complexos é incorporar uma série de macro-células complexas e pré-concebidas, juntamente com alguma lógica personalizada específica da aplicação. O núcleo do processador ARM é, por si só, uma dessas macrocélulas; as outras podem ser provenientes da ARM Limited, de um parceiro de semicondutores ou de um fornecedor terceiro. Nesses casos, o projetista da pastilha do sistema terá um conhecimento limitado das macrocélulas e dependerá dos fornecedores de macrocélulas para os padrões de ensaio de produção para cada macrocélula. Uma vez que as macrocélulas estão enterradas no interior da pastilha do sistema, o projetista vê-se confrontado com o problema de conceber uma forma de aplicar os vectores de ensaio fornecidos a cada uma das macrocélulas. Os padrões de teste também devem ser gerados para a parte da lógica personalizada do projeto, mas presume-se que o projetista entenda essa parte da lógica

Existem várias abordagens para colocar os padrões de teste nas extremidades das macrocélulas:

- Podem ser previstos modos de teste que multiplexem os sinais de cada macrocélula, por sua vez, nos pinos do chip do sistema.
- Um barramento em circuito integrado pode suportar o acesso direto de ensaio a cada macrocélula que lhe esteja ligada (ver secção 3.2).
- Cada macrocélula pode ter um percurso de varrimento de fronteira através do qual os padrões de teste podem ser aplicados utilizando uma extensão da arquitetura JTAG

Esta última abordagem é ilustrada na Figura 3.15. A pastilha tem um percurso de varrimento do limite periférico para suportar a operação EXTEST pública e percursos adicionais em torno de cada macrocélula, concebidos na macrocélula, para aplicar os ensaios funcionais fornecidos. A lógica personalizada concebida especificamente para esta pastilha pode ter o seu próprio percurso de varrimento ou, como mostra a figura, basear-se no facto de todos os seus sinais de interface terem de intercetar um dos percursos de varrimento existentes.

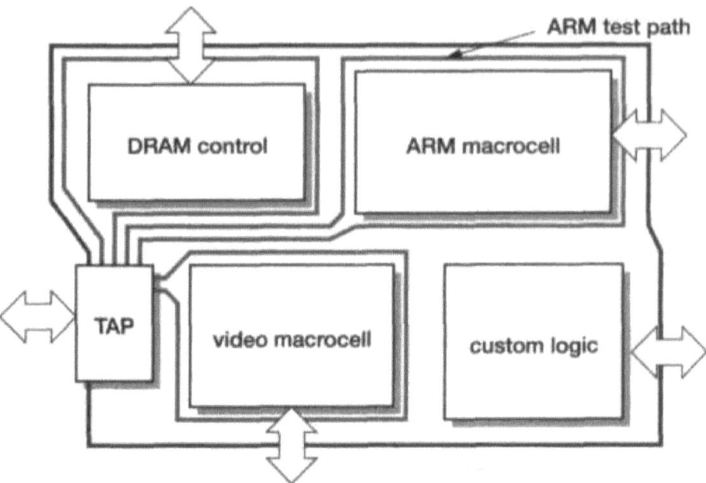

Figura 3.15 Uma possível extensão JTAG para testes de macrocélulas

Deve reconhecer-se que, embora seja perfeitamente viável para testes funcionais, a abordagem do percurso de varrimento para testar macrocélulas tem os mesmos inconvenientes que a utilização do percurso de varrimento de limite JTAG para testar a lógica do núcleo de um chip. O acesso em série é muito mais lento do que o acesso paralelo através dos pinos e não é possível efetuar ensaios de desempenho em velocidade. A metodologia de ensaio de produção mais promissora para chips de sistema baseados em macrocélulas parece ser a exploração do barramento no chip para dar acesso paralelo à periferia da macrocélula (especialmente quando a macrocélula foi concebida especificamente para dar um bom acesso por esta via). A multiplexagem é utilizada para dar acesso externo aos sinais periféricos da macrocélula que são importantes para os testes de desempenho e que não podem ser convenientemente acedidos através do barramento na pastilha, e a porta JTAG é utilizada para aceder a outros sinais e ao estado interno, quando necessário, através de cadeias de varrimento. Vimos que esta abordagem é suportada pela "Advanced Microcontroller Bus Architecture" (AMBA) da ARM, descrita na secção 3.2. O sistema JTAG continua a ser muito importante para os testes ao nível da placa, podendo também ser utilizado para testes no circuito da lógica do núcleo e para aceder a instalações de depuração no circuito integrado. Está incorporado na maioria dos projectos ARM e é um componente importante das suas metodologias de teste e depuração.

8.5 A ARQUITECTURA DE DEPURAÇÃO DO ARM

A depuração de qualquer sistema informático pode ser uma tarefa complexa. Existem duas abordagens básicas para a depuração, sendo a mais simples baseada na observação de um sistema a partir do exterior, utilizando equipamento de teste como um analisador lógico, e a mais poderosa baseada na visualização de um sistema a partir do interior, com ferramentas que suportam o passo único, a definição de pontos de interrupção, etc.

Depuração no ambiente de trabalho

Quando o sistema a depurar é um software executado numa máquina de secretária, todos os componentes da interface de utilizador estão prontamente disponíveis e o depurador pode ser simplesmente outro software executado na mesma máquina. Os pontos de interrupção são definidos através da substituição de uma instrução no programa objeto por uma chamada ao depurador, recordando a instrução original para que possa ser substituída quando a execução continuar para além do ponto de interrupção. Muitas vezes, os compiladores têm opções de tempo de compilação para gerar informações de depuração extensas, tais como tabelas de símbolos que o depurador pode utilizar para permitir ao utilizador depurar o programa a partir de uma vista ao nível da fonte, dirigindo-se às variáveis pelos seus nomes de origem e não pelo seu endereço de memória. Esta "depuração ao nível da fonte" é mais poderosa e requer um conhecimento menos detalhado do ambiente da máquina do que a depuração ao nível dos objectos. Uma fraqueza comum nos depuradores de software é a falta de um recurso de "ponto de observação". Um ponto de observação é um endereço de memória que interrompe a execução se for acedido como um endereço de transferência de dados. Uma vez que muitos processadores não suportam a captura num determinado endereço (para além, talvez, de uma falha de página de gestão de memória, que é bastante grosseira para este fim), esta funcionalidade é frequentemente omitida. É uma pena, uma vez que uma fonte de erro muito comum num programa C são dados corrompidos causados por um ponteiro errante nalguma parte não relacionada do programa, e isto pode ser muito difícil de localizar sem uma funcionalidade de ponto de observação.

Depuração incorporada

A depuração torna-se significativamente mais difícil quando o sistema alvo está incorporado. Agora, provavelmente não existe uma interface de utilizador no sistema, pelo que o depurador tem de ser executado num anfitrião remoto através de algum tipo de ligação de comunicação com o alvo. Se o código estiver em ROM, as instruções não podem ser simplesmente substituídas por chamadas para o depurador, uma vez que as localizações não são passíveis de escrita. A solução padrão neste caso é o Emulador em Circuito (ICE). O processador do sistema alvo é removido e substituído por uma ligação a um emulador. O emulador pode basear-se numa ronda no mesmo chip do processador, ou numa variante com mais pinos (e mais visibilidade do seu estado interno), mas também incorporará buffers para copiar a atividade do barramento para um 'buffer de rastreio' (que armazena os sinais em todos os pinos em cada ciclo de relógio durante um certo número de ciclos) e vários recursos de hardware que podem observar eventos específicos, como a passagem da execução por um ponto de interrupção. A memória intermédia de rastreio e os recursos de hardware são geridos por software executado num sistema de secretária anfitrião. Quando ocorre um evento "desencadeador", a memória intermédia de rastreio é congelada para que o utilizador possa observar a atividade em torno do ponto de interesse. O software anfitrião apresentará os dados da memória intermédia de rastreio, dará uma visão do estado do processador e do sistema e permitirá a sua modificação e, de um modo geral, tentará parecer o mais semelhante possível a um depurador num sistema de secretária.

Depuração de núcleos de processador

A abordagem ICE depende do facto de o sistema ter um chip de processador identificável que pode ser removido e substituído pelo ICE. É evidente que, quando o processador se torna apenas uma macrocélula de muitas num chip de sistema complexo, isso deixa de ser possível. Embora a simulação utilizando modelos de software como o ARMulator deva eliminar muitos dos erros de conceção antes de o sistema físico ser construído, é muitas vezes impossível executar todo o sistema de software em emulação e pode ser difícil modelar com precisão todas as restrições em tempo real. Por conseguinte, é provável que seja necessário efetuar alguma depuração do sistema completo de hardware e software. Como é que isto pode ser conseguido? Esta é ainda uma área de investigação ativa para identificar a melhor estratégia global com custos gerais de hardware aceitáveis, mas nos últimos anos tem havido progressos consideráveis no desenvolvimento de abordagens práticas e o resto desta secção apresenta a abordagem desenvolvida pela ARM Limited.

Hardware de depuração ARM

Para fornecer facilidades de depuração comparáveis às oferecidas por um ICE típico, o utilizador deve poder definir pontos de interrupção e pontos de observação (para código executado em ROM e RAM), inspecionar e modificar o estado do processador e do sistema, ver um traço da atividade do processador em torno do ponto de interesse e fazer tudo isto no conforto de um sistema de secretária com uma boa interface de utilizador. O mecanismo de rastreio utilizado nos sistemas ARM é separado das outras facilidades de depuração e é discutido na Secção 3.7. Nesta secção, restringimos a nossa atenção aos recursos de ponto de interrupção, ponto de observação e inspeção de estado. A comunicação entre o sistema alvo e o hospedeiro é conseguida através da extensão da funcionalidade da porta de teste JTAG. Uma vez que os pinos de teste JTAG estão incluídos na maioria dos projectos para testes na placa, o acesso ao hardware de depuração através desta porta não requer pinos dedicados adicionais, poupando o recurso mais precioso do chip a pressões adicionais. As cadeias de varrimento JTAG são utilizadas para aceder aos registos de ponto de interrupção e de ponto de observação e também para forçar instruções no processador para aceder ao estado do processador e do sistema. Os registos do ponto de interrupção e do ponto de observação representam uma sobrecarga de hardware bastante pequena que pode ser aceite em peças de produção. O sistema anfitrião executa as ferramentas de desenvolvimento ARM padrão, comunicando com o alvo através de uma porta série e/ou de uma porta paralela. O hardware especial de conversão de protocolos situa-se entre a linha de série do anfitrião e a porta JTAG do alvo. Para além dos eventos de ponto de interrupção e de ponto de observação, pode também ser desejável parar o processador quando ocorre um evento ao nível do sistema. A arquitetura de depuração inclui entradas externas para este fim. A célula no chip que contém estas facilidades é designada por módulo ICE incorporado.

Embedded-ICE

O módulo Embedded-ICE consiste em dois registos de ponto de observação e registos de controlo e estado. Os registos de ponto de observação podem parar o núcleo ARM quando o endereço, os dados e os sinais de controlo correspondem ao valor programado no registo de ponto de observação. Uma vez que a comparação é efectuada sob uma máscara, qualquer um dos registos de ponto de observação pode ser configurado para funcionar como um registo de ponto de interrupção capaz de parar o processador quando é executada uma instrução em ROM ou RAM.

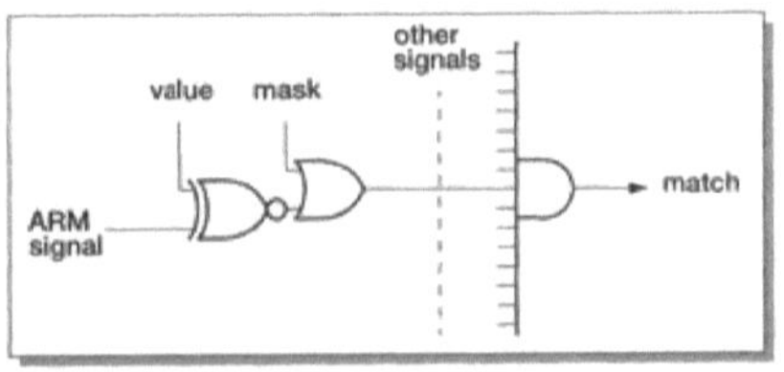

Figura 3.17 Lógica de comparação de sinais LCE incorporada

Registos

Os registos Embedded-ICE são programados através da porta de teste JTAG, utilizando uma cadeia de varrimento dedicada. A cadeia de varrimento tem 38 bits de comprimento, com 32 bits de dados, 5 bits de endereço e um bit r/w que controla se o registo é lido ou escrito. Os bits de endereço especificam o registo específico seguindo o mapeamento detalhado na Tabela 3.1

Tabela 3.1 Mapeamento do registo Embedded-ICE.

Endereço	Largura	Função
00000	3	Controlo de depuração
00001	5	Estado de depuração
00100	6	Registo de controlo das comunicações dc depuraçào
00101	32	Registo de dados de comunicações de depuração
01000	32	Valor do endereço do ponto de vigia 0
01001	32	Máscara de endereço do ponto de vigia 0
01010	32	Valor de dados do ponto de vigia 0
01011	32	Máscara de dados do ponto de vigia 0
01100	9	Valor de controlo do ponto de vigia 0
01101	8	Máscara de controlo do ponto de vigia 0
10000	32	Valor do endereço do ponto de vigia 1
00001	5	Estado de depuração
00100	6	Registo de controlo das comunicações de depuração
00101	32	Registo de dados de comunicações de depuração
01000	32	Valor do endereço do ponto de vigia 0
01001	32	Máscara de endereço do ponto de vigia 0
10000	32	Valor do endereço do ponto de vigia 1
10001	32	Máscara de endereço do ponto de vigia 1
10010	32	Valor dos dados do ponto de vigia 1
10011	32	Máscara de dados do ponto de vigia 1
10100	9	Valor de controlo do ponto de vigia 1
10101	8	Máscara de controlo do ponto de vigia 1

Aceder ao estado

O módulo Embedded-ICE permite que um programa seja interrompido em pontos específicos, mas não permite diretamente que o estado do processador ou do sistema seja inspeccionado ou modificado. Isto é conseguido através de outros caminhos de varrimento que também são acedidos através da porta JTAG.

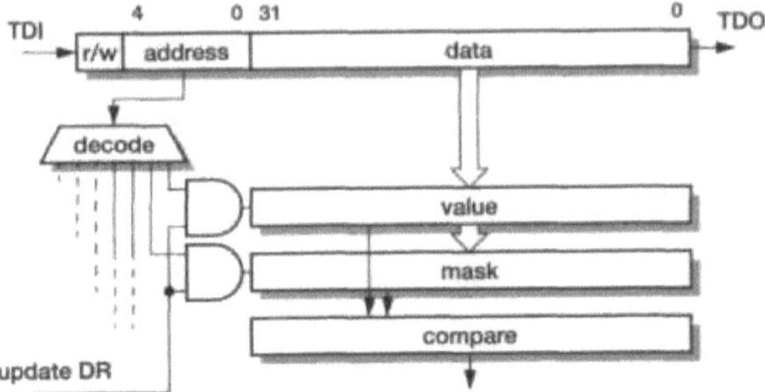

Figura 3.18 Estrutura de leitura e escrita do registo Embedded-ICE.

O mecanismo empregue para aceder ao estado do processador consiste em alinhar o processador e, em seguida, forçar uma instrução, tal como um múltiplo de armazenamento de todos os registos, na fila de instruções do processador. Em seguida, são aplicados relógios ao processador, um ganho através da cadeia de varrimento, fazendo com que este escreva os registos através da sua porta de dados. Cada registo é recolhido pela cadeia de varrimento e deslocado

fora. O estado do sistema é mais difícil de aprender, uma vez que pode haver localizações do sistema que não podem ser lidas às velocidades muito baixas que o percurso de varrimento pode gerar. Neste caso, o processador é pré-carregado com uma instrução adequada, sendo depois permitido aceder à localização do sistema à velocidade do sistema. Isto transfere o estado do sistema necessário para um registo do processador, após o que pode ser passado para o depurador externo através da porta JTAG, conforme descrito acima.

Depurar comunicações

Além dos registos de ponto de interrupção e de ponto de observação, o módulo Embedded ICE também inclui uma porta de comunicação de depuração através da qual o software executado no sistema alvo pode comunicar com o anfitrião. O software no sistema alvo vê a porta de comunicações como um registo de controlo de 6 bits e registos de leitura e escrita de dados de 32 bits, aos quais se acede utilizando instruções MRC e MCR para o coprocessador 14. O anfitrião vê estes registos no mapa de registos do ICE incorporado, como se mostra na Tabela 3.1.

Depuração

Um chip de sistema baseado em ARM que inclui o módulo Embedded ICE liga-se a um computador anfitrião através da porta JTAG e de um conversor de protocolo. Esta configuração suporta o ponto de interrupção normal, o ponto de observação e o acesso ao estado do processador e do sistema que o programador está habituado a utilizar para a depuração nativa ou baseada em ICE (para além da porta de comunicação acima descrita) e, com software anfitrião adequado, proporciona uma capacidade de depuração completa ao nível da fonte com baixa sobrecarga de hardware. A única facilidade que falta é a capacidade de rastrear o código em tempo real. Esta é a função da macrocélula de rastreio incorporada descrita na secção seguinte.

8.6 TRAÇO INCORPORADO

Na depuração de sistemas em tempo real, é muitas vezes difícil depurar o software da aplicação sem a capacidade de observar o seu funcionamento em tempo real. Os recursos de ponto de interrupção e de ponto de observação oferecidos pela macrocélula ICE incorporada são insuficientes para este fim, uma vez que a sua utilização faz com que o processador se desvie da sua sequência de execução normal, destruindo o comportamento temporal do software. O que é necessário é a capacidade de observar o processador a funcionar a toda a velocidade, gerando um traço do seu endereço, dados e atividade do barramento de controlo à medida que o programa é executado. O problema é que isto representa uma enorme largura de banda de dados - um processador ARM a funcionar a 100 MHz gera mais de 1 Gbyte/s de informação de interface. Para retirar esta informação do chip seriam necessários tantos pinos que não seria rentável incluir esta capacidade nos dispositivos de produção, pelo que seriam necessários dispositivos de desenvolvimento especiais, afectando negativamente os custos de desenvolvimento de uma nova aplicação system-on-chip.

Compressão de traços

A solução adoptada pela ARM Limited consiste em reduzir a largura de banda da interface utilizando técnicas inteligentes de compressão de traços. Por exemplo:

- A maioria dos endereços ARM são sequenciais, pelo que não é necessário enviar todos os endereços para fora do chip. Em vez disso, a informação sequencial pode ser enviada na maioria dos ciclos e o endereço completo apenas quando é efectuada uma ramificação.
- Se houver uma lógica fora do chip que tenha acesso ao código que está a ser executado no processador, saberá quando o processador está a executar uma instrução de ramificação e onde está o alvo da ramificação. A única informação que deve ser enviada para fora do chip é se a ramificação foi efectuada ou não.
- A informação de endereço mais completa só é agora necessária quando o destino do desvio não é conhecido, como numa instrução de retorno de subrotina ou de tabela de saltos. Mesmo aqui, apenas os bits de endereço de baixa ordem que mudam precisam de ser emitidos.
- A informação de endereço é agora muito intermitente. Um buffer FIFO (first-in-first-out) pode ser usado para suavizar a taxa de dados, de modo que as informações de endereço necessárias possam ser transmitidas em pacotes de 4, 8 ou 16 bits a uma taxa mais estável.

Utilizando uma série de técnicas semelhantes, a macro-célula de rastreio integrada ARM pode comprimir as informações de rastreio na medida do necessário para permitir a sua comunicação fora do chip através de 9, 13 ou 21 pinos, consoante a configuração. Estes pinos podem ser utilizados para outros fins quando a saída do traço não é necessária.

Depuração em tempo real

Uma solução completa de depuração em tempo real é apresentada na Figura 3.19. A unidade ICE incorporada suporta a funcionalidade de ponto de interrupção e ponto de observação e canais de comunicação entre o anfitrião e o software de destino. A macrocélula de rastreio incorporada comprime a informação da interface do processador e envia-a para fora do chip através da porta de rastreio. A porta JTAG é utilizada para controlar ambas as unidades. O controlador externo Embedded ICE é utilizado para ligar o sistema anfitrião à porta JTAG e o analisador externo da porta de rastreio faz a interface do sistema anfitrião com a porta de rastreio. O anfitrião pode ligar-se tanto ao analisador da porta de rastreio como ao controlador ICE incorporado através de uma rede.

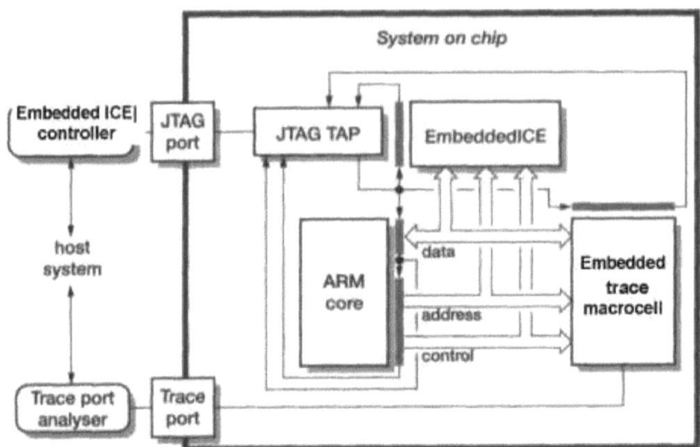

Figura 3.19 Organização do sistema de depuração em tempo real

O utilizador tem o controlo das definições dos pontos de interrupção e de observação e das várias funções de rastreio. Todo o software da aplicação pode ser rastreado, ou apenas rotinas específicas. As condições de disparo podem ser especificadas e o traço pode ser recolhido antes ou depois do disparo ou com o disparo no centro do traço. Os acessos aos dados podem ser selecionados para serem incluídos no rastreio ou não, e o rastreio pode recolher apenas o endereço do acesso aos dados, ou apenas os próprios dados, ou ambos.

Opções de rastreio incorporadas

Como já foi referido, a macrocélula de traço incorporada pode ser sintetizada em várias configurações diferentes, permitindo que a funcionalidade da unidade seja negociada em função do custo (medido em termos do número de portas e pinos utilizados).

- O sistema mínimo requer 5 pinos para emitir informações de pipeline e 4 pinos para emitir dados (para além da interface JTAG de 5 pinos). Isto é suficiente para o rastreio da execução, mas apenas suporta um rastreio de dados muito limitado e tem capacidades restritas de acionamento e filtragem. É utilizado um FIFO de 9 bytes para suavizar a taxa de transferência de dados e o custo de hardware desta implementação é de aproximadamente 15 Kgates.
- Um sistema máximo utiliza 5 pinos para emitir informações sobre o pipeline e 16 pinos para emitir dados (mais uma vez, para além da interface JTAG de 5 pinos). É capaz de rastrear o fluxo de execução e toda a atividade de dados, exceto no pior dos casos. Um FIFO de 40 bytes é usado para suavizar o fluxo de dados e o custo do hardware é de aproximadamente 50 Kgates.

Entre estes dois extremos, são possíveis várias configurações intermédias. Todas permitem entradas externas (ou seja, entradas de outra lógica no chip) para controlar o disparo do traço e para disparar a partir da lógica de ponto de interrupção do ICE incorporado.

Excesso de traço

Em todas as implementações da macrocélula de rastreamento incorporada, existem algumas circunstâncias em que o buffer FIFO de rastreamento pode transbordar. A unidade pode ser configurada para parar o processador ou para interromper o rastreamento quando isso acontece. Em ambos os casos, o rastreamento em tempo real é perdido, embora apenas temporariamente enquanto o FIFO é drenado. Fundamentalmente, o que aconteceu foi que a largura de banda da informação excedeu a capacidade do algoritmo de compressão de a reduzir para corresponder à capacidade de largura de banda da porta de rastreio. Se isto acontecer, a configuração da filtragem deve ser modificada para reduzir a quantidade de dados que está a ser rastreada.

N-Trace

A tecnologia de rastreio em tempo real foi desenvolvida através de uma colaboração entre a ARM Limited, a VLSI Technology, Inc. e a Agilent Technologies (anteriormente parte da Hewlett-Packard). A VLSI Technology, Inc., oferece uma versão sintetizável da macrocélula de rastreio incorporada com o nome de produto "N-Trace".

Analisador do porto de rastreio

O analisador de portas de rastreio pode ser um analisador lógico convencional, mas a Agilent Technologies desenvolveu um analisador de portas de rastreio de baixo custo específico para a ARM e sistemas semelhantes serão disponibilizados por outros fornecedores.

Ferramentas de software de rastreio

A macrocélula de traço incorporada é configurada através da porta JTAG utilizando um software que é uma extensão das ferramentas de desenvolvimento de software ARM. Os dados de rastreio são descarregados do analisador da porta de rastreio e descomprimidos utilizando a informação do código fonte. São então apresentados como uma listagem de montagem com acessos a dados intercalados e têm ligações ao código fonte. Com

Com o Embedded ICE e a funcionalidade Embedded Trace, o projetista de sistemas em chips ARM dispõe de todas as facilidades oferecidas pelas ferramentas tradicionais de emulação em circuito (ICE). Estas tecnologias permitem uma visibilidade total do comportamento em tempo real do código da aplicação, com a capacidade de definir pontos de interrupção, inspecionar e alterar os registos do processador e as localizações da memória, sempre com ligações firmes ao código-fonte da linguagem de alto nível.

3.8 APOIO AO PROCESSAMENTO DE SINAIS

Muitas aplicações que utilizam um processador ARM como controlador também exigem um desempenho significativo de processamento de sinais digitais. Um aparelho de telefone móvel GSM típico é um exemplo disso; as concepções baseadas em ARM de primeira geração incorporam normalmente um núcleo DSP no mesmo chip que o núcleo ARM, e o projetista do sistema tem de fazer escolhas cuidadosas relativamente às funções do sistema que são melhor implementadas no núcleo DSP e quais no núcleo ARM. Os núcleos DSP têm modelos de programação muito diferentes do modelo ARM. Eles empregam várias memórias de dados separadas e muitas vezes exigem que o programador programe seu pipeline interno com muito cuidado para obter o máximo rendimento. A sincronização do código DSP com o código ARM que está a ser executado em simultâneo é uma tarefa complexa. A ARM Limited introduziu duas extensões diferentes na arquitetura ARM para tentar simplificar a tarefa de conceção do sistema em aplicações que requerem funções de controlador e de processamento de sinais: o co-processador Piccolo e as extensões do conjunto de instruções de processamento de sinais na arquitetura ARM v5TE.

Piccolo

O coprocessador Piccolo é um sofisticado motor de processamento de sinais de 16 bits que utiliza a interface de coprocessador ARM para cooperar com o núcleo ARM na transferência de operandos e resultados de e para a memória, mas também executa o seu próprio conjunto de instruções. A organização do Piccolo é ilustrada na Figura 3.20. Os operandos são carregados e os resultados armazenados através da interface do coprocessador ARM, pelo que os endereços adequados têm de ser gerados pelo núcleo ARM. Os buffers de entrada e de saída permitem que estas transferências movam muitos valores de 16 bits numa única instrução, e os valores são transferidos aos pares, fazendo pleno uso da largura do barramento de 32 bits do ARM. A memória intermédia de entrada armazena valores até serem chamados pelo código de processamento de sinais, podendo ser acedidos fora de ordem a partir da memória intermédia. O conjunto de registos Piccolo contém operandos que podem ter 16 bits, 32 bits ou 48 bits de largura. Os quatro registos de 48 bits são utilizados para acumular resultados, como produtos internos, sem risco de transbordamento. A lógica de processamento pode calcular um produto 16x16 e adicionar o resultado a um destes registos acumuladores de 48 bits num único ciclo. Também oferece um bom suporte para operações de ponto fixo e suporta aritmética de saturação. As operações de processamento de sinal que utilizam valores mantidos no ficheiro de registo são especificadas num conjunto de instruções separado que o Piccolo carrega da memória através do barramento AMBA para uma cache de instruções local. Um objetivo da arquitetura Piccolo é fornecer armazenamento local suficiente, sob a forma de registos, cache de instruções e buffers de entrada e saída, para que um único barramento AMBA possa suportar um bom débito. Isto contrasta com os projectos de processadores de sinais convencionais que utilizam duas memórias de dados independentes e uma memória de instruções separada. Como resultado, o Piccolo oferece um modelo de programação muito mais simples do que um sistema que combina um núcleo ARM com um núcleo de processamento de sinais convencional. No entanto, continua a ser necessário algum cuidado para sincronizar o código ARM com o código Piccolo e, numa aplicação de processamento intensivo de sinais, o núcleo ARM é mantido bastante ocupado com as transferências de operandos e resultados, não podendo, por isso, executar funções de controlo extensivas ao mesmo tempo. Um modelo de programação ainda mais simples é oferecido pelas extensões do conjunto de instruções v5TE da arquitetura ARM.

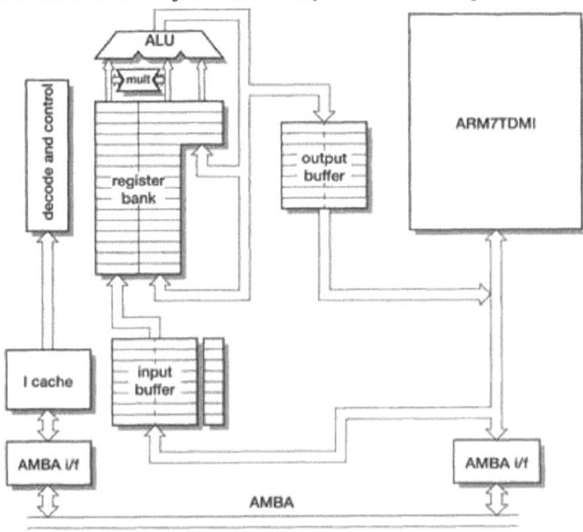

Figura 3.20 Organização do Piccolo

Instruções de processamento de sinais V5TE

A extensão do conjunto de instruções de processamento de sinais definida pela arquitetura ARM v5TE, implementada pela primeira vez no núcleo sintetizável ARM9E-S, representa uma abordagem ao problema muito diferente da utilizada na conceção do Piccolo. Tudo o que é utilizado aqui é uma adição cuidadosamente escolhida ao conjunto de instruções ARM nativo para proporcionar um suporte intrínseco muito melhor para os tipos de dados utilizados nas aplicações de processamento de sinais. O modelo dos programadores ARM é alargado na arquitetura v5TE, como se mostra na Figura 3.21. O sinalizador 'Q' é adicionado no bit 27 do CPSR e todos os SPSRs têm também um sinalizador Q. Q é um sinalizador de transbordamento "pegajoso" que pode ser ativado por determinadas instruções v5TE e depois reposto por uma instrução MSR adequada. O termo "pegajoso" descreve o facto de que, uma vez ativado, o sinalizador Q permanece ativado até ser explicitamente reposto por uma instrução MSR, pelo que uma série de instruções pode ser executada e o sinalizador Q inspeccionado apenas uma vez (utilizando uma instrução MRS) no final para verificar se ocorreu um transbordo em qualquer ponto da sequência.

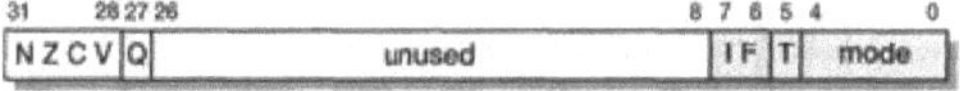

Figura 3.21 Formato PSR ARM v5TE

As instruções de processamento de sinal dividem-se em dois grupos: multiplicação e adição/subtração. As instruções de adição/subtração utilizam aritmética de saturação, o que significa que, quando o resultado ultrapassa o intervalo que pode ser representado no tipo de dados, é devolvido o valor mais próximo que pode ser representado (e o sinalizador Q é definido). Isto contrasta com a aritmética convencional do processador (e com o tipo de dados aritmético módulo 232 definido por C), em que um resultado ligeiramente maior do que o valor máximo tem um valor próximo do valor mínimo. Aqui, um resultado ligeiramente maior do que o valor máximo retorna simplesmente o valor máximo. Em algoritmos típicos de processamento de sinais, isto minimiza o erro e dá resultados óptimos.

Instruções de multiplicação v5TE

Todas as instruções de multiplicação melhoram a capacidade do processador para lidar com tipos de dados de 16 bits e assumem que um registo ARM de 32 bits pode conter dois valores de 16 bits. Por conseguinte, permitem um acesso eficiente a valores contidos na metade superior ou inferior de um registo. A codificação binária destas instruções é mostrada na Figura 3.22

31–28	27–23	22–21	20	19–16	15–12	11–8	7–4	3–0
cond	0 0 0 1 0	mul	0	Rd/RdHi	Rn/RdLo	Rs	1 y x 0	Rm

Figura 3.22 Codificação binária da instrução de multiplicação da arquitetura v5TE

As instruções suportadas por este formato são:

SMLAxy{cond} Rd,Rm,Rs,Rn ; mul = 00

Esta instrução calcula o produto 16x16 dos dois valores assinados de 16 bits da metade inferior (x = 0) ou superior (x = 1) de Rm e da metade inferior (y = 0) ou superior (y = 1) de Rs. O produto de 32 bits é adicionado ao valor de 32 bits em Rn, e o resultado colocado em Rd. O formato de montagem substitui x e y por 'B' para a metade inferior (inferior) da palavra ou 'T' para a metade superior (superior) da palavra.

SMLAWy{cond} Rd,Rm,Rs,Rn ; mul =01, x = 0

Esta instrução calcula o produto 32 x 16 do valor de 32 bits em Rm e o valor de 16 bits na metade inferior (y = 0) ou superior (y = 1) de Rs. Os 32 bits mais significativos do produto de 48 bits são adicionados ao valor de 32 bits em Rn, e o resultado colocado em Rd.

SMULWy{cond} Rd,Rm,Rs ; mul = 01, x = 1, Rn = 0

Esta instrução calcula o produto 32 x 16 do valor de 32 bits em Rm e o valor de 16 bits na metade inferior (y = 0) ou superior (y = 1) de Rs. Os 32 bits mais significativos do produto de 48 bits são colocados em Rd

SMLALxy{cond} RdLo,RdHi,Rm,Rs; mul = 10

Esta instrução calcula o produto 16x16 dos dois valores assinados de 16 bits da metade inferior (x = 0) ou superior (x = 1) de Rm e da metade inferior (y = 0) ou superior (y = 1) de Rs. O produto de 32 bits é adicionado ao valor de 64 bits em RdHi:RdLo, e o resultado é colocado em RdHi:RdLo.

SMULxy{cond} Rd,Rm,Rs ; mul ---- 11, Rn = 0

Esta instrução calcula o produto 16 x 16 dos dois valores assinados de 16 bits da metade inferior (x = 0) ou superior (x = 1) de Rm e da metade inferior (y = 0) ou superior (y = 1) de Rs. O produto de 32 bits é colocado em Rd. Em todas as instruções acima, os sinalizadores CPSR N, Z, C e V não são afectados pela instrução, e o PC (r15) não deve ser utilizado para qualquer dos registos de operando ou resultado. Se a adição na acumulação (em SMLA e SMLAW) transbordar, o bit Q no CPSR é ativado, mas a adição utiliza o módulo 2 32 convencional em vez da aritmética de saturação .

Instruções de adição/subtração V5TE

O outro grupo de instruções nas extensões da arquitetura v5TE é constituído por instruções de adição e subtração de 32 bits que utilizam aritmética de saturação. Em cada caso, há uma instrução adicional que também duplica um dos operandos antes de efetuar a adição e a subtração, o que melhora a eficiência de certos algoritmos de processamento de sinais. A codificação binária dessas instruções é mostrada na Figura 3.23.

31 28	27 23	22 21	20	19 16	15 12	11 8	7 4	3 0
cond	0 0 0 1 0	op	0	Rn	Rd	0 0 0 0	0 1 0 1	Rm

Figura 3.23 Codificação binária da instrução de adição/subtração da arquitetura v5TE

As instruções suportadas por este formato são:

QADD{cond} Rd,Rm,Rn ; op = 00

Esta instrução efectua uma adição saturada de 32 bits de Rm e Rn, colocando o resultado em Rd.

QSUB{cond} Rd,Rm,Rn ; op = 01

Esta instrução efectua uma subtração saturada de 32 bits de Rn a Rm, colocando o resultado em Rd.

QDADD{cond} Rd,Rm,Rn ; op = 10

Esta instrução duplica Rn (com saturação) e depois efectua uma adição saturada de 32 bits do resultado e Rm, colocando o resultado em Rd.

QDSUB{cond) Rd,Rm,Rn ; op = 11

Esta instrução duplica Rn (com saturação) e depois executa uma subtração saturada de 32 bits do resultado de Rm, colocando o resultado em Rd. Mais uma vez, em todas as instruções acima, os sinalizadores CPSR N, Z, C e V não são afectados pela instrução, e o

PC (r!5) não deve ser utilizado para nenhum dos registos de operando ou resultado. Se a adição ou subtração saturante transbordar, ou a duplicação de Rn (onde especificado) causar transbordo, o bit Q no CPSR é definido.

Exemplo 1 Para ilustrar a utilização destas instruções, considere o problema de gerar o produto interno ("ponto") de dois vectores de números assinados de 16 bits mantidos em memória num núcleo ARM9E-S, que suporta as extensões v5TE da arquitetura, e num núcleo ARM 9 T D M I, que não suporta. O cálculo de um produto interno é um procedimento muito comum em aplicações de processamento de sinais. Para minimizar os erros, deve ser utilizada aritmética de saturação. O código v5TE para o loop central é o seguinte:

laço

SMULBB r3,rl,r2 r4;
SUBS r4,r2;
QDADD r5,r5,r3;
SMULTT r3,rl,r2;
LDR rl,[r6],#4;
QDADD r5,r5,r3;
LDR r2,[r7],#4;
Circuito BNE
	Multiplicação 16x16
	diminuir o contador do ciclo
	saturar x2 & acumular 16x16 multiplicar
	obter os dois multiplicadores seguintes
	saturar x2 e acumular obter os dois multiplicandos seguintes

Este exemplo de código ilustra vários pontos importantes: As instruções são "programadas" para evitar paragens no pipeline. Num ARM9E-S, isto significa que o resultado de um carregamento ou de uma multiplicação de 16 bits não deve ser utilizado no ciclo seguinte. Embora os operandos sejam meias palavras de 16 bits, eles são carregados em pares como palavras de 32 bits. Esta é uma forma mais eficiente de utilizar a interface de memória de 32 bits da ARM do que utilizar cargas de meia palavra, e as instruções de multiplicação v5TE podem aceder aos operandos individuais de 16 bits diretamente a partir dos registos. As instruções de saturação 'double and accumulate' são usadas para escalar o produto antes da acumulação. Isto é útil porque a aritmética de ponto fixo utilizada no processamento de sinais assume geralmente operandos no intervalo de -1 a +1, mas certos algoritmos necessitam de coeficientes superiores a 1. A operação de duplicação dá um intervalo efetivo de -2 a +2, o que é suficiente para a maioria dos algoritmos

Comparação de desempenho

O multiplicador de 32 x 16 de ciclo único do ARM9E-S permite-lhe completar o ciclo acima em 10 ciclos de relógio, dos quais 4 são de sobrecarga do ciclo (diminuindo o contador do ciclo e voltando ao fim do ciclo). Cada ciclo calcula dois produtos, pelo que cada produto requer 5 ciclos. Com o desenrolar do ciclo (replicar o código para calcular muitos mais produtos numa única iteração do ciclo) o custo de cada produto reduz-se para 3 ciclos. O melhor que um ARM9TDMI consegue obter é um produto em 10 ciclos, ou seja, três vezes mais lento. A diferença deve-se, em parte, ao multiplicador mais lento do ARM9TDMI, em parte ao tratamento menos eficiente de operandos de 16 bits e, no restante, às instruções adicionais necessárias para testar e corrigir a saturação.

3.9 PROCESSAMENTO DIGITAL DE SINAIS

Atualmente, os microprocessadores têm capacidade computacional suficiente para

processar sinais digitalizados em tempo real. É provável que conheça os leitores de áudio mp3, as câmaras digitais e os telefones móveis/celulares digitais. O processamento de sinais digitalizados requer altas larguras de banda de memória e operações rápidas de multiplicação e acumulação. Neste capítulo, veremos como é possível maximizar o desempenho do ARM para aplicações de processamento de sinais digitais (DSP). Tradicionalmente, um dispositivo incorporado ou portátil contém dois tipos de processador: Um microcontrolador trataria da interface do utilizador e um processador DSP separado manipularia os sinais digitalizados, como o áudio. No entanto, atualmente, é possível utilizar frequentemente um único microprocessador para realizar ambas as tarefas, devido ao maior desempenho e às frequências de relógio disponíveis nos microprocessadores actuais. Uma conceção de núcleo único pode reduzir o custo e o consumo de energia em relação a uma solução de dois núcleos. As adições à arquitetura ARM significam que a ARM é adequada para muitas aplicações DSP. As extensões ARMv5TE disponíveis no ARM9E e em núcleos posteriores proporcionam operações eficientes de multiplicação e acumulação. Com uma codificação cuidadosa, o processador ARM9E terá um desempenho decente nas partes de DSP de uma aplicação, ao mesmo tempo que tem um desempenho superior ao de um DSP nas partes de controlo da aplicação. As aplicações DSP são tipicamente intensivas em multiplicação e armazenamento de carga. Uma operação básica é uma multiplicação acumulada que multiplica dois números com sinal de 16 bits e acumula-os num acumulador com sinal de 32 bits. A Tabela 3.2 mostra o aumento de desempenho disponível em diferentes gerações do núcleo ARM. A segunda coluna apresenta os ciclos de uma multiplicação com sinal de 16 bits por 16 bits com um acumulador de 32 bits; a terceira coluna, os ciclos de uma multiplicação com sinal de 32 bits por 32 bits com um acumulador de 64 bits. Esta última é especialmente útil para algoritmos de áudio de alta qualidade, como o mp3.
A Tabela 3.2 pressupõe que é utilizada a instrução mais eficiente para a tarefa e que é possível evitar quaisquer encravamentos pós-multiplicação.

Tabela 3.2 Tempos de acumulação de multiplicação por processador.

Processador (arquitetura)	**Multiplicação de 16 X 16 bits com Acumulação de 32 bits (ciclos)**	**Multiplicação de 32 X 32 bits com 64-bitaccumulate (ciclos)**
ARM7 (ARMv3)	12	44
ARM7TDMI (ARMv4T)	4	7
ARM9TDMI (ARMv4T)	4	7
ARM forte (ARMv4)	2 ou 3	4 ou 5
ARM9E (ARMv5TE)	1	3
XScale (ARMv5TE)	1	2-4
ARM1136 (ARMv6)	0.5	2 (resultado metade superior)

Devido aos seus elevados requisitos de largura de banda de dados e de desempenho, é frequentemente necessário codificar algoritmos DSP em assembly escrito à mão. É necessário um controlo preciso da atribuição de registos e da programação de instruções para obter o melhor desempenho. Não é possível abordar as implementações de todos os algoritmos DSP neste capítulo, portanto, concentrar-nos-emos em exemplos comuns e regras gerais que podem ser aplicadas a toda uma gama de algoritmos DSP. A secção 3.9

aborda o problema básico de como representar um sinal no ARM para que possamos processá-lo. A filtragem é provavelmente a operação de processamento de sinais mais utilizada. Ela pode ser usada para remover ruídos, analisar sinais ou na compressão de sinais. Outro algoritmo muito comum é a Transformada Discreta de Fourier (DFT), que converte um sinal de uma representação temporal para uma representação em frequência ou vice-versa.

DSP no ARM9TDMI

O ARM9TDMI tem a mesma matriz multiplicadora de 32 bits por 8 bits por ciclo com terminação antecipada que o ARM7TDMI. No entanto, as operações de carregamento e armazenamento são muito mais rápidas em comparação com o ARM7TDMI, demorando um ciclo desde que não se tente utilizar o valor carregado durante dois ciclos após a instrução de carregamento.

3.10 SUPORTE ARQUITECTURAL PARA SISTEMAS OPERATIVOS

Uma introdução aos sistemas operativos

O papel de um sistema operativo é apresentar uma interface uniforme e limpa entre os recursos de hardware subjacentes da máquina e os programas de aplicação que nela correm. Os sistemas operativos mais sofisticados são os que permitem a execução de múltiplos programas de uso geral por vários utilizadores diferentes ao mesmo tempo.

Sistemas multiutilizadores

É muito inconveniente que um sistema multi-utilizador exija que cada programa tenha em conta a presença de outros programas na mesma máquina, uma vez que o número e o tipo de programas concorrentes é desconhecido e varia de uma execução para outra. Por conseguinte, um sistema operativo multi-utilizador apresenta a cada programa uma máquina virtual completa na qual operar. Cada programa pode ser escrito como se fosse o único programa em execução no momento; o único efeito percetível da presença de outros programas é que o programa normalmente leva mais tempo para ser executado. Embora vários programas possam estar presentes na máquina ao mesmo tempo, o processador tem apenas um conjunto de registos (não estamos preocupados com sistemas multi-processadores), pelo que apenas um programa está a ser executado num determinado momento. A concorrência aparente é conseguida através de time-slicing, o que significa que cada programa tem uma vez no processador. Uma vez que o processador funciona a velocidades muito elevadas para os padrões humanos, o efeito é que, durante um período de, digamos, um segundo, cada programa terá tido várias passagens pelo processador, pelo que todos os programas fazem algum progresso. O sistema operativo é responsável pelo agendamento (decidir que programa é executado quando), e pode dar a cada programa uma parte igual do tempo da CPU ou pode usar informação de prioridade para favorecer alguns programas em detrimento de outros. Um programa é retirado do processador porque o sistema operativo é invocado por uma interrupção do temporizador e decide que o programa já teve tempo suficiente por agora, ou porque o programa solicitou um acesso periférico lento (como um acesso ao disco) e não pode fazer mais nenhum trabalho útil até obter uma resposta. Em vez de deixar o programa parado no processador, o sistema operativo desliga-o e agenda outro programa que possa fazer progressos úteis.

Memória vs gestão

Para criar a máquina virtual em que um programa é executado, o sistema operativo tem de estabelecer um ambiente em que o programa tenha acesso ao seu código e dados nas localizações de memória onde espera encontrá-los. Uma vez que as expectativas de um programa em relação aos endereços que irá utilizar podem entrar em conflito com as de outro, o sistema operativo utiliza a tradução de memória para apresentar ao programa as posições de memória física onde carregou o código e os dados em endereços lógicos apropriados. O programa vê a memória através de um mecanismo de tradução de endereços lógicos para físicos que é gerido pelo sistema operativo.

Proteção

Quando vários utilizadores estão a executar programas na mesma máquina, é altamente desejável garantir que um erro no programa de um utilizador não possa interferir com o funcionamento de qualquer um dos outros programas. É também, infelizmente, necessário proteger contra tentativas maliciosas de interferir com outros programas. O hardware de mapeamento de memória que dá a cada programa sua própria máquina virtual também pode garantir que um programa não possa ver qualquer memória pertencente a outro programa, fornecendo assim uma medida de proteção. No entanto, não é eficiente impor isto em demasia, uma vez que a partilha de áreas de memória que contêm, por exemplo, bibliotecas de funções úteis pode poupar na utilização de memória. Uma solução aqui é tornar estas áreas apenas de leitura ou apenas de execução, para que um programa não possa corromper o código que será utilizado por outro. Uma via óbvia para um utilizador malicioso causar danos a outro é ultrapassar a proteção oferecida pelo sistema de gestão de memória, assumindo o estatuto de sistema operativo e alterando depois as tabelas de tradução. A maioria dos sistemas resolve este problema fornecendo um modo de sistema privilegiado que tem acesso controlado e tornando as tabelas de tradução acessíveis apenas a partir deste modo. Conceber um sistema informático para ser seguro contra ataques maliciosos de indivíduos inteligentes é uma questão complexa que requer algum apoio arquitetónico. No ARM, este apoio é fornecido por modos de processador privilegiados com acesso controlado e várias formas de proteção da memória nas unidades de gestão da memória. No entanto, poucos ARM são utilizados em sistemas em que seja necessária proteção contra utilizadores maliciosos, pelo que, na maioria das vezes, estes recursos são utilizados para detetar erros de programação inadvertidos e, assim, ajudar a depurar o software.

Afetação de recursos

Dois programas que estejam a ser executados em simultâneo podem colocar exigências contraditórias nos recursos do sistema. Por exemplo, um programa pode solicitar dados de uma parte de um disco. Ele será desligado enquanto a unidade de disco procura os dados, e o programa que é ligado pode imediatamente solicitar dados de uma parte diferente do disco. Se a unidade de disco responder diretamente a estes pedidos, pode facilmente surgir uma situação em que os programas têm alternadamente o controlo e a unidade de disco oscila entre as duas procuras, nunca tendo tempo suficiente para encontrar qualquer uma das áreas de dados, e o sistema ficará bloqueado até a unidade de disco se desgastar. Para evitar este tipo de cenário, todos os pedidos de atividade de entrada/saída são canalizados através do sistema operativo. Ele aceitará o pedido do primeiro programa e então colocará em fila de espera o pedido do segundo programa para receber atenção uma vez que o primeiro tenha sido satisfeito.

Sistemas de utilizador único

Quando um sistema serve um único utilizador, mas possivelmente executa vários programas ao mesmo tempo, muito do que foi dito acima continua a aplicar-se. Embora a ameaça de um utilizador malicioso partilhar a mesma máquina seja removida, continua a ser muito útil que cada programa seja executado no seu próprio espaço, para que um erro num programa não cause erros noutro. A simplificação que surge da remoção da preocupação com o utilizador malicioso é que já não é necessário tornar impossível que um programa assuma privilégios de sistema, apenas deve ser extremamente improvável que isso aconteça inadvertidamente. No entanto, os computadores de secretária que parecem pertencer a um utilizador estão cada vez mais ligados a redes informáticas que permitem que outros utilizadores executem programas neles remotamente. Tais máquinas devem ser claramente consideradas como multi-utilizadores e incorporar níveis adequados de proteção.

Sistemas incorporados

Um sistema incorporado é bastante diferente dos sistemas de utilização geral mono e multiutilizadores acima referidos. Normalmente, ele executa um conjunto fixo de programas e não tem nenhum mecanismo para introduzir novos programas. Presumivelmente, então, o problema do utilizador malicioso foi eliminado. O sistema operativo continua a desempenhar um papel semelhante, dando a cada programa ativo uma máquina virtual limpa na qual correr, fornecendo proteção a um programa contra erros de outro e programando a utilização do tempo de CPU. Muitos sistemas incorporados funcionam com restrições de tempo real que devem determinar as prioridades de programação. As questões de custo também impedem a utilização dos sistemas operativos que são populares nas máquinas de uso geral, uma vez que estes tendem a exigir grandes recursos de memória. Esta situação levou ao desenvolvimento do sistema operativo em tempo real (RTOS), que fornece os recursos de programação e de interface com o hardware necessários para um sistema incorporado que utilize apenas alguns kilobytes de memória. Os sistemas incorporados mais pequenos podem nem sequer ser capazes de suportar este custo, ou podem ter requisitos de programação tão simples (por exemplo, um programa fixo que corre a toda a hora) que nem sequer precisam de um "sistema operativo". Neste caso, um simples programa 'monitor' é suficiente, fornecendo algumas funções de sistema, tais como interfaces higienizadas para funções de entrada/saída. Estes sistemas dispensam quase de certeza o hardware de gestão da memória e utilizam o endereço lógico do processador para aceder diretamente à memória. Se um sistema incorporado incluir uma memória cache, é necessário algum mecanismo para definir quais as áreas de memória que podem ser armazenadas em cache
(uma vez que as áreas de E/S não devem ser armazenadas em cache), mas isto pode ser muito mais simples do que um sistema completo de gestão de memória.

O coprocessador de controlo do sistema ARM

O coprocessador de controlo do sistema ARM é um coprocessador integrado, utilizando o coprocessador lógico número 15, que controla o funcionamento da cache ou das caches integradas, da gestão da memória ou da unidade de proteção, da memória intermédia de escrita, da memória intermédia de pré-busca, da cache de destino de ramificação e dos sinais de configuração do sistema.

Instruções CP15

O controlo é efectuado através da leitura e escrita dos registos CP15. Os registos têm todos 32 bits de comprimento e o acesso é restrito às instruções MRC e MCR, que devem ser executadas em modo supervisor. A utilização de outras instruções do coprocessador ou qualquer tentativa de acesso em modo de utilizador fará com que seja activada a armadilha de instrução indefinida. O formato dessas instruções é mostrado na Figura 3.24. Na maioria dos casos, os campos CRm e Cop2 não são utilizados e devem ser zero, embora sejam utilizados em determinadas operações.

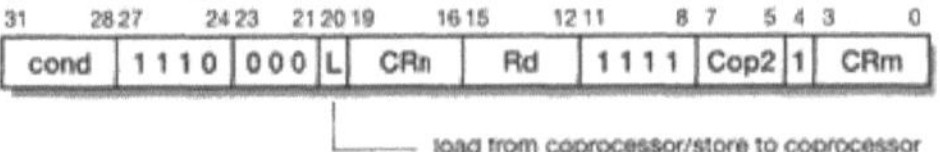

Figura 3.23 Instruções de transferência de registo CP15.

Unidade de proteção

As CPU ARM que são utilizadas em sistemas incorporados com programas de aplicação fixos ou controlados não necessitam de uma unidade de gestão de memória completa com capacidades de conversão de endereços. Para esses sistemas, uma unidade de proteção mais simples é adequada. A organização do registo CP15 para as unidades de proteção ARM

MMU

Os CPU ARM para utilização em aplicações de uso geral, em que a gama e o número de programas de aplicação são desconhecidos no momento da conceção, exigem normalmente uma unidade de gestão de memória completa com tradução de endereços

CAPÍTULO IV

CACHOS

4.1 INTRODUÇÃO

Uma cache é uma pequena e rápida matriz de memória colocada entre o núcleo do processador e a memória principal que armazena partes da memória principal referenciadas recentemente. O processador utiliza a memória cache em vez da memória principal sempre que possível para aumentar o desempenho do sistema. O objetivo de uma cache é reduzir o estrangulamento do acesso à memória imposto ao núcleo do processador pela memória lenta. Muitas vezes utilizado com uma cache é um buffer de escrita, uma memória FIFO (first-in-first-out) muito pequena colocada entre o núcleo do processador e a memória principal. O objetivo de um buffer de escrita é libertar o núcleo do processador e a memória cache do tempo de escrita lento associado à escrita na memória principal. A palavra cache é uma palavra francesa que significa "um local oculto para armazenamento". Quando aplicada aos sistemas embarcados ARM, essa definição é muito precisa. A memória cache e o hardware do buffer de gravação, quando adicionados a um núcleo de processador, são projetados para serem transparentes à execução do código de software e, portanto, o software escrito anteriormente não precisa ser reescrito para uso em um núcleo em cache. Tanto a cache como a memória intermédia de escrita têm hardware de controlo adicional que trata automaticamente do movimento do código e dos dados entre o processador e a memória principal. No entanto, conhecer os detalhes do design do cache de um processador pode ajudá-lo a criar programas que são executados mais rapidamente num núcleo ARM específico.

Como a memória cache representa apenas uma parte muito pequena da memória principal, a cache enche-se rapidamente durante a execução do programa. Uma vez cheia, o controlador de cache despeja frequentemente o código ou dados existentes da memória cache para criar mais espaço para o novo código ou dados. Este processo de expulsão tende a ocorrer de forma aleatória, deixando alguns dados na cache e removendo outros. Assim, num dado instante de tempo, um valor pode ou não estar armazenado na memória cache. Como os dados podem ou não estar presentes na cache num dado momento, o tempo de execução de uma rotina pode variar ligeiramente de execução para execução devido à diferença entre o tempo que demora a utilizar os dados imediatamente fora da memória cache e o tempo que demora a carregar uma linha de cache a partir da memória principal.

Portanto, com essa ressalva, começamos por mostrar onde as caches se encaixam numa hierarquia de memória padrão e introduzimos o princípio da localidade de referência para explicar por que uma cache melhora o desempenho do sistema. Em seguida, descrevemos as arquiteturas de cache em geral e definimos um conjunto de termos usados pela comunidade ARM. Terminamos o capítulo com um código de exemplo que mostra como limpar e liberar caches e bloquear segmentos de código e dados na cache.

4.1.1 A HIERARQUIA DA MEMÓRIA E A MEMÓRIA CACHE

O nível mais interno da hierarquia está no núcleo do processador. Esta memória está tão fortemente ligada ao processador que, em muitos aspectos, é difícil pensar nela como separada do processador. Esta memória é conhecida como *ficheiro de registos*. Estes registos são parte integrante do núcleo do processador e proporcionam o acesso mais rápido possível à memória no sistema. Ao nível primário, os componentes de memória estão ligados ao núcleo do processador através de interfaces dedicadas no chip. É a este nível que encontramos a memória firmemente acoplada (TCM) e a cache de nível 1. Falaremos mais sobre as caches daqui a pouco. Também ao nível primário está a memória principal. Esta inclui componentes voláteis, como a SRAM e a DRAM, e componentes não voláteis, como a memória flash. O objetivo da memória principal é manter os programas enquanto estão a ser executados num sistema. O nível seguinte é o armazenamento secundário - dispositivos de armazenamento em massa grandes, lentos e relativamente baratos, como unidades de disco ou memória amovível. Também estão incluídos neste nível os dados derivados de dispositivos periféricos, que se caracterizam pelos seus tempos de acesso extremamente longos. A memória secundária é utilizada para armazenar partes não utilizadas de programas muito grandes que não cabem na memória principal e programas que não estão a ser executados no momento. A Figura 4.1 analisa algumas dessas informações para mostrar onde uma cache e um buffer de gravação se encaixam na hierarquia.

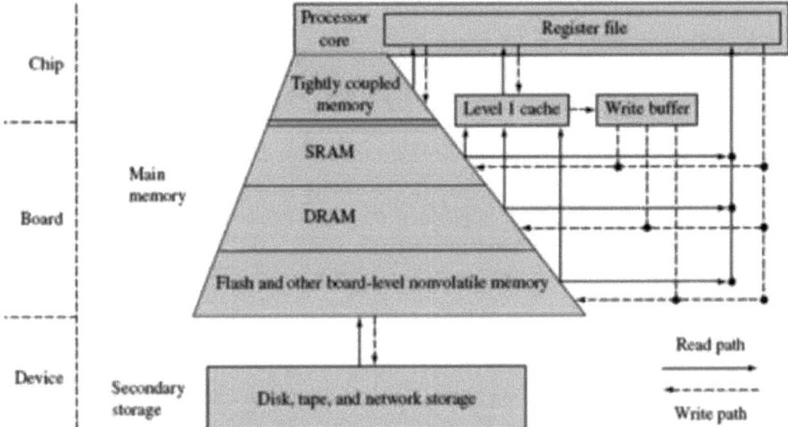

Figura 4.1Hierarquia de memória

É útil notar que uma hierarquia de memória depende tanto da conceção arquitetónica como da tecnologia que a envolve. Por exemplo, a TCM e a SRAM são da mesma tecnologia, mas diferem na colocação arquitetónica: A TCM está localizada no chip, enquanto a SRAM está localizada numa placa. Uma cache pode ser incorporada entre qualquer nível da hierarquia em que haja uma diferença significativa de tempo de acesso entre os componentes de memória. Uma cache pode melhorar o desempenho do sistema sempre que essa diferença exista. Um sistema de memória cache pega nas informações armazenadas num nível inferior da hierarquia e desloca-as temporariamente para um nível superior.

A figura 4.1 inclui uma cache de nível 1 (L1) e um buffer de escrita. A cache L1 é uma matriz de memória de alta velocidade na pastilha que guarda temporariamente código e dados de um nível mais lento. Uma cache guarda esta informação para diminuir o tempo necessário para aceder às instruções e aos dados. O buffer de gravação é um buffer FIFO muito pequeno que suporta gravações na memória principal a partir da cache. A cache de nível 2 (L2) não é mostrada na figura. Uma cache L2 está localizada entre a cache L1 e a memória mais lenta. As caches L1 e L2 também são conhecidas como caches *primária* e *secundária*. A Figura 12.2 mostra a relação que uma cache tem com o sistema de memória principal e o núcleo do processador. A metade superior da figura mostra um diagrama de blocos de um sistema sem cache. A memória principal é acedida diretamente pelo núcleo do processador utilizando os tipos de dados suportados pelo núcleo do processador. A metade inferior do diagrama mostra um sistema com uma cache. A memória cache é muito mais rápida do que a memória principal e, portanto, responde rapidamente aos pedidos de dados do núcleo. A relação da cache com a memória principal envolve a transferência de pequenos blocos de dados entre as memórias principais mais lentas e a memória cache mais rápida. Estes blocos de dados são conhecidos como linhas de cache. O buffer de escrita actua como um buffer temporário que liberta espaço disponível na memória cache. A cache transfere uma linha de cache para a memória intermédia de escrita a alta velocidade e, em seguida, a memória intermédia de escrita drena-a para a memória principal a baixa velocidade.

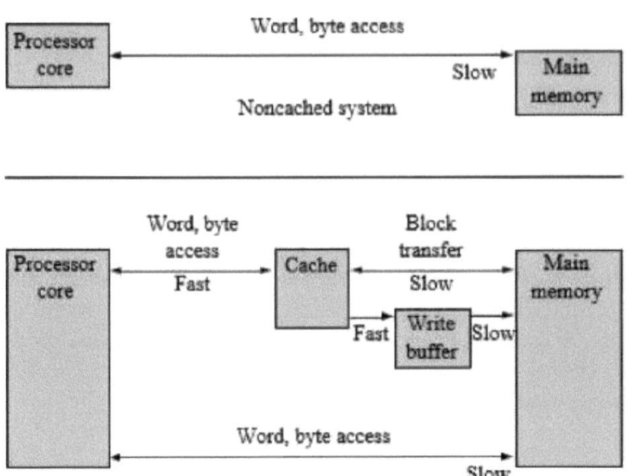

Figura 4.2 Relação que uma cache tem entre o núcleo do processador e a memória principal

Se um núcleo em cache suporta memória virtual, ele pode estar localizado entre o núcleo e a unidade de gerenciamento de memória (MMU), ou entre a MMU e a memória física. A colocação da cache antes ou depois da MMU determina o domínio de endereçamento em que a cache opera e como o programador vê o sistema de memória cache. A Figura 4.3 mostra a diferença entre as duas caches. Uma cache lógica armazena dados em um espaço de endereço virtual. Uma cache lógica está localizada entre o processador e a MMU. O processador pode acessar os dados de uma cache lógica diretamente, sem passar pela MMU. Uma cache lógica também é conhecida como cache virtual. Uma cache física armazena memória utilizando endereços físicos. Uma cache física está localizada entre a MMU e a memória principal. Para que o processador aceda à memória, a MMU tem de traduzir primeiro o endereço virtual para um endereço físico antes de a memória cache poder fornecer dados ao núcleo. Os núcleos ARM com cache e uma MMU utilizam caches lógicos para as famílias de processadores ARM7 a ARM10, incluindo os processadores Intel Strong ARM e Intel X Scale. A melhoria que uma cache proporciona é possível porque os programas de computador são executados de forma não aleatória. A execução previsível do programa é a chave para o sucesso dos sistemas de cache. Se os acessos de um programa à memória fossem aleatórios, um cache proporcionaria pouca melhoria no desempenho geral do sistema. O princípio da localidade de referência explica a melhoria de desempenho proporcionada pela adição de uma memória cache a um sistema. Este princípio afirma que os programas de software de computador executam frequentemente pequenos loops de código que operam repetidamente em secções locais da memória de dados. A utilização repetida do mesmo código ou dados na memória, ou de secções muito próximas, é a razão pela qual uma cache melhora o desempenho. Ao carregar o código ou os dados referenciados numa memória mais rápida quando acedidos pela primeira vez, cada acesso subsequente será muito mais rápido. É o acesso repetido à memória mais rápida que melhora o desempenho. A cache utiliza esta referência local repetida tanto no tempo como no espaço. Se a referência for no tempo, chama-se localidade temporal. Se for por proximidade de endereço, chama-se localidade espacial.

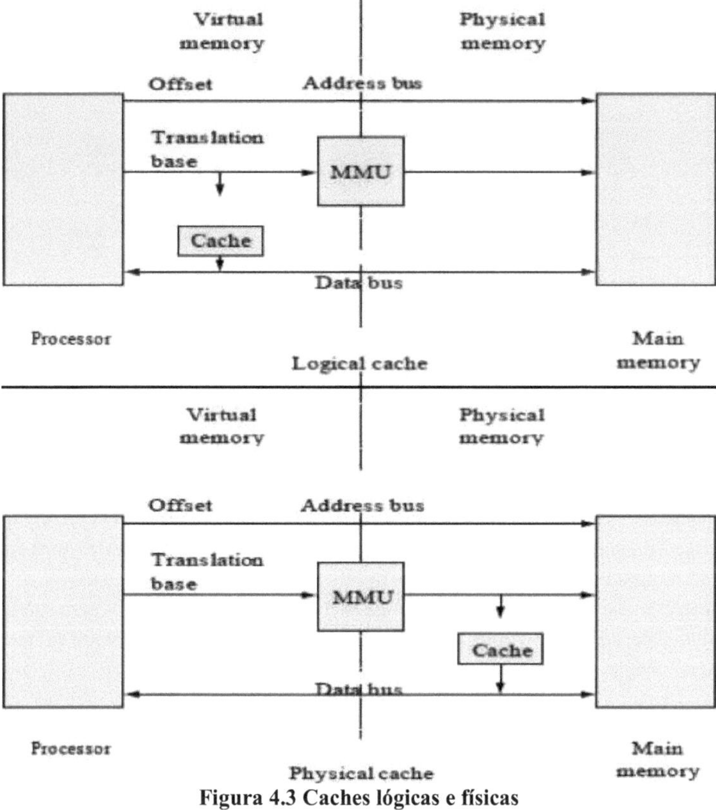

Figura 4.3 Caches lógicas e físicas

4.2 ARQUITECTURA DA CACHE

A ARM utiliza duas arquitecturas de barramento nos seus núcleos em cache, a Von Neumann e a Harvard. As arquitecturas de barramento Von Neumann e Harvard diferem na separação das vias de instrução e de dados entre o núcleo e a memória. É utilizada uma conceção de cache diferente para suportar as duas arquitecturas. Nos núcleos de processador que utilizam a arquitetura Von Neumann, existe uma única cache utilizada para instruções e dados. Este tipo de cache é conhecido como *cache unificada*. Uma memória cache unificada contém valores de instrução e de dados.

A arquitetura Harvard tem barramentos de instruções e de dados separados para melhorar o desempenho geral do sistema, mas o suporte dos dois barramentos requer duas caches. Nos núcleos de processador que utilizam a arquitetura Harvard, existem duas caches: uma cache de instruções (I-cache) e uma cache de dados (D-cache). Este tipo de cache é conhecido como cache dividida. Numa cache dividida, as instruções são armazenadas na cache de instruções e os valores dos dados são armazenados na cache de dados. Introduzimos a arquitetura básica das caches mostrando uma cache unificada na Figura

4.4. Os dois principais elementos de uma cache são o controlador de cache e a memória cache. A memória cache é uma matriz de memória dedicada acedida em unidades denominadas linhas de cache. O controlador de cache utiliza diferentes partes do endereço emitido pelo processador durante um pedido de memória para selecionar partes da memória cache. Começaremos por apresentar a arquitetura da memória cache e, em seguida, passaremos aos pormenores do controlador da cache.

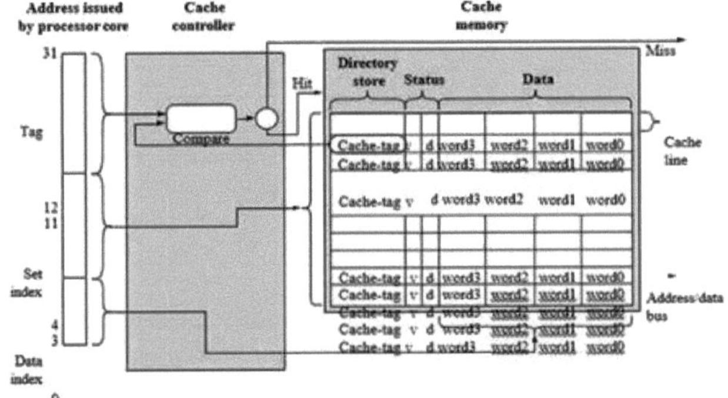

Figura 4.4 Uma cache de 4 KB constituída por 256 linhas de cache de quatro palavras de 32 bits

Uma memória cache deve também armazenar os dados lidos da memória principal. Esta informação é guardada na secção de dados (ver Figura 4.4). O tamanho de uma cache é definido como o código ou os dados reais que a cache pode armazenar a partir da memória principal. Não está incluída na dimensão da cache a memória necessária para suportar os marcadores de cache ou os bits de estado. Existem também bits de estado na memória cache para manter a informação de estado. Dois bits de estado comuns são o bit válido e o bit sujo. Um bit válido marca uma linha de cache como ativa, o que significa que contém dados vivos originalmente retirados da memória principal e que estão atualmente disponíveis para o núcleo do processador a pedido. Um bit sujo define se uma linha de cache contém ou não dados diferentes do valor que representa na memória principal.

4.2.1 FUNCIONAMENTO BÁSICO DE UM CONTROLADOR DE CACHE

O controlador de cache é um hardware que copia automaticamente código ou dados da memória principal para a memória cache. Executa esta tarefa automaticamente para ocultar o funcionamento da cache do software que suporta. Assim, o mesmo software de aplicação pode ser executado sem alterações em sistemas com e sem cache. O controlador de cache intercepta os pedidos de leitura e escrita na memória antes de os passar para o controlador de memória. Processa um pedido dividindo o endereço do pedido em três campos, o campo de etiqueta, o campo de índice de conjunto e o campo de índice de dados. Os três campos de bits são mostrados na Figura 4.4. Primeiro, o controlador usa a parte do índice de conjunto do endereço para localizar a linha de cache dentro da memória cache que pode conter o código ou os dados solicitados. Esta linha de cache contém os bits cache-tag e status, que o controlador utiliza para determinar os dados reais aí armazenados. O controlador verifica então o bit válido para determinar se a linha de cache está ativa e compara o identificador de cache com o campo de identificador do endereço solicitado . Se tanto a verificação do estado como a comparação forem bem sucedidas, trata-se de um acerto na cache. Se a verificação do estado ou a comparação falharem, trata-se de um erro de cache.

Numa falha de cache, o controlador copia uma linha de cache inteira da memória principal para a memória cache e fornece o código ou os dados solicitados ao processador. A cópia de uma linha de cache da memória principal para a memória cache é conhecida como preenchimento de linha de cache.

Em caso de acerto na cache, o controlador fornece o código ou os dados diretamente da memória cache ao processador. Para tal, passa ao passo seguinte, que consiste em utilizar o campo de índice de dados do pedido de endereço para selecionar o código ou os dados reais na linha de cache e fornecê-los ao processador.

4.2.2 ASSOCIATIVIDADE DE CONJUNTOS

Algumas caches incluem uma caraterística de design adicional para reduzir a frequência de thrashing (ver Figura 4.5). Esse recurso de projeto estrutural é uma alteração que divide a memória cache em unidades menores e iguais, chamadas de *vias*. A Figura 4.5 continua a ser uma cache de quatro KB; no entanto, o índice de conjunto agora endereça mais do que uma linha de cache, apontando para uma linha de cache em cada caminho. Em vez de uma via de 256 linhas, a cache tem quatro vias de 64 linhas. Diz-se que as quatro linhas de cache com o mesmo índice de conjunto estão no mesmo *conjunto*, que é a origem do nome "índice de conjunto".

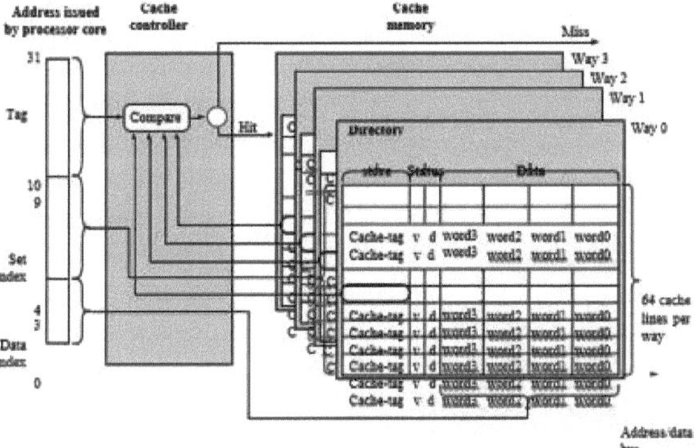

Figura 4.5 Uma cache associativa de 4KB com conjunto de quatro vias. A cache tem um total de 256 linhas de cache, que estão separadas em quatro vias, cada uma contendo 64 linhas de cache. As linhas de cache contêm quatro palavras

O conjunto de linhas de cache apontado pelo índice do conjunto é *associativo ao conjunto*. Um bloco de dados ou de código da memória principal pode ser atribuído a qualquer uma das quatro formas de um conjunto sem afetar o comportamento do programa; por outras palavras, o armazenamento de dados em linhas de cache dentro de um conjunto não afecta a execução do programa. Dois blocos sequenciais da memória principal podem ser armazenados como linhas de cache da mesma forma ou de duas formas diferentes. O que é importante notar é que os dados ou blocos de código de uma localização específica na memória principal podem ser armazenados em qualquer linha de cache que seja membro de um conjunto. A colocação de valores dentro de um conjunto é exclusiva para evitar que o mesmo código ou bloco de dados ocupe simultaneamente duas linhas de cache num conjunto. O mapeamento da memória principal para uma cache muda numa cache associativa de conjunto de quatro vias. Qualquer localização única na memória principal é agora mapeada para quatro localizações diferentes na cache. O campo de bits para a etiqueta é agora dois bits maior, e o campo de bits do índice do conjunto é dois bits menor. Isto significa que quatro milhões de endereços da memória principal são agora mapeados para um conjunto das nossas linhas de cache, em vez de um milhão de endereços mapeados para uma localização. O tamanho da área da memória principal que mapeia para a cache é agora de 1 KB em vez de 4 KB. Isto significa que a probabilidade de mapear a cache alinhada em blocos para o mesmo conjunto é agora quatro vezes maior. Isto é compensado pelo facto de uma linha de cache ter uma quarta vez menos probabilidades de ser expulsa. A incidência de "thrashing" (colisões) rapidamente se estabilizaria, uma vez que a rotina A, a rotina B e a matriz de dados estabeleceriam lugares únicos nos quatro locais disponíveis num conjunto. Isto pressupõe que o tamanho de cada rotina e dos dados é inferior à nova área mais pequena de 1 KB que é mapeada a partir da memória principal.

4.2.3 Buffers de escrita

Um buffer de escrita é um buffer de memória FIFO muito pequeno e rápido que mantém temporariamente os dados que o processador normalmente escreveria na memória principal. Num sistema sem um buffer de escrita, o processador escreve diretamente na memória principal. Num sistema com um buffer de escrita, os dados são escritos a alta velocidade no FIFO e depois esvaziados na memória principal mais lenta. O buffer de escrita reduz o tempo que o processador demora a escrever pequenos blocos de dados sequenciais na memória principal. A memória FIFO do buffer de escrita está no mesmo nível da hierarquia de memória que a cache L1 e é mostrada na Figura 4.1. A eficiência do buffer de escrita depende da relação entre as escritas na memória principal e o número de instruções executadas. Durante um determinado intervalo de tempo, se o número de gravações na memória principal for baixo ou suficientemente espaçado entre outras instruções de processamento, o buffer de gravação raramente será preenchido. Se a memória intermédia de escrita não encher, o programa em execução continua a ser executado a partir da memória cache, utilizando registos para processamento, memória cache para leituras e escritas e a memória intermédia de escrita para manter as linhas de cache expulsas enquanto são drenadas para a memória principal. Um buffer de escrita também melhora o desempenho da cache; a melhoria ocorre durante os despejos de linhas de cache. Se o controlador de cache despeja uma linha de cache suja, ele grava a linha de cache no buffer de gravação em vez de na memória principal. Assim, os dados da nova linha de cache estarão disponíveis mais cedo e o processador pode continuar a funcionar a partir da memória cache. Os dados escritos no buffer de escrita não estão disponíveis para leitura até que tenham saído do buffer de escrita para a memória principal. O mesmo se aplica a uma linha de cache expulsa: ela também não pode ser lida enquanto estiver no buffer de gravação. Esta é uma das razões pelas quais a profundidade FIFO de um buffer de escrita é geralmente muito pequena, apenas algumas linhas de cache. Alguns buffers de escrita não são estritamente buffers FIFO. A família ARM10, por exemplo, suporta a fusão de operações de escrita numa única linha de cache. O buffer de gravação mesclará o novo valor em uma linha de cache existente no buffer de gravação se eles representarem o mesmo bloco de dados na memória principal. A coalescência também é conhecida como fusão de gravação, colapso de gravação ou combinação de gravação.

4.2.4 Medição da eficiência da cache

Existem dois termos utilizados para caraterizar a eficiência da cache de um programa: a taxa de acerto da cache e a taxa de falha da cache. A taxa de acerto é o número de acertos na cache dividido pelo número total de pedidos de memória durante um determinado intervalo de tempo. O valor é expresso como uma percentagem.

$$\text{hit rate} = \frac{\textit{cache}}{\textit{memeory requests}} * 100$$

hits[2]

pedidos de memória

A taxa de falhas tem uma forma semelhante: o total de falhas da cache dividido pelo número total de pedidos de memória expresso como uma percentagem durante um intervalo de tempo. Observe que a taxa de falha também é igual a 100 menos a taxa de acerto. A taxa de acerto e a taxa de falha podem medir leituras, gravações ou ambas, o que significa que os termos podem ser usados para descrever informações de desempenho de várias maneiras. Por exemplo, existe uma taxa de acerto para leituras, uma taxa de acerto para gravações e outras medidas de taxas de acerto e erro. Dois outros termos utilizados na medição do desempenho da cache são o tempo de acerto, o tempo que demora a aceder a uma localização de memória na cache, e a penalidade de falha, o tempo que demora a carregar uma linha de cache da memória principal para a cache.

4.3 POLÍTICA DE CACHE

Existem três políticas que determinam o funcionamento de uma cache: a política de escrita, a política de substituição e a política de atribuição. A política de escrita da cache determina onde os dados são armazenados durante as operações de escrita do processador. A política de substituição seleciona a linha de cache num conjunto que é utilizado para o preenchimento da linha seguinte durante uma falha de cache. A política de alocação determina quando o controlador de cache aloca uma linha de cache.

4.3.1 Política de Escrita Write back ou Write Through

Quando o núcleo do processador escreve na memória, o controlador da cache tem duas alternativas para a sua política de escrita. O controlador pode escrever tanto na memória cache como na memória principal, actualizando os valores em ambas as localizações; esta abordagem é conhecida como write through. Em alternativa, o controlador da cache pode escrever na memória cache e não atualizar a memória principal, o que é conhecido por write back ou copy back.

4.3.2 Escrever através de

Quando o controlador de cache utiliza uma política de escrita através de, ele escreve na memória cache e na memória principal quando há um acerto de cache na escrita, garantindo que a cache e a memória principal permaneçam coerentes em todos os momentos. Sob essa política, o controlador de cache executa uma gravação na memória principal para cada gravação na memória cache. Devido à gravação na memória principal, uma política de write through é mais lenta do que uma política de write back.

4.3.3 Escrita de retorno

Quando um controlador de cache utiliza uma política de write back, escreve na memória de dados da cache válida e não na memória principal. Consequentemente, as linhas de cache válidas e a memória principal podem conter dados diferentes. A linha de cache contém os dados mais recentes e a memória principal contém dados mais antigos, que não foram actualizados. As caches configuradas como caches de write-back devem utilizar um ou mais dos bits sujos no bloco de informações de estado da linha de cache. Quando um controlador de cache em write back escreve um valor na memória cache, define o bit sujo como verdadeiro. Se o núcleo aceder à linha de cache mais tarde, sabe, pelo estado do bit sujo, que a linha de cache contém dados que não estão na memória principal. Se o controlador de cache despeja uma linha de cache suja, ela é automaticamente gravada na memória principal. O controlador faz isso para evitar a perda de informações vitais mantidas na memória cache e não na memória principal. Uma vantagem de desempenho que uma cache de write back tem sobre uma cache de write through é a utilização frequente de variáveis locais temporárias por uma sub-rotina. Estas variáveis são de natureza transitória e nunca precisam de ser escritas na memória principal. Um exemplo de uma destas variáveis transitórias é uma variável local que transborda para uma pilha em cache porque não existem registos suficientes no ficheiro de registos para conter a variável.

Tabela 4.1 Políticas do núcleo em cache ARM

Núcleo	Política de redação	Política de substituição	Política de afetação
ARM720T	Escrever através de	aleatório	leitura-erro
ARM740T	Escrever através de	aleatório	leitura-erro
ARM920T	Escrever através de, escrever de volta	aleatório, round-robin	falta de leitura
ARM940T	Escrever através de, escrever de volta	aleatório	leitura-erro
ARM926EJS	Escrever através de, escrever de volta	aleatório, round-robin	leitura-erro
ARM946E	writeethrough, writeback	aleatório, round-robin	falta de leitura
ARM10202E	Escrever através de, escrever de volta	aleatório, round-robin	falta de leitura
ARM1026EJS	Escrever através de, escrever de volta	aleatório, round-robin	falta de leitura
Intel Forte ARM	Escrever de volta	round-robin	leitura-erro
Escala Intel X	Escrever através de, escrever de volta	round-robin	falha de leitura, falha de escrita

4.4 LAVAGEM E LIMPEZA DA MEMÓRIA CACHE

O ARM utiliza os termos flush e clean para descrever duas operações básicas realizadas numa cache. "Descarregar uma cache" é limpá-la de quaisquer dados armazenados. A limpeza simplesmente apaga o bit válido na linha de cache afetada. A totalidade ou apenas partes de uma cache podem necessitar de limpeza para suportar alterações na configuração da memória. O termo in validate é por vezes utilizado em vez do termo flush. No entanto, se alguma parte da cache D estiver configurada para utilizar uma política de write back, a cache de dados pode também necessitar de limpeza. Para "limpar uma cache" é necessário forçar uma escrita de linhas de cache sujas da cache para a memória principal e limpar os bits sujos na linha de cache. A limpeza de uma cache restabelece a coerência entre a memória em cache e a memória principal e só se aplica às caches D que utilizam uma política de write back.

Tabela 4.2 Registos do coprocessador 15 que configuram e controlam o funcionamento da cache.

Função	Registo primário	Registos secundários	Código de operação 2
Limpar e limpar a cache	c7	c5,c6, c7,c10,c13,c14	0, 1, 2

Drenar o buffer de escrita	c7	c10	4
Bloqueio da cache	c9	c0	0, 1
Substituição por round-robin	c15	c0	0

4.5 UNIDADES DE PROTECÇÃO DA MEMÓRIA

- Existem dois métodos para controlar o acesso aos recursos do sistema: desprotegido e protegido. Um sistema desprotegido depende apenas de software para proteger os recursos do sistema. Um sistema protegido depende tanto do hardware como do software para proteger os recursos do sistema. A escolha do método utilizado pelo sistema de controlo depende da capacidade do processador e dos requisitos do sistema de controlo.
- Um sistema incorporado desprotegido não tem hardware dedicado a impor a utilização da memória e dos dispositivos periféricos durante o funcionamento. Nestes sistemas, cada tarefa tem de cooperar com todas as outras tarefas quando acede aos recursos do sistema, porque qualquer tarefa pode corromper o estado de outra tarefa. Este esquema de cooperação pode resultar em falha da tarefa quando uma tarefa ignora os limites de acesso do ambiente de outra tarefa.
- Um exemplo de uma falha de tarefa que pode ocorrer num sistema desprotegido envolve a leitura e escrita num registo de porta série para comunicação. Se uma tarefa estiver a utilizar a porta, não há forma de impedir que outra tarefa utilize a mesma porta. O uso bem-sucedido da porta deve ser coordenado por meio de uma chamada de sistema que forneça acesso à porta. Um acesso não autorizado por uma tarefa que trabalhe à volta destas chamadas pode facilmente perturbar as comunicações através da porta. A utilização indesejável do recurso pode não ser intencional ou pode ser de natureza hostil.
- Em contrapartida, um sistema protegido tem hardware dedicado para verificar e restringir o acesso aos recursos do sistema. Pode impor a propriedade dos recursos. As tarefas têm de se comportar de acordo com um conjunto de regras definidas pelo ambiente operativo e aplicadas pelo hardware, que concede privilégios especiais aos programas que monitorizam e controlam os recursos ao nível do hardware. Um sistema protegido é proactivo ao impedir que uma tarefa utilize os recursos de outra. A utilização de hardware para monitorizar ativamente o sistema proporciona uma melhor proteção do que as rotinas de software aplicadas de forma cooperativa.
- A ARM fornece vários processadores equipados com hardware que protege ativamente os recursos do sistema , através de uma unidade de proteção de memória (MPU) ou de uma unidade de gestão de memória (MMU). Um núcleo de processador com uma MPU, o tema deste capítulo, fornece proteção de hardware em várias regiões designadas por software.
- Num sistema protegido, existem duas classes principais de recursos que necessitam de monitorização: o sistema de memória e os dispositivos periféricos. Uma vez que os periféricos ARM são geralmente mapeados na memória, a MPU utiliza o mesmo método para proteger ambos os recursos.
- Uma MPU ARM utiliza regiões para gerir a proteção do sistema. Uma região é um conjunto de atributos associados a uma área de memória. O núcleo do processador guarda estes atributos em vários registos CP15 e identifica cada região com um número, que varia entre zero e sete.
- Os limites de memória de uma região são configurados através de dois atributos, o

endereço inicial e o seu comprimento, que pode ser qualquer potência de dois entre 4 KB e 4 GB. Além disso, o sistema operacional atribui atributos adicionais a essas regiões: direitos de acesso e políticas de cache e buffer de gravação. O acesso a uma região na memória é definido como leitura-escrita, somente leitura ou nenhum acesso e está sujeito a direitos adicionais com base no modo atual do processador, que é privilegiado ou usuário. Uma região também tem uma política de escrita em cache, que controla os atributos da cache e do buffer de escrita. Por exemplo, uma região pode ser definida para aceder à memória utilizando uma política de escrita através de, enquanto outra opera como sem cache e sem buffer.

- Quando o processador acede a uma região na memória principal, a MPU compara os atributos de permissão de acesso da região com o modo atual do processador para determinar a ação a tomar. Se o pedido satisfizer os critérios de acesso à região, o núcleo tem permissão para ler ou escrever na memória principal. No entanto, se o pedido de memória resultar numa violação do acesso à memória, o MPU gerará um sinal de abortamento.
- O sinal de abortar é encaminhado para o núcleo do processador, onde responde ao sinal de abortar tomando uma exceção e vectorizando para o tratador de abortar. O manipulador de aborto determina então o tipo de aborto como um aborto de pré-busca ou de dados e, com base no tipo de aborto, o manipulador ramifica para a rotina de serviço apropriada.
- Para implementar um sistema protegido, o sistema de controlo define várias regiões para diferentes áreas da memória principal. Uma região pode ser criada uma vez e durar toda a vida do sistema incorporado ou pode ser criada temporariamente para satisfazer as necessidades de uma operação específica e depois removida. A forma de atribuir e criar regiões é o tema da próxima secção.

4.5.2 Regiões protegidas

Existem várias regras que regem as regiões:

1. As regiões podem sobrepor-se a outras regiões.
2. Às regiões é atribuído um número de prioridade que é independente do privilégio atribuído à região.
3. Quando as regiões se sobrepõem, os atributos da região com o número de prioridade mais elevado têm precedência sobre as outras regiões. A prioridade aplica-se apenas aos endereços dentro das áreas que se sobrepõem.
4. O endereço inicial de uma região deve ser um múltiplo do seu tamanho.
5. O tamanho de uma região pode ser qualquer potência de dois entre 4KB e 4GB, por outras palavras, qualquer um dos seguintes valores: 4 KB, 8 KB, 16 KB, 32 KB, 64 KB, ... , 2 GB, 4GB.
6. O acesso a uma área da memória principal fora de uma região definida resulta num aborto. A MPU gera um aborto de pré-busca se o núcleo estava a ir buscar uma instrução ou um aborto de dados se o pedido de memória era para dados.

4.5.3 Regiões que se sobrepõem

As regiões sobrepostas ocorrem quando uma parte do espaço de memória atribuído a uma região está também no espaço de memória atribuído a outra região. As regiões sobrepostas proporcionam uma maior flexibilidade na atribuição de permissões de acesso do que as regiões não sobrepostas. Para um exemplo de regiões sobrepostas, suponhamos que um pequeno sistema incorporado tem 256 KB de memória disponível, começando no endereço 0x00000000, e tem de proteger uma área de sistema privilegiada de leituras e escritas em modo de utilizador. O código, os dados e as pilhas da área privilegiada cabem numa região de 32 KB, começando com a tabela de vectores em 0x00000000. Com a sobreposição de regiões, o sistema utiliza duas regiões, uma região de utilizador de 256 KB e uma região privilegiada de 32 KB.

4.5.4 Regiões de fundo

Outra caraterística útil proporcionada pelas regiões sobrepostas é uma região de fundo, uma região de baixa prioridade utilizada para atribuir os mesmos atributos a uma grande área de memória. Outras regiões com maior prioridade são então colocadas sobre esta região de fundo para alterar os atributos de um subconjunto mais pequeno da região de fundo definida. Assim, a região de maior prioridade está a alterar um subconjunto dos atributos da região de fundo. Uma região de fundo pode proteger várias áreas de memória inactivas de acessos indesejados enquanto outra parte da região de fundo está ativa sob o controlo de uma região diferente.

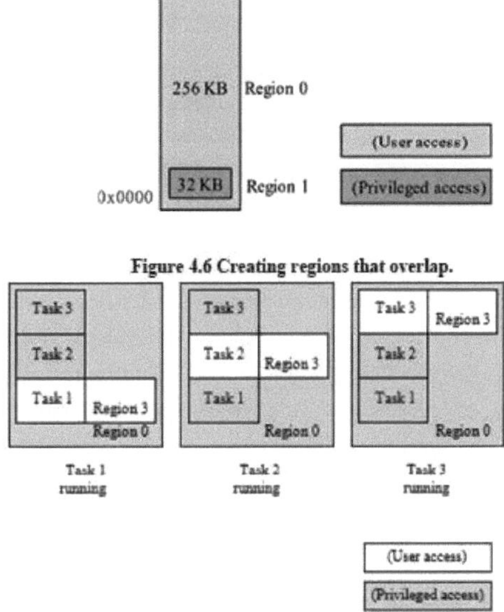

Figure 4.6 Creating regions that overlap.

Figura 4.7 Utilizar uma região de fundo para controlar o acesso a tarefas

Por exemplo, se um sistema incorporado definir uma grande região de fundo privilegiada, pode colocar uma região mais pequena não privilegiada sobre esse fundo. A localização da região mais pequena pode ser deslocada sobre diferentes áreas da região de fundo para revelar diferentes espaços de utilizador. Quando o sistema move a região de utilizador mais pequena de um local para outro, a área anteriormente coberta passa a estar protegida pela região de fundo. Assim, a região do utilizador actua como uma janela que permite o acesso a diferentes partes do fundo privilegiado, mas tem atributos ao nível do utilizador (ver Figura 4.7). A Figura 4.7 mostra um esquema simples de proteção de três tarefas. A região 3 define os atributos de proteção da tarefa ativa, e a região de fundo 0 controla o acesso a as outras tarefas quando estas estão inactivas. Quando a tarefa 1 está em execução, a região de fundo protege as tarefas2 e 3 da tarefa1. Quando a tarefa 2 está a ser executada, as tarefas1 e 3 estão protegidas. Finalmente, quando a tarefa 3 está a ser executada, as tarefas 1 e 2 estão protegidas. O motivo pelo qual isso funciona é que a região 3 tem prioridade mais alta do que a região 0, embora a região 0 tenha privilégios mais altos

4.6 INICIALIZAÇÃO DA MPU, CACHES E BUFFER DE ESCRITA

Para inicializar a MPU, as caches e a memória intermédia de escrita, o sistema de controlo tem de definir as regiões de proteção necessárias durante a operação alvo.

Tabela 4.3 Registos do coprocessador que controlam a MPU.

Função	Registo primário	Registos secundários
Controlo do sistema	c1	c0
Atributos da cache de região	c2	c0
Atributos do buffer de escrita da região	c3	c0
Permissões de acesso à região	c5	c0
Dimensão e localização da região	c6	c0 a c7

No mínimo, o sistema de controlo deve definir pelo menos uma região de dados e uma região de instruções antes de poder ativar a unidade de proteção. A unidade de proteção deve ser activada antes ou ao mesmo tempo que as caches e a memória intermédia de escrita são activadas. O sistema de controlo configura a MPU definindo os registos primários CP15 c1, c2, c3, c5 e c6. A Tabela 4.3 lista os registos primários necessários para controlar o funcionamento da MPU. O registo c1 é o registo de controlo primário. A configuração dos registos c2 e c3 define os atributos da cache e da memória intermédia de escrita das regiões. O registo c5 controla as permissões de acesso às regiões. Existem 8 ou 16 registos secundários no registo c6 que definem a localização e o tamanho de cada região. Existem outros registos de configuração no ARM740T, ARM940T, ARM946E-S e ARM1026EJ-S, mas a sua utilização não envolve o funcionamento básico da MPU. Para rever a utilização do registo 15 do coprocessador.

Os passos seguintes são necessários para inicializar a MPU, as caches e o buffer de escrita:

1. Definir o tamanho e a localização das regiões de instrução e de dados utilizando CP15:c6.
2. Defina a permissão de acesso para cada região utilizando CP15:c5.
3. Defina os atributos da cache e da memória intermédia de escrita para cada região utilizando CP15:c2 para a cache e CP15:c3 para a memória intermédia de escrita.
4. Ativar as caches e a MPU utilizando CP15:c1.

Para cada um destes passos, existe uma secção de capítulo que descreve os comandos do coprocessador 15 necessários para configurar cada registo. Existe também um código de exemplo que mostra os comandos utilizados numa rotina que completa o passo no processo de inicialização.

4.6.1 Definição da dimensão e localização da região

Para definir o tamanho e o intervalo de endereços de cada região, o sistema incorporado escreve num dos oito registos secundários, CP15:c6:c 0:0 a CP15:c6:c 7:0. Cada número de registo secundário do coprocessador é mapeado para o identificador de número de região correspondente

Base address	SBZ	N	E
31 12	11 6	5 1	0

Endereço de base	SBZ	N	E

Figura 4.8 Formato do registo CP15:c6 que define o tamanho e a localização de uma região

Tabela 4.4 Descrição do campo de bits dos registos CP15:c6:c0 a CP15:c6:c7.

Nome do campo	Campos de bits	Comentários
Endereço de base	[31:12]	Endereço superior a 4 KB deve ser um múltiplo do tamanho representado em [5:1]
SBZ	[11:6]	Valor "deveria ser zero"
N	[5:1]	A dimensão da região é $2N^{+1}$, em que 11 < N < 31
E	[0]	Ativação da região, 1 = ativar, 0 = desativar

4.6.1 Permissão de acesso

Existem dois conjuntos de esquemas de permissão de acesso disponíveis, um conjunto padrão e um conjunto alargado. Todos os quatro núcleos suportam o conjunto padrão, que fornece quatro níveis de permissão. Os mais recentes ARM946E-S e ARM1026EJ-S suportam um conjunto alargado, que acrescenta mais dois níveis de permissão (ver Tabela 4.5). A codificação do campo de bits AP (permissão de acesso) do conjunto alargado suporta 12 valores de permissão adicionais. Até à data, apenas dois destes bits foram atribuídos. A utilização de uma codificação indefinida resulta num comportamento imprevisível.

Tabela 4.8 Permissões de acesso ao registo 5 do CP15

Supervisor	**Utilizador**	**Codificação de valores AP standard**	**Codificação alargada de valores AP**
Sem acesso	Sem acesso	00	0000
Ler/escrever	sem acesso	01	0001
Ler/escrever	somente leitura	10	0010
Ler/escrever	leitura/escrita	11	0011
Imprevisível	Imprevisível	-	0100
Apenas leitura	sem acesso	-	0101
Apenas leitura	Apenas leitura	-	0110
Imprevisível	Imprevisível	-	0111
Imprevisível	Imprevisível	-	1000 a 1111

4.6.2 Definir os atributos da cache de região e do buffer de escrita

Três registos CP15 controlam os atributos da cache e do buffer de escrita para cada núcleo. Dois registos, CP15:c2:c0:0 e CP15:c2:c0:1, contêm os atributos da região da cache D e da cache I. Um terceiro, CP15:c3:c0:0, contêm os atributos da memória intermédia de escrita da região e aplica-se às regiões de dados da memória (ver Figura

4.9). O registo CP15:c2:c0:1 contém os dados de configuração da cache para todas as oito regiões de instrução e o registo CP15:c2:c0:0 contém todas as oito regiões de dados. Ambos os registos utilizam a mesma codificação de campo de bits. O bit de cache determina se a cache está activada para um determinado endereço dentro da região. No ARM740T e no ARM940T, a cache é sempre pesquisada, independentemente do estado do bit de cache. Se o controlador encontrar uma entrada de cache válida, utilizará os dados em cache em vez dos dados na memória externa.

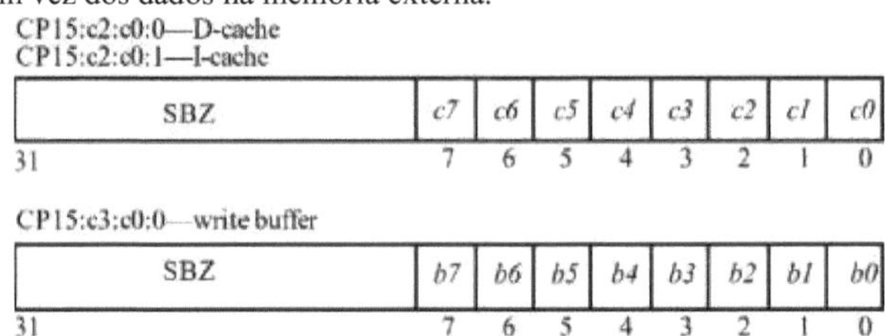

Figura 4.9 Registos da região da cache CP15:c2 e da região do buffer de escrita CP15:c3.

4.6.3 Regiões capacitantes e MPU

Restam duas etapas no processo de inicialização. A primeira é habilitar regiões ativas e a segunda é ligar o hardware da unidade de proteção, habilitando a MPU, caches e buffer de gravação. Para ativar uma região, o sistema de controlo pode reutilizar a rotina region Set. Para ativar a MPU, as caches e o buffer de escrita é necessário modificar os valores dos bits em CP15:c1:c0:0, o registo de controlo do sistema. A localização dos bits da MPU, da cache e do buffer de escrita em CP15:c1:c0 é a mesma nos processadores ARM940T, ARM946E-S e ARM1026EJ-S, o que faz com que a ativação de uma MPU configurada seja a mesma para os três núcleos. As localizações dos bits de ativação são apresentadas na Figura 4.10 e na Tabela 4.9. O registo CP15:c1:c0 tem bits de configuração não apresentados na Figura 4.10; a finalidade e a localização destes bits são específicas do processador e não fazem parte do sistema de proteção.

Figura 4.10 Bits de controlo da unidade de proteção de memória no registo de controlo CP15:c1:c0

Tabela 4.9 Bits de ativação da unidade de proteção no registo de controlo 1 do CP15

Bit	Função activada	Valor
0	MPU	0 = Desativado, 1 = Ativado
2	Cache de dados	0 = Desativado, 1 = Ativado
12	Cache de instruções	0 = Desativado, 1 = Ativado

Utilizamos o controlo de alteração de rotina para ativar a MPU e as caches. No entanto, o controlo de alteração de rotina pode alterar qualquer conjunto de valores no registo CP15:c1:c0:0. Tem o seguinte protótipo de função C:

void control Set(unsigned value, unsigned mask);

O primeiro parâmetro passado é um número inteiro sem sinal que contém os valores dos bits a alterar. O segundo parâmetro é utilizado para selecionar os bits que pretende alterar: Um valor de bit de 1 altera o bit no registo de controlo e um 0 deixa o valor do bit inalterado, independentemente do estado do bit no primeiro parâmetro.

4.7 UNIDADES DE GESTÃO DE MEMÓRIA

Ao criar um sistema incorporado multitarefa, faz sentido ter uma maneira fácil de escrever, carregar e executar tarefas de aplicações independentes. Muitos dos actuais sistemas incorporados utilizam um sistema operativo em vez de um sistema de controlo proprietário personalizado para simplificar este processo. Os sistemas operativos mais avançados utilizam uma unidade de gestão da memória (MMU) baseada em hardware. Um dos principais serviços prestados por uma MMU é a capacidade de gerir tarefas como programas independentes executados no seu próprio espaço de memória privado. Uma tarefa escrita para ser executada sob o controlo de um sistema operativo com uma MMU não necessita de conhecer os requisitos de memória de tarefas não relacionadas. Isto simplifica o requisito de conceção para encontrar tarefas individuais a funcionar sob o controlo de um sistema operativo. A MMU simplifica a programação de tarefas de aplicação porque fornece os recursos necessários para ativar a memória virtual, um espaço de memória adicional que é independente da memória física ligada ao sistema. A MMU actua como um tradutor, que converte os endereços dos programas e dados que são compilados para serem executados na memória virtual para os endereços físicos reais onde os programas são armazenados na memória principal física. Este processo de tradução permite que os programas sejam executados com os mesmos endereços virtuais, embora sejam mantidos em locais diferentes na memória física. Essa visão dupla da memória resulta em dois tipos de endereços distintos: endereços virtuais e endereços físicos. Os endereços virtuais são atribuídos pelo compilador e pelo vinculador ao localizar um programa na memória. Os endereços físicos são usados para acessar os componentes de hardware reais da memória principal onde os programas estão fisicamente localizados. A ARM fornece vários núcleos de processador com hardware MMU integral que suportam eficientemente ambientes multitarefa usando memória virtual. O objetivo deste capítulo é aprender os fundamentos das unidades de gerenciamento de memória do ARM e alguns conceitos básicos subjacentes ao uso da memória virtual. Começamos com uma revisão dos recursos de proteção de uma MPU e, em seguida, apresentamos os recursos adicionais fornecidos por uma MMU. Apresentamos os registos de relocação, que contêm os dados de conversão para traduzir endereços de memória virtual para endereços de memória física, e o Translation Look aside Buffer (TLB), que é uma cache de relocações de endereços recentes. Em seguida, explicamos a utilização de páginas e tabelas de páginas para configurar o comportamento dos registos de localização. Em seguida, discutimos como criar regiões configurando blocos de páginas na memória virtual. Terminamos a visão geral da MMU e seu suporte à memória virtual mostrando como manipular a MMU e as tabelas de páginas para suportar multitarefa. Em seguida, apresentamos os detalhes da configuração do hardware da MMU, apresentando uma secção para cada um dos seguintes componentes de uma ARMMMU: tabelas de páginas, o Translation Look a side Buffer (TLB), permissão de acesso, caches e buffer de escrita, o registo de controlo CP15:c1 e a Fast Context Switch Extension (FCSE).

4.7.1 Passar de uma MPU para uma MMU

As regiões são activas ou inactivas: Uma região ativa contém código ou dados atualmente utilizados pelo sistema; uma região inativa contém código ou dados que não estão a ser utilizados atualmente, mas que provavelmente se tornarão activos dentro de pouco tempo. Uma região inativa está protegida e, por conseguinte, inacessível à tarefa atualmente em execução. A MPU tem hardware dedicado que atribui atributos às regiões. Os atributos atribuídos a uma região são mostrados na Tabela 4.10. A principal diferença entre uma MPU e uma MMU é a adição de hardware para suportar a memória virtual. O hardware da MMU também expande o número de regiões disponíveis, movendo os atributos de região mostrados na Tabela 4.10 dos registos CP15 para tabelas mantidas na memória principal.

Tabela 4.10 Atributos de região do exemplo do MPU.

Atributos da região	**Opções de configuração**
Tipo	instrução, dados
Endereço de início	múltiplo de tamanho
Tamanho	4 KB a 4 GB
Permissões de acesso	ler, escrever, executar
Cache	Copiar de volta, escrever até ao fim
Buffer de escrita	ativado, desativado

4.7.2 Funcionamento da memória virtual

A MPU e mostrou um sistema incorporado multitarefa que compilava e executava cada tarefa em regiões de endereço fixo distintamente diferentes, como na memória principal. Cada tarefa era executada em apenas uma das regiões de processo, e nenhuma das tarefas poderia ter endereços sobrepostos na memória principal. Para executar uma tarefa, foi colocada uma região de proteção sobre o programa de endereço fixo para permitir o acesso a uma área de memória definida pela região. A colocação da região de proteção permitiu que a tarefa fosse executada enquanto as outras tarefas estavam protegidas. Numa MMU, as tarefas podem ser executadas mesmo que sejam compiladas e ligadas para serem executadas em regiões com endereços sobrepostos na memória principal . O suporte para memória virtual na MMU permite a construção de um sistema incorporado com vários mapas de memória virtual e um único mapa de memória física. Cada tarefa tem o seu próprio mapa de memória virtual para efeitos de compilação e ligação do código e dos dados que a compõem. Uma camada do kernel gere então a colocação das múltiplas tarefas na memória física, de modo a que tenham uma localização distinta na memória física, diferente da localização virtual em que foram concebidas para serem executadas. Para permitir que as tarefas tenham o seu próprio mapa de memória virtual, o hardware da MMU efectua a relocalização de endereços, traduzindo o endereço de memória emitido pelo núcleo do processador antes de chegar à memória principal. A forma mais fácil de compreender o processo de tradução é imaginar um registo de relocalização localizado na MMU entre o núcleo e a memória principal.

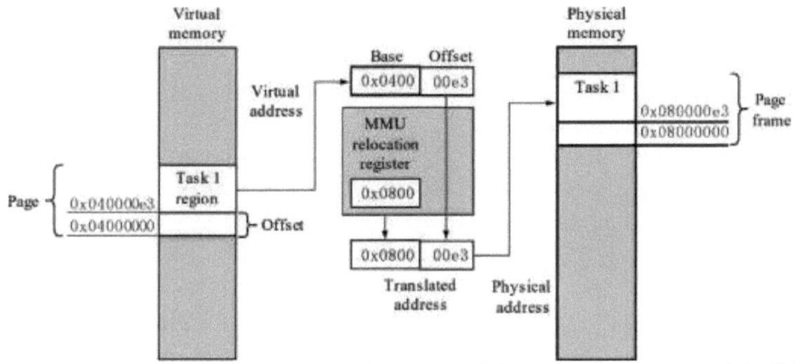

Figura 4.11 Mapeamento de uma tarefa na memória virtual para a memória física utilizando um registo de deslocalização.

Quando o processador co-regenera um endereço virtual, a MMU pega nos bits superiores do endereço virtual e substitui-os pelo conteúdo do registo de deslocalização para criar um endereço físico, como mostra a Figura 4.11

A parte inferior do endereço virtual é um deslocamento que se traduz para um endereço específico na memória física. O intervalo de endereços que podem ser traduzidos usando esse método é limitado pelo tamanho máximo dessa parte de deslocamento do endereço virtual. A Figura 4.11 mostra um exemplo de uma tarefa compilada para ser executada em um endereço inicial de 0x4000000 na memória virtual. O registo de deslocalização traduz os endereços virtuais da Tarefa 1 para endereços físicos que começam em 0x8000000.

- Uma segunda tarefa compilada para ser executada no mesmo endereço virtual, neste caso 0x400000, pode ser colocada na memória física em qualquer outro múltiplo de 0x10000 (64 KB) e mapeada para 0x400000 simplesmente alterando o valor no registo de relocação.
- Um único registo de deslocalização só pode traduzir uma única área de memória, que é definida pelo número de bits na parte de deslocamento do endereço virtual. Esta área de memória virtual é conhecida como uma página. A área de memória física apontada pelo processo de tradução é conhecida como quadro de página.
- A relação entre as páginas, a MMU e as molduras de página é mostrada na Figura 4.12. O hardware da MMU ARM tem vários registos de recolocação que suportam a tradução da memória virtual para a memória física. A MMU precisa de muitos registos de relocação para suportar eficazmente a memória virtual, porque o sistema tem de traduzir muitas páginas para muitas molduras de página

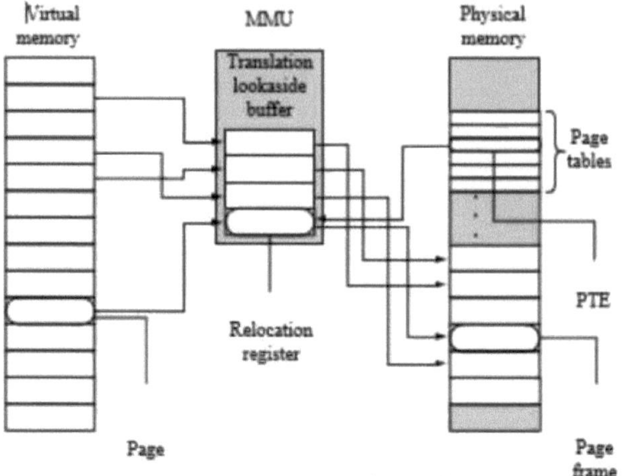

Figura 4.12 Os componentes de um sistema de memória virtual.

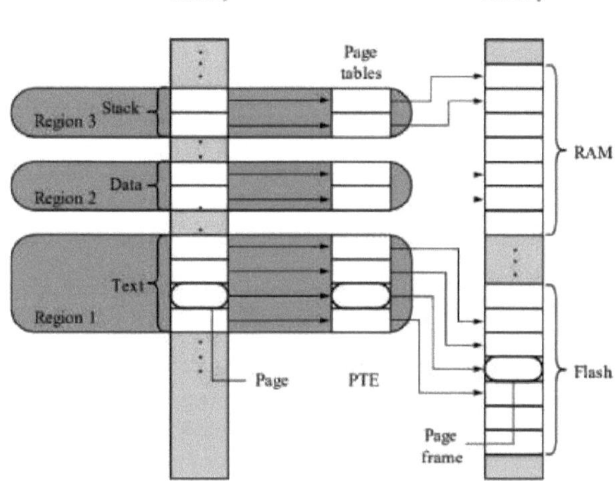

Figura 4.13 Um exemplo de mapeamento de páginas para quadros de páginas num ARM com uma MMU.

Para alternar entre tarefas, são necessários os seguintes passos:

1. Guardar o contexto da tarefa ativa e colocar a tarefa num estado inativo.
2. Limpar as caches; possivelmente limpar a cache D se estiver a utilizar uma política de write back.
3. Descarrega a TLB para remover traduções para a tarefa de retirada.
4. Configurar a MMU para utilizar novas tabelas de páginas que traduzem a área de execução da memória virtual para a localização da tarefa de despertar na memória física.
5. Restaurar o contexto da tarefa de despertar.
6. Retomar a execução da tarefa restaurada

4.7.2 Organização da memória num sistema de memória virtual

Normalmente, as tabelas de páginas residem em uma área da memória principal onde o mapeamento de endereço virtual para físico é fixo. Por "fixo", queremos dizer que os dados em uma tabela de páginas não mudam durante a operação normal, como mostrado na Figura 4.14. Esta área fixa da memória também contém o kernel do sistema operativo e outros processos. A MMU, que inclui a TLB mostrada na Figura 4.14, é um hardware que opera fora do espaço de memória virtual ou físico; sua função é traduzir endereços entre os dois espaços de memória. A vantagem deste mapeamento fixo é vista durante uma troca de contexto. Colocar o software do sistema numa localização fixa da memória virtual elimina algumas tarefas de gestão de memória e os efeitos de pipeline que resultam se um processador estiver a executar numa região da memória virtual que é subitamente remapeada para uma localização diferente na memória física. Quando ocorre uma mudança de contexto entre duas tarefas de aplicação, o processador efectua, na realidade, muitas mudanças de contexto. Passa de uma tarefa em modo de utilizador para uma tarefa em modo kernel para efetuar o movimento real dos dados de contexto em preparação para a execução da tarefa de aplicação seguinte. Em seguida, muda da tarefa em modo kernel para a nova tarefa em modo utilizador do contexto seguinte. Ao partilhar o software do sistema numa área fixa da memória virtual que é vista por todas as tarefas do utilizador, uma chamada de sistema pode ramificar diretamente para a área do sistema e não se preocupar com a necessidade de alterar as tabelas de páginas para mapear num processo do kernel. Fazer com que o código e os dados do kernel sejam mapeados para o mesmo endereço virtual em todas as tarefas elimina a necessidade de alterar o mapa de memória e a necessidade de ter um processo de kernel independente que consome uma fatia de tempo. Desviar para uma área de memória fixa do kernel também elimina um artefato inerente à arquitetura do pipeline. Se o núcleo do processador estiver a executar código numa área de memória que muda de endereço, o núcleo terá pré-programado várias instruções do antigo espaço de memória física, que serão executadas à medida que as novas instruções preenchem o pipeline a partir do novo espaço de memória mapeado. A menos que sejam tomados cuidados especiais, a execução das instruções ainda no pipeline a partir do mapa de memória antigo pode corromper a execução do programa. Recomendamos a ativação de tabelas de páginas durante a execução do código do sistema em uma região de endereço fixo onde o mapeamento da memória virtual para a física nunca muda. Esta abordagem garante uma mudança segura entre as tarefas do utilizador. Muitos sistemas incorporados não utilizam memória virtual complexa, mas criam simplesmente um mapa de memória virtual "fixo" para consolidar a utilização da memória física. Estes sistemas recolhem normalmente blocos de memória física espalhados por um grande espaço de endereçamento num bloco contíguo de memória virtual. Eles geralmente criam um mapa "fixo" durante o processo de inicialização, e o mapa permanece o mesmo durante a operação do sistema.

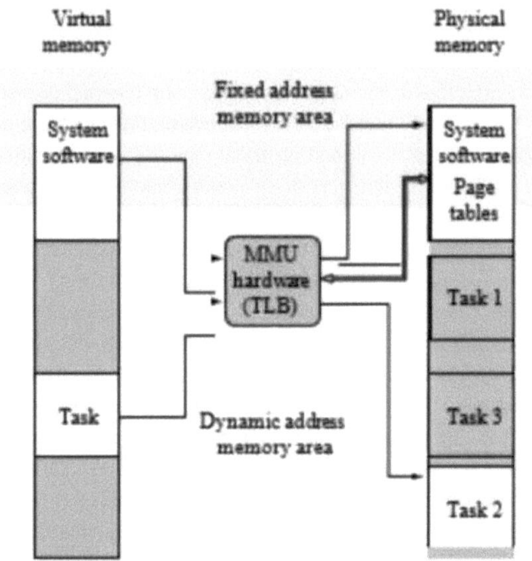

Figura 4.14 Uma visão geral da organização da memória num sistema que utiliza uma MMU

4.7.3 Detalhes da ARM MMU

A MMU do ARM executa várias tarefas: Traduz endereços virtuais em endereços físicos, controla a permissão de acesso à memória e determina o comportamento individual da cache e do buffer de escrita para cada página na memória. Quando a MMU está desactivada, todos os endereços virtuais são mapeados um a um para o mesmo endereço físico. Se a MMU não conseguir traduzir um endereço, gera uma exceção de abortamento. A MMU só abortará em falhas de tradução, permissão e domínio.

Os principais componentes de configuração e controlo do software na MMU são

- Tabelas de páginas
- O buffer de tradução (TLB)
- Domínios e permissão de acesso
- Caches e memória intermédia de escrita
- O registo de controlo CP15:c1
- A extensão de comutação rápida de contexto

4.7.3.1 TABELAS DE PÁGINAS

O hardware da MMU ARM tem uma arquitetura de tabela de páginas multinível. Existem dois níveis de tabela de páginas: nível 1 (L1) e nível 2 (L2). Há uma única tabela de páginas de nível 1, conhecida como tabela de páginas mestre L1, que pode conter dois tipos de entrada de tabela de páginas. Ela pode conter ponteiros para o endereço inicial das tabelas de páginas de nível 2 e entradas de tabela de páginas para traduzir páginas de 1 MB. A tabela mestre de páginas L1 também é conhecida como tabela de páginas de secção. A tabela de páginas mestre L1 divide o espaço de endereço de 4GB em secções de 1MB; assim, a tabela de páginas L1 contém 4096 entradas de tabela de páginas. A tabela principal é uma tabela híbrida que funciona como um diretório de páginas das tabelas de páginas L2 e como uma tabela de páginas que traduz páginas virtuais de 1MB chamadas secções. ENTRADAS DA TABELA DE PÁGINAS DE NÍVEL 1. A tabela de páginas de nível 1 aceita quatro tipos de entrada como um diretório de páginas de tabelas de páginas L2 e uma tabela de páginas que traduz páginas virtuais de 1MB chamadas secções. ENTRADAS DA TABELA DE PÁGINAS DE NÍVEL 1. A tabela de páginas de nível 1 aceita quatro tipos de entrada:

- Uma entrada de tradução de secção de 1 MB
- Uma entrada de diretório que aponta para uma tabela de páginas L2 fina
- Uma entrada de diretório que aponta para uma tabela de páginas L2 grosseiras
- Uma entrada de falha que gera uma exceção de abortamento

Tabela 4.11 Tabelas de páginas utilizadas pelo M [MU.

Nome	Tipo	Memória consumida pela tabela de páginas (KB)	Tamanhos de página suportados (KB)	Número de entradas na tabela de páginas
Mestre/secção	Nível 1	16	1024	4096
Ótimo	Nível 2	4	1, 4 ou 64	1024
Grosso	Nível 2	1	4 ou 6	256

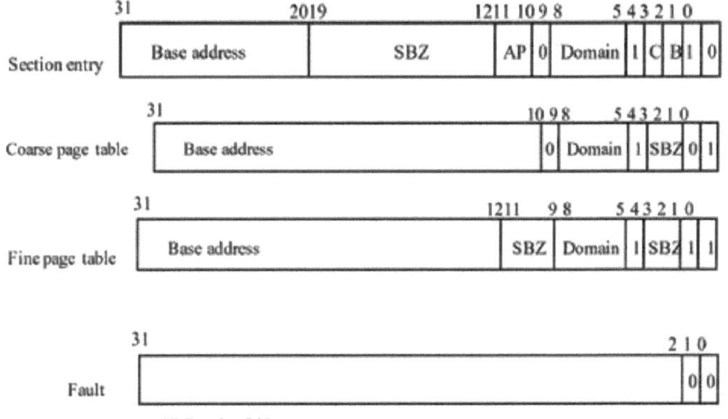

Figura 4.15 Entradas da tabela de páginas L1

Uma entrada da tabela de páginas de secção aponta para uma secção de 1 MB de memória. Os 12 bits superiores da entrada da tabela de páginas substituem os 12 bits superiores do endereço virtual para gerar o endereço físico. Uma entrada de secção também contém os atributos de domínio, cache, buffer e permissão de acesso. Uma entrada de página grosseira contém um ponteiro para o endereço base de uma tabela de páginas grosseiras de segundo nível. A entrada de tabela de página grossa também contém informações de domínio para a secção de 1MB de memória virtual representada pela entrada de tabela L1. Para páginas grosseiras, as tabelas devem ser alinhadas num endereço múltiplo de 1 KB. Uma entrada de tabela de páginas finas contém um ponteiro para o endereço base de uma tabela de páginas finas de segundo nível. A entrada da tabela de páginas finas também contém informações de domínio para a secção de 1 MB de memória virtual representada pela entrada da tabela L1. As tabelas de páginas finas devem ser alinhadas num endereço múltiplo de 4 KB. Uma entrada de tabela de página de falha gera uma falha de página de memória. A condição de falha resulta em uma pré-busca ou aborto de dados, dependendo do tipo de acesso à memória tentado. A localização da tabela de páginas L1master na memória é definida escrevendo no registo CP15:c2.

O ENDEREÇO DE BASE DA TABELA DE TRADUÇÃO L1

O registo CP15:c2 contém o endereço base da tabela de tradução (TTB), um endereço que aponta para a localização da tabela L1 principal na memória virtual. A Figura 4.6 mostra o formato do registo CP15:c2.

SBZ= deve ser zero

Figura 4.16 Endereço de base da tabela de tradução CP15 registo 2

ENTRADAS DE TABELA DE PÁGINAS DE NÍVEL 2

Há quatro entradas possíveis utilizadas nas tabelas de páginas L2:

- Uma entrada de página grande define os atributos para uma moldura de página de 64 KB.
- Uma entrada de página pequena define uma moldura de página de 4 KB.
- Uma entrada de página minúscula define uma moldura de página de 1 KB.
- Uma entrada de página de falha gera uma exceção de abortamento de falha de página quando acedida.

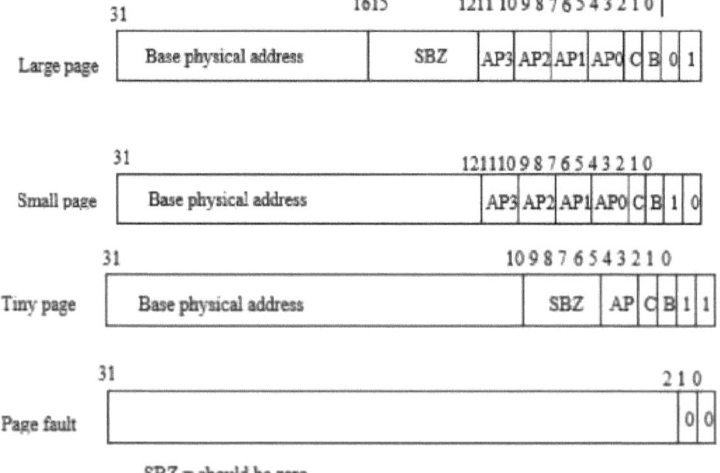

Figura 4.17 Entradas da tabela de páginas L2.

Seleção de um tamanho de página para o seu sistema incorporado

Seguem-se algumas dicas e sugestões para definir o tamanho da página no seu sistema:

- Quanto mais pequeno for o tamanho da página, mais fotogramas de página existirão num determinado bloco de memória física.
- Quanto mais pequeno for o tamanho da página, menor será a fragmentação interna. A fragmentação interna é a área de memória não utilizada numa página. Por exemplo, uma tarefa com 9KB de tamanho pode caber em três páginas de 4KB ou numa página de

64KB. No primeiro caso, utilizando páginas de 4KB, existem 3KB de espaço não utilizado. No caso de utilizar páginas de 64 KB, existem 55 KB de espaço de página não utilizado.

- Quanto maior for o tamanho da página, maior será a probabilidade de o sistema carregar o código e os dados referenciados.
- As páginas grandes são mais eficientes à medida que o tempo de acesso ao armazenamento secundário aumenta.
- À medida que o tamanho da página aumenta, cada entrada da TLB representa mais área na memória. Assim, o sistema pode armazenar em cache mais dados de tradução, e quanto mais rápido o TLB é carregado com todos os dados de tradução para uma tarefa.
- Cada tabela de páginas consome 1KB de memória se utilizar páginas L2 grosseiras. Cada tabela de páginas finas L2 consome 4 KB. Cada tabela de páginas L2 traduz 1MB de espaço de endereço. O uso máximo de memória da tabela de páginas, por tarefa, é

((tamanho da tarefa/1megabyte) +1) * (tamanho da tabela de páginas L2)

4.8 A MEMÓRIA INTERMÉDIA DA TRADUÇÃO

A TLB é uma cache especial de traduções de páginas utilizadas recentemente. A TLB mapeia uma página virtual para uma estrutura de página ativa e armazena dados de controlo que restringem o acesso à página. A TLB é uma cache e, por conseguinte, tem um ponteiro de vítima e uma política de substituição da linha TLB. Nos núcleos de processadores ARM, a TLB utiliza um algoritmo round-robin para selecionar o registo de deslocalização a substituir numa falha da TLB. A TLB nos núcleos de processadores ARM não tem muitos comandos de software disponíveis para controlar o seu funcionamento. O TLB suporta dois tipos de comandos: pode descarregar o TLB e pode bloquear traduções no TLB. Durante um acesso à memória, a MMU compara uma parte do endereço virtual com todos os valores armazenados em cache no TLB. Se a tradução solicitada estiver disponível, é um acerto na TLB, e a TLB fornece a tradução do endereço físico. Se a TLB não contiver uma tradução válida, trata-se de um TLB miss. A MMU lida automaticamente com as falhas da TLB em hardware, procurando traduções válidas nas tabelas de páginas da memória principal e carregando-as numa das 64 linhas da TLB. A busca por traduções válidas nas tabelas de páginas é conhecida como page table walk. Se existir um PTE válido, o hardware copia o endereço de tradução do PTE para a TLB e gera o endereço físico para aceder à memória principal. Se, no final da pesquisa, existir uma entrada de falha na tabela de páginas, o hardware da MMU gera uma exceção de abortamento. Durante uma falha na TLB, a MMU pode procurar até duas tabelas de páginas antes de carregar dados para a TLB e gerar a tradução de endereços necessária. O custo de uma falha é geralmente um ou dois ciclos de acesso à memória principal, uma vez que o hardware da tabela de tradução da MMU pesquisa as tabelas de páginas. O número de ciclos depende da tabela de páginas em que se encontram os dados de tradução. Se a pesquisa terminar na tabela de páginas L1master, ocorre um percurso na tabela de páginas de uma única fase; se a pesquisa terminar numa tabela de páginas L2, ocorre um percurso na tabela de páginas de duas fases. Um TLB miss pode demorar muitos ciclos extra se a MMU gerar uma exceção de abortamento. O ARM720T tem uma única TLB porque tem uma arquitetura de barramento unificada. O ARM920T, o ARM922T, o ARM926EJ-S e o ARM1026EJ-S têm dois Translation Look aside Buffers porque utilizam uma arquitetura de barramento Harvard: um TLB para a tradução de instruções e um TLB para a tradução de dados.

4.9 UM PEQUENO SISTEMA DE MEMÓRIA VIRTUAL

Aqui está uma pequena demonstração que mostra os fundamentos de um pequeno sistema incorporado usando memória virtual. Foi concebido para funcionar com um núcleo ARM720T ou ARM920T. A demonstração fornece um sistema multitarefa estático mostrando a infraestrutura necessária para executar três tarefas simultâneas. Escrevemos a demonstração utilizando a suite de desenvolvimento ARMADS 1.2. Há muitas formas de melhorar a demonstração, mas o seu objetivo principal é ajudar a compreender o hardware da MMU ARM subjacente. A paginação ou troca para o armazenamento secundário não é demonstrada. A demonstração utiliza a mesma região de execução para todas as tarefas do utilizador, o que simplifica a compilação e a ligação dessas tarefas. Cada tarefa é compilada como um programa autónomo que contém texto, dados e informações de pilha numa única região. Os requisitos de hardware são uma placa de avaliação baseada em ARM, que inclui um núcleo de processador ARM720T ou ARM920T. O exemplo requer 256 KB de RAM, começando no endereço 0x00000000, e um método para carregar código e dados na memória. Para além disso, há também vários periféricos mapeados na memória, distribuídos por 256 MB, do endereço 0x10000000 ao 0x20000000. Os requisitos de software são uma infraestrutura de sistema operativo como o SLOS. O sistema deve suportar multitarefa de partição fixa. O exemplo usa apenas páginas de 1MB e 4KB. No entanto, os exemplos codificados suportam todos os tamanhos de página. As tarefas são limitadas a menos de 1MB e, portanto, cabem numa única tabela de páginas L2. Assim, uma troca de tarefa pode ser realizada alterando um único PTE L2 na tabela de páginas L1 mestre. Esta abordagem é muito mais simples do que tentar criar e manter um conjunto completo de tabelas de páginas para cada tarefa e alterar o endereço TTB durante cada troca de contexto. A alteração da TTB para mudar entre mapas de memória de tarefas exigiria a criação de uma tabela-mestre e de todas as tabelas de sistema L2 em três conjuntos diferentes de tabelas de páginas. Isto exigiria também memória adicional para armazenar estas tabelas de páginas adicionais. O objetivo da troca de uma única tabela L2 é eliminar a duplicação de informações do sistema nos vários conjuntos de tabelas de páginas. A redução do número de tabelas de páginas duplicadas reduz a memória necessária para o funcionamento do sistema.

Utilizamos sete passos para configurar a MMU para a demonstração:

1. Definir as regiões de software de sistema fixo; esta área fixa.
2. Definir os três mapas de memória virtual para as três tarefas; a disposição geral desses mapas.
3. Localizar as regiões listadas nos passos 1 e 2 no mapa de memória física
4. Definir e localizar as tabelas de páginas na região da tabela de páginas.
5. Definir as estruturas de dados necessárias para criar e gerir as regiões e as tabelas de páginas. Estas estruturas dependem da implementação e são definidas especificamente para o exemplo. No entanto, a forma geral das estruturas é um bom ponto de partida para a maioria dos sistemas simples.
6. Inicializar a MMU, as caches e o buffer de escrita.
7. Configurar uma rotina de troca de contexto para fazer a transição graciosa de uma tarefa para a seguinte. Apresentamos estes passos em detalhe nas secções seguintes.

Passo 1: Definir as regiões do software de sistema fixo

Existem quatro regiões fixas de software do sistema utilizadas pelo sistema operativo: uma região dedicada do kernel de 32 KB em 0x00000, uma região de memória partilhada de 32 KB em 0x8000, uma região dedicada da tabela de páginas de 32 KB em 0x10000 e uma região periférica de 256 MB em 0x10000000 (ver Figura 4.18). Definimos estas regiões durante o processo de inicialização e nunca mais alteramos as suas tabelas de páginas. A região privilegiada do kernel armazena o software do sistema; ela contém o código e os dados do kernel do sistema operacional. A região usa endereçamento fixo para evitar a complexidade do remapeamento ao mudar para um contexto de modo de sistema. Também contém a tabela de vectores e as pilhas para tratar as excepções FIQ, IRQ, SWI, UND e ABT. A região de memória partilhada está localizada num endereço fixo na memória virtual. Todas as tarefas utilizam esta região para aceder aos recursos partilhados do sistema. A região de memória partilhada contém bibliotecas partilhadas e as rotinas de transição para mudar do modo privilegiado para o modo de utilizador durante uma mudança de contexto. A região da tabela de páginas contém cinco tabelas de páginas. Embora a região da tabela de páginas tenha 32 KB de tamanho, o sistema utiliza apenas 20 KB: 16 KB para a tabela principal e 1 KB para as quatro tabelas L2. A região periférica controla o espaço de E/S do dispositivo do sistema. O objetivo principal desta região é estabelecer esta área como uma região não armazenada em cache e sem memória intermédia. Não se pretende que os registos de entrada, saída ou controlo estejam sujeitos aos problemas de dados obsoletos do armazenamento em cache ou aos atrasos de sequência temporal envolvidos na utilização do buffer de escrita. Esta região também impede o acesso do modo de utilizador a dispositivos periféricos; assim, o acesso aos dispositivos deve ser feito através de controladores de dispositivos. Esta região permite apenas o acesso privilegiado; não é permitido o acesso do utilizador. Na demonstração, esta é uma única região, mas num sistema mais refinado, haveria mais regiões definidas para fornecer um controlo mais fino sobre dispositivos individuais

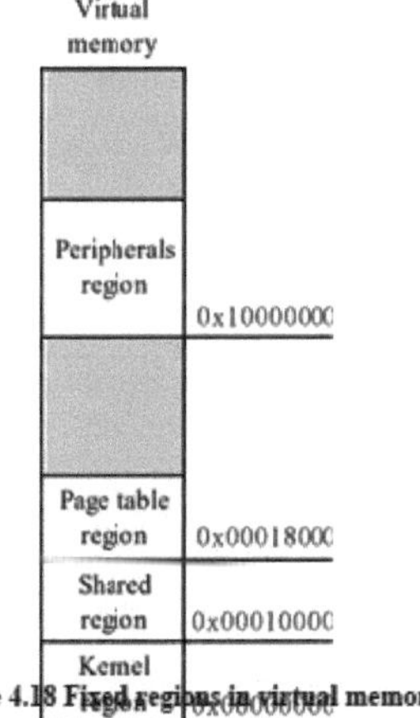

Figura 4.18 Regiões fixas na memória virtual

PASSO 2: DEFINIR MAPAS DE MEMÓRIA VIRTUAL PARA CADA TAREFA

Existem três tarefas de utilizador que são executadas durante três intervalos de tempo. Cada tarefa tem um mapa de memória virtual idêntico. Cada tarefa vê duas regiões no seu mapa de memória: uma região de tarefa dedicada de 32 KB em 0x400000 e uma região de memória partilhada de 32 KB em 0x8000 (ver Figura 4.19). A região da tarefa contém o texto, os dados e a pilha da tarefa do utilizador em execução. Quando o escalonador transfere o controle de uma tarefa para outra, ele deve remapear a região da tarefa alterando a entrada da tabela de páginas L1 para apontar para a tabela de páginas L2 da próxima tarefa. Depois que a entrada é feita, a região da tarefa aponta para a localização física da próxima tarefa em execução. A região compartilhada é uma região fixa de software do sistema na memória física, bem como seus endereços virtuais e tamanho. A tabela também lista nossa escolha de tamanho de página para cada região e o número de páginas que precisam ser traduzidas para suportar o tamanho de cada região. A Tabela 4.11 lista as quatro regiões que usam tabelas de páginas fixas durante a operação do sistema: o kernel, a memória compartilhada, a tabela de páginas e as regiões periféricas.

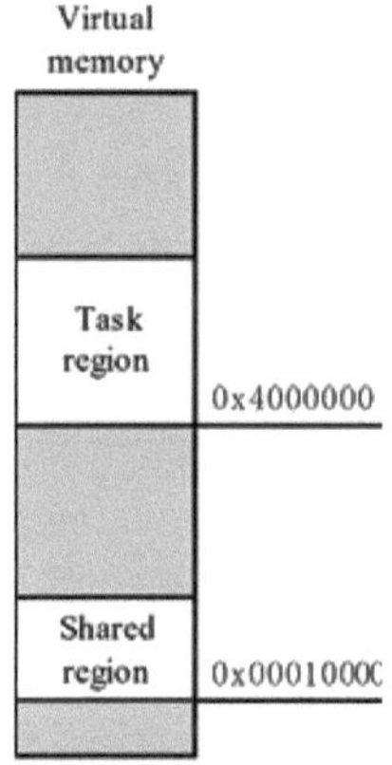

Figura 4.19 Memória virtual vista pela tarefa em execução

Quadro 4.12 Região	■ Região placet Endereçamento	nente na dimensão da região MJ	Exemplo da IU. Base virtual endereço	Tamanho da página	Número de páginas	Endereço de base física
Kernel	fixo	64 KB	0x00000000	4 KB	16	0x00000000
Partilhado	fixo	32 KB	0x00010000	4 KB	8	0x00010000
Tabela de páginas	fixo	32 KB	0x00018000	4 KB	8	0x00018000
Periférico	fixo	256 MB	0x10000000	1 MB	256	0x10000000
Tarefa 1	dinâmico	32 KB	0x00400000	4 KB	8	0x00020000
Tarefa 2	dinâmico	32 KB	0x00400000	4 KB	8	0x00028000
Tarefa 3	dinâmico	32 KB	0x00400000	4 KB	8	0x00030000

A região de tarefa altera dinamicamente as tabelas de páginas durante o funcionamento do sistema. A região de tarefa traduz o mesmo endereço virtual para um endereço físico diferente que depende da tarefa em execução. A Figura 4.20 mostra graficamente o posicionamento das regiões na memória virtual e física. As regiões do kernel, compartilhadas e da tabela de páginas mapeiam diretamente para a memória física como blocos de quadros de páginas seqüenciais. Acima desta área estão as estruturas de páginas dedicadas às três tarefas do utilizador. As tarefas na memória física são partições fixas de 32 KB, também estruturas de páginas sequenciais. Dispersos por 256 MB de memória física estão os dispositivos periféricos de E/S mapeados na memória.

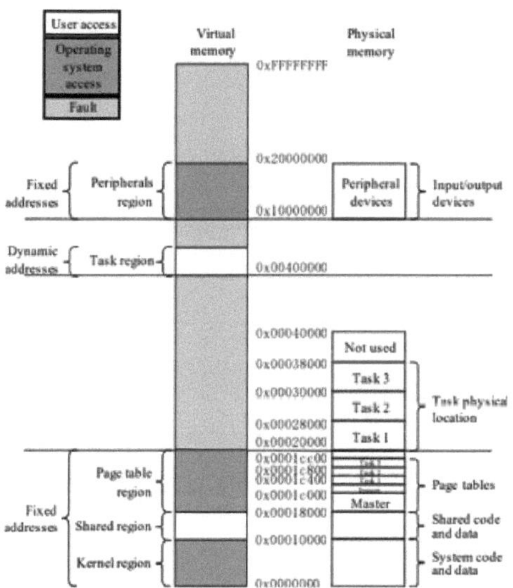

Figura 4.20 Mapa de memória de um exemplo simples de memória virtual

PASSO 4: DEFINIR E LOCALIZAR AS TABELAS DE PÁGINAS

Anteriormente, dedicámos uma região para guardar as tabelas de páginas no sistema. O próximo passo é localizar a tabela de páginas real dentro da região para a memória física. A Figura 4.21 mostra um detalhe de perto de onde a região da tabela de páginas é mapeada para a memória física. É uma ampliação das tabelas de páginas mostradas na Figura 4.20. Espalhamos um pouco a memória para mostrar a relação entre a tabela de páginas mestre L1 e as quatro tabelas de páginas L2. Também mostramos onde os dados de tradução estão localizados nas tabelas de páginas. A tabela de páginas mestre L1 localiza as tabelas L2 e traduz as secções de 1 MB da região periférica. A tabela de páginas L2 do sistema contém dados de endereço de tradução para três regiões do sistema: a região do kernel, a região da memória partilhada e a região da tabela de páginas. Existem três tabelas de páginas L2 de tarefas que mapeiam para os endereços físicos das três tarefas simultâneas. Apenas três das cinco tabelas de páginas estão activas simultaneamente durante o tempo de execução: a tabela principal L1, a tabela do sistema L2 e uma das três tabelas de páginas de tarefas L2. O programador controla qual a tarefa que está ativa e quais as que estão inactivas, remapeando a região da tarefa durante uma mudança de contexto. Especificamente, a entrada da tabela de páginas mestre L1 no endereço 0x18010 é alterada durante a mudança de contexto para apontar para o endereço base da tabela de páginas L2 da próxima tarefa ativa.

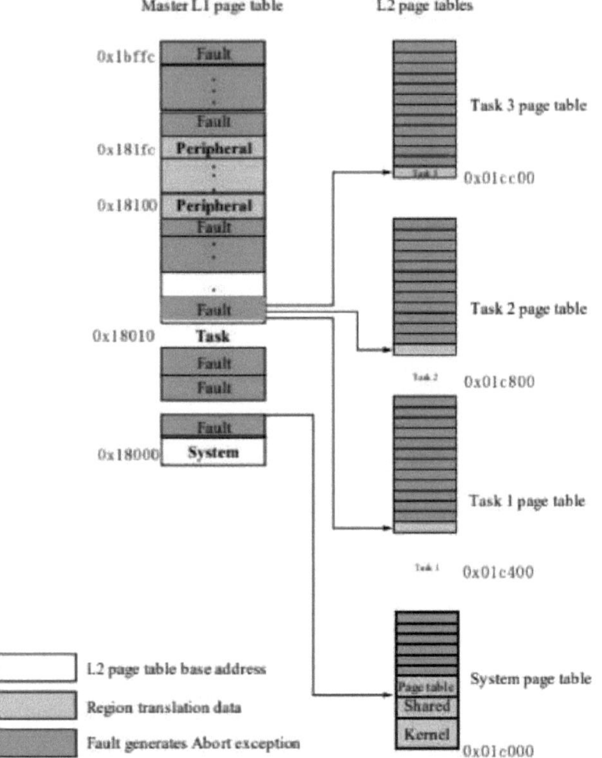

Figura 4.21 Conteúdo da tabela de páginas na demonstração de memória virtual simples.

PASSO 5: DEFINIR A TABELA DE PÁGINAS E AS ESTRUTURAS DE DADOS DA REGIÃO

Para o exemplo, definimos duas estruturas de dados utilizadas para configurar e controlar o sistema. Estas duas estruturas de dados representam o código real utilizado para definir e inicializar as tabelas de páginas e regiões discutidas nas secções anteriores. Definimos dois tipos de dados, um tipo de tabela Page que contém os dados da tabela de páginas e um tipo Region que define e controla cada região do sistema. A definição de tipo para a estrutura da tabela Page, com uma descrição dos membros na estrutura da tabela Page, é:

```
typedef struct {
unsigned int vAddress;
unsigned int ptAddress;
unsigned int masterPtAddress;
tipo int sem sinal;
unsigned int dom;
} Pagetable;
```

- vAddress identifica o endereço inicial de uma secção de 1MB de memória virtual controlada por uma entrada de secção ou por uma tabela de páginas L2.

- ptAddress é o endereço onde a tabela de páginas está localizada na memória virtual.
- masterPtAddress é o endereço da tabela L1page principal principal. Se a tabela for uma tabela L1, então o valor é o mesmo que ptAddress.
- Type identifica o tipo da tabela de páginas, que pode ser COARSE, FINE ou MASTER.
- dom define o domínio atribuído aos blocos de memória de 1MB de uma entrada de tabela L1.

PASSO 6: INICIALIZAR O MMU, AS CACHES E O BUFFER DE ESCRITA

Antes de a MMU, as caches e o buffer de escrita serem activados, têm de ser inicializados. O PTCB e o RCB contêm os dados de configuração dos três componentes. Existem cinco partes para inicializar a MMU:

1. Inicializar as tabelas de páginas na memória principal, preenchendo-as com entradas FAULT.
2. Preencher as tabelas de páginas com traduções que mapeiam regiões para a memória física.
3. Ativar as tabelas de páginas.
4. Atribuir direitos de acesso ao domínio.
5. Ativar a unidade de gestão de memória e o hardware da cache. As primeiras quatro partes configuram o sistema e a última parte ativa-o. Nas secções seguintes fornecemos rotinas para executar as cinco partes do processo de inicialização; as rotinas estão listadas por função

Inicialização das tabelas de páginas na memória

A primeira parte da inicialização da MMU é definir as tabelas de páginas para um estado conhecido. A maneira mais fácil de fazer isso é preencher as tabelas de páginas com entradas de tabela de páginas FAULT. O uso de uma entrada FAULT garante que não existam traduções válidas fora daquelas definidas pelo PTCB. Ao definir todas as entradas da tabela de páginas em todas as tabelas de páginas activas para uma FALHA, o sistema gerará uma exceção de aborto para uma entrada não preenchida posteriormente usando o PTCB.

mmuInitPT começa com o endereço de base da tabela de páginas PTE ptr e preenche a tabela de páginas com entradas FAULT. O tamanho da tabela é determinado pela leitura do tipo de tabela de páginas definido em pt->type. O tipo de tabela pode ser a tabela de páginas Ll principal com 4096 entradas, uma tabela de páginas L2 grosseira com 256 entradas ou uma tabela de páginas L2 fina com 1024 entradas. A rotina preenche a tabela escrevendo pequenos blocos na memória usando um loop. A rotina determina o número de blocos para escrever o índice a partir do número de entradas na tabela de páginas dividido pelo número de entradas escritas por loop. Uma instrução switch seleciona o tipo de tabela de páginas e ramifica para o caso que define o tamanho do índice para a tabela. O procedimento é concluído com a execução do loop que preenche a tabela. Observe a palavra-chave asm para invocar o montador em linha; isso reduz o tempo de execução do loop usando a instrução stmia store multiple.

Preencher tabelas de páginas com traduções

A segunda parte da inicialização da MMU é converter os dados mantidos no RCB em entradas de tabela de páginas e copiá-los para as tabelas de páginas. Fornecemos várias rotinas para converter os dados no RCB em entradas numa tabela de páginas. A primeira rotina de alto nível mmu Map Region determina o tipo de tabela de páginas e, em seguida, chama uma das três rotinas para criar as entradas da tabela de páginas: mmu Map Section Table Region, mmu Map Coarse Table Region ou mmu Map Fine Table Region. Para facilitar a futura portabilidade do código, aconselhamos não usar páginas minúsculas e a rotina mmu Map Fine Table Region porque a arquitetura ARMv6 não usa a página minúscula. O tipo de tabela de página fina também foi removido na arquitetura ARMv6 porque a necessidade dela desaparece sem as páginas minúsculas. Aqui está uma descrição das quatro rotinas:

- A rotina mmu Map Region determina o tipo de tabela de páginas e passa para uma das rotinas abaixo indicadas.
- mmu Map Section Table A região preenche uma tabela principal L1 com entradas de secção;
- mmu Map Coarse Table Region preenche uma tabela de páginas grosseiras L2 com entradas de região;
- mmu Map Fine Table Region preenche uma tabela de páginas finas L2 com entradas de região;

Segue-se uma lista dos protótipos de funções C para as quatro rotinas:

int mmu Map Region(Region *region);
void mmu Map Section Table Region(Region *region);
int mmu Mapear região de tabela grosseira(Região *região);
int mmu Map Fine Table Region(Região *região);

Todos os quatro procedimentos têm um único parâmetro de entrada, que é um ponteiro para uma estrutura Region que contém os dados de configuração necessários para gerar entradas de tabela de páginas.

Ativação de uma tabela de páginas

Uma tabela de páginas pode residir na memória e não ser utilizada pelo hardware da MMU. Isso acontece quando uma tarefa está inativa e suas tabelas de páginas são mapeadas para fora da memória virtual ativa. No entanto, a tarefa permanece residente na memória física, portanto, está imediatamente disponível para uso quando ocorre uma troca de contexto para ativá-la. A terceira parte da inicialização da MMU consiste em ativar as tabelas de páginas necessárias para executar o código localizado nas regiões fixas.

Atribuição de acesso ao domínio e ativação da MMU

A quarta parte da inicialização da MMU é a configuração do acesso ao domínio do sistema. A demonstração não utiliza o FCSE, nem necessita de expor e esconder rapidamente grandes blocos de memória, o que elimina a necessidade de utilizar os bits de controlo de acesso S e R no registo CP:c1:c0. Isso significa que as permissões de acesso definidas nas tabelas de páginas são suficientes para proteger o sistema, e não há razão para usar Domínios. No entanto, o hardware requer que todas as áreas de memória activas tenham uma atribuição de domínio e que lhes sejam concedidos privilégios de acesso ao domínio. A configuração mínima de domínio coloca todas as regiões no mesmo domínio e define o acesso ao domínio como acesso de cliente. Esta configuração de domínio faz com que as entradas de permissão de acesso nas tabelas de páginas sejam o único sistema de permissão ativo. Nesta demonstração, todas as regiões são atribuídas ao domínio 3 e têm acesso ao domínio do cliente. Os outros domínios não são utilizados e são mascarados pela entrada de falha nas entradas da tabela de páginas não utilizadas da tabela de páginas mestre L1. Os domínios são atribuídos na tabela de páginas mestre L1, e o acesso ao domínio é definido no registo CP15:c3:c0

Juntando tudo:

Inicialização da MMU para a demonstração. A rotina mmu Init chama as rotinas descritas nas secções anteriores para inicializar a MMU para a demonstração. Ao ler esta secção de código, será útil rever os blocos de controlo. A rotina pode ser chamada utilizando o seguinte protótipo de função C: void mmuInit(void)

PASSO 7: ESTABELECER UM PROCEDIMENTO DE MUDANÇA DE CONTEXTO

Uma mudança de contexto no sistema de demonstração é relativamente simples. Há seis partes para efetuar uma mudança de contexto:

1. Guardar o contexto da tarefa ativa e colocar a tarefa num estado inativo.
2. Limpar as caches; possivelmente limpar a cache D se estiver a utilizar uma política de write back.
3. Descarrega a TLB para remover traduções para a tarefa de retirada.
4. Configurar a MMU para utilizar novas tabelas de páginas que traduzam a área de execução da memória virtual comum para a localização da tarefa de despertar na memória física.
5. Restaurar o contexto da tarefa de despertar.
6. Retoma a execução da tarefa restaurada.

As rotinas para executar todas as partes acabadas de enumerar foram apresentadas nas secções anteriores. Apresentamos aqui o procedimento. Partes 1, 5 e 6. As partes 2, 3 e 4 são as adições necessárias para suportar uma mudança de contexto usando uma MMU e são mostradas aqui com os argumentos necessários para mudar da tarefa 1 para a tarefa 2 na demonstração.

GUARDAR o contexto da tarefa de reforma;/* parte 1*/

flush Cache(); /* parte 2 */

flush TLB(); /* parte 3*/

mmu Attach PT(&task2PT); /* parte 4*/ RESTORE awakening task context /* parte 5 */

RESUME execution of restored task /* parte 6*/

4.10 NÚCLEOS DE CPU DO BRAÇO

O ARM710T

O ARM710T, o ARM720T e o ARM740T baseiam-se no núcleo do processador ARM7TDMI ao qual foi adicionada uma cache de instruções e uma cache de dados mistas de 8 Kbytes. A memória externa e os periféricos são acedidos através de uma unidade de bus master AMBA, estando também incorporados um buffer de escrita e uma unidade de gestão de memória (ARM71OT e 720T) ou uma unidade de proteção de memória (ARM740T). A organização das CPUs ARM710T e ARM720T é semelhante e está ilustrada na Figura 4.22

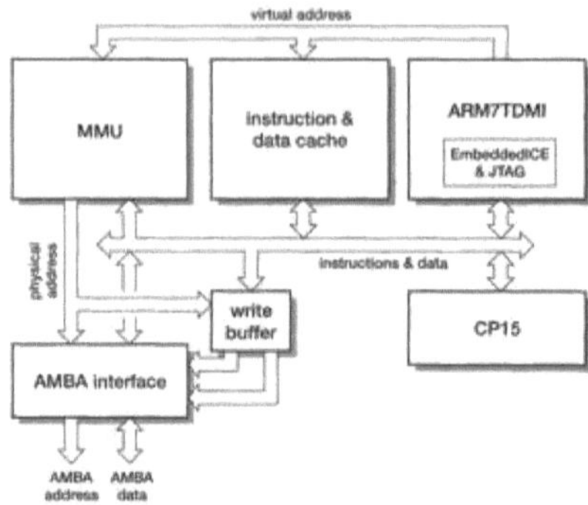

Figura 4.22 Organização do ARM710T e do ARM720T

Cache ARM710T

Uma vez que o núcleo do processador ARM7TDMI tem uma única porta de memória, é lógico que seja emparelhado com uma cache unificada de instruções e dados. O ARM710T incorpora uma cache deste tipo, com uma capacidade de 8 Kbytes. A cache está organizada com linhas de 16 bytes e é associativa de 4 vias. Um algoritmo de substituição aleatória seleciona qual das quatro localizações possíveis será substituída por novos dados numa falha de cache. A cache utiliza uma estratégia de escrita, uma vez que a taxa de relógio alvo é apenas algumas vezes superior à taxa a que os dispositivos de memória fora do chip podem circular.

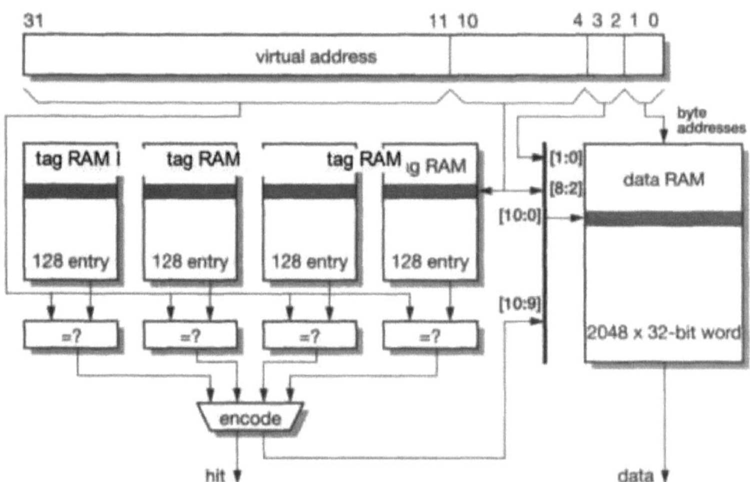

Figura 4.23 Organização da cache ARM71OT

A organização da cache do ARM710T é ilustrada na Figura 4.23. Os bits [10:4] do endereço virtual são usados para indexar em cada um dos quatro armazenamentos de tags. As etiquetas contêm os bits [31:11] dos endereços virtuais dos dados correspondentes, pelo que estas etiquetas são comparadas com os bits [31:11] do endereço virtual atual. Se uma das etiquetas coincidir, a cache foi atingida e a linha correspondente pode ser acedida a partir da RAM de dados utilizando o mesmo índice (bits [10:4] do endereço virtual) juntamente com dois bits que codificam o número do armazenamento de etiquetas que produziu a etiqueta correspondente. Os bits [3:2] do endereço virtual selecionam a palavra da linha e, se for pedido um acesso por byte ou meia palavra, os bits [1:0] selecionam o byte ou meia palavra da palavra. É interessante comparar a organização da cache do ARM710T com a do ARM3 e do ARM610. Uma vez que ilustram os tipos de questões que surgem na conceção de uma cache para um bom desempenho e um funcionamento de baixo consumo. Embora ainda não exista uma palavra final sobre a forma correta de conceber uma cache para este tipo de aplicação, o projetista pode guiar-se pelas seguintes observações sobre os exemplos apresentados nestes chips ARM.

Velocidade da cache

As caches de associatividade elevada proporcionam a melhor taxa de acerto, mas requerem acessos sequenciais à CAM e depois à RAM, o que limita a rapidez do tempo de ciclo. As caches com uma associatividade mais baixa podem efetuar acessos paralelos a tags e a dados para obter tempos de ciclo mais rápidos e, embora uma cache com mapeamento direto tenha uma taxa de acerto significativamente mais baixa do que uma cache totalmente associativa, a maior parte dos benefícios da associatividade vão do mapeamento direto para o associativo de 2 ou 4 vias; para além do associativo de 4 vias, os benefícios do aumento da associatividade são pequenos. No entanto, uma cache CAM-RAM totalmente associativa é muito mais simples do que uma cache RAM-RAM associativa de 4 vias.

Potência da cache

A CAM consome muita energia, exigindo uma comparação paralela com cada entrada em cada ciclo. Segmentar a cache reduzindo um pouco a associatividade e activando apenas uma subsecção da CAM reduz significativamente o custo de energia para um pequeno aumento de complexidade. Numa RAM estática, os principais utilizadores de energia são os amplificadores de sentido analógicos. Uma cache de 4 vias tem de ativar quatro vezes mais amplificadores de sentido no armazenamento de etiquetas do que uma cache mapeada diretamente; se explorar a vantagem de velocidade oferecida pelos acessos paralelos a etiquetas e dados, também utilizará quatro vezes mais amplificadores de sentido no armazenamento de dados. (As caches RAM-RAM podem, em alternativa, efetuar acessos em série a etiquetas e dados para poupar energia, activando apenas uma determinada RAM de dados quando é detectado um acerto no armazenamento de etiquetas correspondente). O desperdício de energia pode ser minimizado através da utilização de circuitos de desativação temporizados para desligar os amplificadores de deteção logo que os dados sejam válidos, mas a energia utilizada nos amplificadores de deteção continua a ser significativa.

Acessos sequenciais

Quando o processador acede a posições de memória que se situam na mesma linha de cache, deve ser possível contornar a pesquisa de etiquetas para todos os acessos, exceto o primeiro. O ARM gera um sinal que indica quando o próximo acesso à memória será sequencial ao atual, e isto pode ser usado, com o endereço atual, para deduzir que o acesso cairá na mesma linha. (Isto não captura todos os acessos dentro da mesma linha, mas captura quase todos e é muito simples de implementar). Nos casos em que um acesso se situa na mesma linha, contornar a pesquisa de etiquetas aumenta a velocidade de acesso e poupa energia. Potencialmente, os acessos sequenciais podem usar amplificadores de deteção mais lentos (possivelmente usando lógica padrão em vez de circuitos analógicos) e economizar energia considerável, embora seja necessário ter cuidado para garantir que uma maior oscilação de tensão nas linhas de bits não custe mais energia do que a economizada nos amplificadores de deteção

Otimização da potência

O projetista da cache deve lembrar-se que o objetivo é minimizar a potência global do sistema, e não apenas a potência da cache. Os acessos fora do chip custam muito mais energia do que os acessos no chip, pelo que a primeira prioridade deve ser encontrar uma organização de cache que proporcione uma boa taxa de acerto. Decidir entre uma organização CAM-RAM altamente associativa ou uma organização RAM-RAM associativa requer uma investigação pormenorizada de todas as questões de conceção e pode ser fortemente influenciada por questões de circuito de baixo nível, tais como novas formas de construir amplificadores de sentido eficientes em termos de energia ou detectores de acerto CAM. Explorar os acessos sequenciais para poupar energia e aumentar o desempenho é sempre uma boa ideia. As estatísticas típicas de execução dinâmica do ARM mostram que 75% de todos os acessos são sequenciais e, uma vez que os acessos sequenciais são fundamentalmente mais fáceis de tratar, esta parece ser uma estatística que não deve ser ignorada. Quando a eficiência energética é fundamental, pode valer a pena sacrificar o desempenho fazendo com que os acessos não sequenciais demorem dois ciclos de relógio; isto só reduzirá o desempenho em cerca de 25% e poderá reduzir os requisitos de energia da cache por um fator de dois ou três. Uma questão interessante para a investigação em matéria de baixo consumo de energia é saber se a melhor organização da cache para a eficiência energética é necessariamente a mesma que a melhor organização para o elevado desempenho.

ARM710TMMU

A unidade de gestão de memória do ARM710T implementa a arquitetura de gestão de memória ARM. A memória intermédia de tradução (TLB) é uma cache associativa de 64 entradas de traduções recentemente utilizadas que acelera o processo de tradução, eliminando a necessidade de consulta da tabela em duas fases numa grande proporção de acessos.

Memória intermédia de escrita ARM710T

O buffer de escrita contém quatro endereços e oito palavras de dados. A unidade de gestão de memória define quais os endereços que podem ser armazenados em memória intermédia. Cada endereço pode ser associado a qualquer número de palavras de dados, pelo que a memória intermédia de escrita pode conter uma palavra (ou byte) de dados para escrever num endereço e sete palavras para escrever noutro endereço, ou dois blocos de quatro palavras para escrever em endereços diferentes, e assim por diante. As palavras de dados associadas a um determinado endereço são escritas em localizações de memória sequenciais, começando nesse endereço. O mapeamento é ilustrado em na Figura 4.24, que mostra o primeiro endereço mapeando seis palavras de dados e o segundo e terceiro endereços mapeando uma palavra de dados cada. O quarto endereço não é atualmente utilizado. O buffer de escrita fica cheio quando todos os quatro endereços são usados ou quando todas as oito palavras de dados estão cheias. O processador pode escrever na memória intermédia à velocidade de relógio rápida (cache) e continuar a executar instruções a partir da cache enquanto a memória intermédia de escrita armazena os dados na memória à velocidade de relógio da memória. O processador está, por conseguinte, totalmente dissociado da velocidade da memória, desde que as instruções e os dados de que necessita estejam na cache e a memória intermédia de escrita não esteja cheia quando se trata de efetuar uma operação de escrita. A memória intermédia de escrita proporciona uma vantagem de desempenho de cerca de 15% por um custo de hardware modesto. O principal inconveniente da memória intermédia de escrita é o facto de não ser possível recuperar de falhas de memória externas causadas por escritas em memória intermédia, uma vez que o estado do processador não é recuperável. O processador pode ainda suportar a memória virtual, uma vez que as falhas de tradução são detectadas na MMU integrada, pelo que a exceção é levantada antes de os dados chegarem à memória intermédia de escrita. Mas, por exemplo, um esquema de correção de erros de memória baseado na recuperação de erros de software não pode ser suportado se as escritas em buffer estiverem activadas.

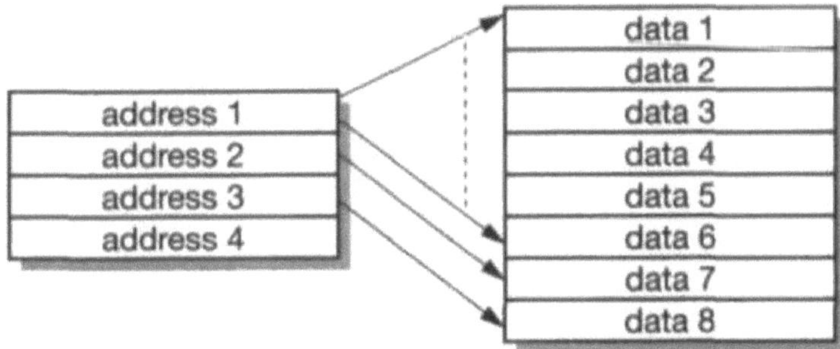

Figura 4.24 Exemplo de mapeamento da memória intermédia de escrita.

4.11 OS PROCESSADORES DE BRAÇO ASSÍNCRONO AMULETO

AMULETAS

O AMULETS está a ser desenvolvido para estabelecer a viabilidade comercial da conceção assíncrona. Tal como os seus antecessores, o AMULETS é um microprocessador compatível com ARM com todas as funcionalidades, com suporte para interrupções e falhas de memória. O AMULET 1 e o AMULET2 implementaram a arquitetura ARM6 (arquitetura ARM versão 3G). O AMULETS suporta a arquitetura ARM versão 4T, incluindo o conjunto de instruções Thumb de 16 bits.

Objetivo de desempenho

O objetivo do projeto AMULETS era produzir uma implementação assíncrona da arquitetura ARM v4T que fosse competitiva em termos de eficiência energética e desempenho com o ARM9TDMI. Isto implica um objetivo de desempenho superior a 100 MIPS (medido utilizando

Dhrystone 2.1) num processo de 0,35 (improcesso, em comparação com os 40 MIPS fornecidos pelo AMULET2e num processo de 0,5 um. Aumentar o desempenho por mais de um fator de dois requer uma mudança radical na organização do núcleo. Tal como acontece com um processador com relógio, a abordagem básica baseia-se numa combinação de aumento da taxa de ciclos do pipeline do processador e diminuição do número médio de ciclos por instrução. No entanto, neste caso, os "ciclos" não são definidos por um relógio externo e não têm uma duração fixa.

Organização central do AMULET3

A organização do AMULETS é ilustrada na Figura 4.25. As seis fases principais da

conduta são as seguintes:
FIQ IRQ

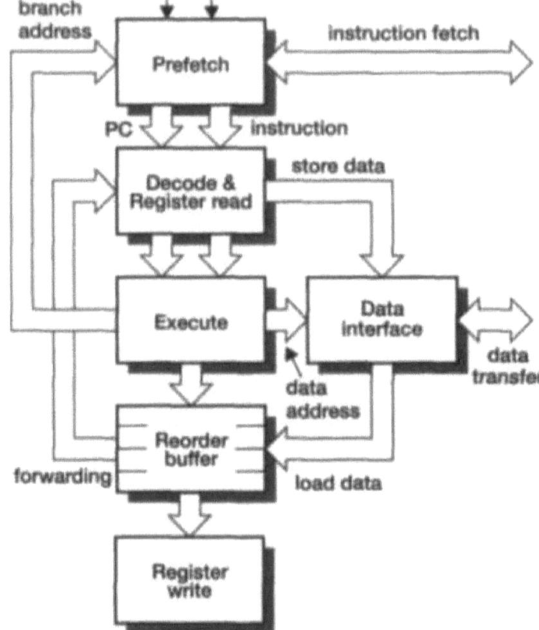

Figura 4.25 Organização do núcleo do AMULETS.

- A unidade de pré-busca de instruções, que inclui um buffer de alvo de ramificação;
- A fase de descodificação de instruções, leitura de registos e encaminhamento;
- A fase de execução, que inclui o deslocador, o multiplicador e a UAL;
- A interface da memória de dados;
- A memória intermédia de reordenamento;
- A fase de write-back do resultado do registo.

O núcleo utiliza uma arquitetura Harvard (portas de memória de instruções e de dados separadas) que proporciona a maior largura de banda de memória necessária para suportar um desempenho mais elevado. Apenas as instruções que requerem acesso à memória de dados (carregamentos e armazenamentos) passam pela memória de dados, pelo que a profundidade do pipeline é maior para estas instruções do que, por exemplo, para instruções simples de processamento de dados. São apresentados a seguir mais pormenores sobre cada uma das fases do pipeline.

Unidade de pré-busca de instruções

A unidade de pré-busca funciona de forma autónoma, indo buscar pacotes de instruções de 32 bits (um ARM ou dois Thumb) à memória sempre que tem espaço para os armazenar. Incorpora uma unidade de previsão de ramificação que é semelhante ao buffer de rastreio de saltos utilizado no AMULET2, mas tem extensões para suportar a previsão de ramificação em código Thumb. Um pacote Thumb de duas instruções pode conter zero, uma ou duas instruções de ramificação, e o preditor de ramificação deve lidar com todos esses casos. Ao executar código Thumb, a unidade de previsão de ramificação de 16 entradas trabalha em duas metades de 8 entradas, com ramificações em endereços pares de meia palavra sendo armazenadas em uma metade e ramificações em endereços ímpares de meia palavra na outra. Um pacote com uma ramificação em cada meia palavra pode "acertar" em ambas as metades, pelo que o alvo da primeira instrução (no endereço par) tem prioridade. O AMULET3 inclui uma instrução 'Halt' de potência zero, tal como o AMULET2. Aqui, a paragem tem efeito na unidade de pré-busca e não na unidade de execução, o que permite retomar mais rapidamente a produção total quando ocorre uma interrupção. As próprias interrupções também são tratadas aqui, mais uma vez reduzindo a latência.

Descodificação e leitura de registos

A fase de descodificação inclui a lógica de descodificação Thumb e ARM, e os mecanismos de leitura e encaminhamento de registos. O ARM7TDMI implementou a função de descodificação Thumb convertendo primeiro as instruções Thumb nos seus equivalentes ARM e, em seguida, efectuando a descodificação ARM. O ARM9TDMI reduziu a latência de descodificação descodificando diretamente as instruções Thumb. O AMULET3 adopta uma via intermédia, descodificando diretamente certos sinais de controlo críticos em termos de tempo e outros através do descodificador de instruções ARM. O pipeline assíncrono permite alguma elasticidade no seu funcionamento e existe uma fase de descodificação Thumb separada que colapsa efetivamente quando o código ARM está em execução. A fase de leitura e encaminhamento de registos recolhe operandos do ficheiro de registos e procura valores mais recentes na memória intermédia de reordenação, fornecendo o valor correto e atualizado à unidade de execução. Se o valor correto ainda não estiver disponível, o processo de reencaminhamento irá parar até estar disponível. Seguindo as ideias dos designers da StrongARM, o ficheiro de registo AMULETS tem três portas de leitura. Isto permite que quase todas as instruções sejam emitidas num único ciclo.

Executar

A fase de execução inclui o somador, o deslocador e o multiplicador, e as PSRs também se enquadram logicamente nesta fase. O multiplicador calcula 8 bits de produto num ciclo, mas faz ciclos muito mais rápidos do que o tempo de ciclo típico do processador, pelo que calcula um produto 32 x 32 em cerca de 20 ns. O somador utiliza o esquema de arbitragem de transporte também utilizado no ARM9TDMI.

Interface de memória de dados

A interface de memória de dados funciona como uma fase separada do pipeline nas instruções de carregamento e armazenamento, mas é contornada por outros tipos de instruções. Um carregamento que se dirige a uma posição de memória lenta não irá, portanto, atrasar outras instruções no pipeline, desde que estas não utilizem o valor carregado

Reordenar o buffer

A memória intermédia de reordenação aceita os resultados da unidade de execução e da interface de memória de dados pela ordem em que ficam disponíveis e armazena-os até poderem ser escritos de novo no ficheiro de registo pela ordem do programa. Uma vez que um resultado está no buffer de reordenação, ele está disponível para ser encaminhado para qualquer instrução que precise dele. A estrutura usada para alcançar essa funcionalidade é ilustrada na Figura 4.26. A memória intermédia tem quatro 'ranhuras', e uma ranhura é atribuída a cada resultado produzido por uma instrução quando essa instrução é emitida. (As ranhuras também são atribuídas às instruções 'store' para que as falhas de memória possam ser tratadas corretamente). Assim que o resultado está disponível, ele é movido para o seu slot. O reencaminhamento a partir da memória intermédia de reordenação requer uma pesquisa do conteúdo da memória intermédia. As instruções ARM condicionais podem ou não devolver resultados válidos para a memória intermédia; várias instruções podem utilizar o mesmo registo de destino. Identificar o valor mais atualizado para um determinado registo requer potencialmente esperar que um resultado fique disponível numa ranhura, ver que é inválido, e depois (no pior dos casos) procurar em todas as outras ranhuras em série. Este caso é raro, no entanto, e é facilmente acomodado pela estrutura de temporização assíncrona

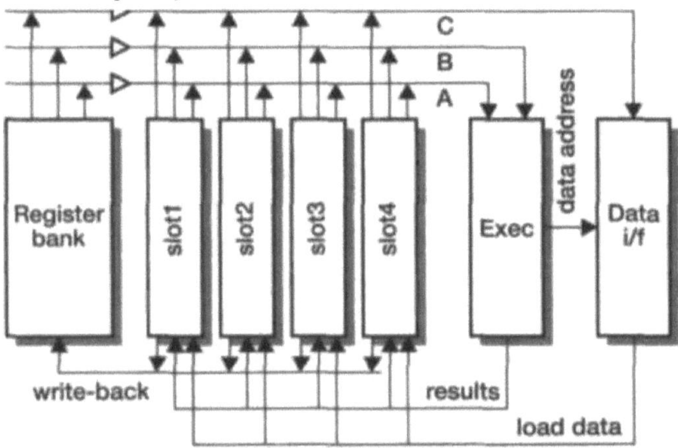

Figura 4.26 A organização da memória intermédia de reordenação do AMULETS

Escrita no registo

O fluxo de write-back fornecido pelo buffer de reordenação está na ordem do programa, pelo que esta fase do pipeline se limita a fornecer valores ao ficheiro de registos, verificando a validade de cada um deles e procurando eventuais falhas de memória. Se for detectada uma falha, é levantada uma exceção e os resultados subsequentes são descartados até que o mecanismo de tratamento de excepções seja ativado.

CAPÍTULO V

APLICAÇÕES DE BRAÇO INCORPORADO

5.1 SISTEMAS OPERATIVOS INCORPORADOS

COMPONENTES FUNDAMENTAIS:

Existe um conjunto comum de componentes de baixo nível, cada um executando uma ação prescrita, que formam um sistema operativo. É a forma como estes componentes interagem e funcionam que determina as caraterísticas de um sistema operativo específico.

A inicialização é o primeiro código do sistema operativo a ser executado e envolve a configuração das estruturas de dados internas, das variáveis globais e do hardware. A inicialização começa depois de o firm-ware entregar o controlo. Para a inicialização do hardware, um sistema operativo configura vários registos de controlo, inicializa os controladores de dispositivos e, se o sistema operativo for preemptivo, configura uma interrupção periódica.

O tratamento da memória envolve a configuração do sistema e das pilhas de tarefas. O posicionamento das pilhas determina a quantidade de memória disponível para as tarefas ou para o sistema. A decisão sobre onde a pilha do sistema é colocada é normalmente realizada durante a inicialização do sistema operacional. A configuração da pilha de tarefas depende do facto de a tarefa ser estática ou dinâmica.

Uma tarefa estática é definida em tempo de compilação e é incluída na imagem do sistema operativo. Para estas tarefas, a pilha pode ser configurada durante a inicialização do sistema operativo. Por exemplo, o SLOS é um sistema operativo baseado em tarefas estáticas.

Uma tarefa dinâmica carrega e executa depois de o sistema operativo estar instalado e em execução e não faz parte da imagem do sistema operativo. A pilha é configurada quando a tarefa é criada (por exemplo, como no Linux). O tratamento da memória varia em complexidade de um sistema operativo para outro. Depende de uma série de factores, como o núcleo do processador ARM selecionado, as capacidades do microcontrolador e a disposição física da memória do hardware de destino final.

Limita-se a configurar um conjunto de registos no microcontrolador e a posicionar as pilhas. Como não existe nenhuma forma de gestão dinâmica de memória, não encontrará uma implementação de malloc() e free(). Essas funções são normalmente encontradas na biblioteca padrão do C.

O método de tratamento das interrupções e excepções faz parte da conceção da arquitetura do sistema operativo. É necessário decidir como tratar as várias excepções: Abortar dados, Pedido de interrupção rápida, Pedido de interrupção, Abortar pré-busca, Reiniciar e Interrupção de software (SWI).

Nem todas as excepções requerem um manipulador. Por exemplo, se tiver uma placa de destino que não utilize a interrupção FIQ, não é necessário um manipulador FIQ específico. É sempre mais seguro fornecer um ciclo infinito como um manipulador predefinido para excepções não utilizadas. Esta abordagem facilita a depuração: quando se interrompe, é claro que se ficou preso num manipulador específico. Também protege o sistema de excepções inesperadas.

Um sistema operativo preemptivo como o SLOS requer uma interrupção periódica, que é normalmente produzida por um dispositivo de contador/temporizador no hardware alvo. Como parte da fase de inicialização, um sistema operativo define a frequência da

interrupção periódica. Isto é normalmente conseguido através da definição de um valor específico num dos registos de memória do contador/temporizador.
Quando ativado, o contador/temporizador começa a diminuir este valor. Quando o valor atinge zero, é activada uma interrupção. Esta interrupção é então tratada pelo ISR apropriado para interrupções periódicas. O ISR primeiro reinicializa o contador / temporizador com um novo valor de início e, em seguida, chama um agendador ou outra rotina especializada.
Em contrapartida, um sistema operativo não preemptivo não necessita de uma interrupção periódica e utilizará uma técnica diferente, por exemplo, sondar o contínuo para verificar se há uma alteração de estado num dispositivo. Se o estado do dispositivo mudar, então uma ação específica pode ser ligada a uma determinada mudança de estado.
O agendador é um algoritmo que determina qual a tarefa a ser executada a seguir. Existem muitos algoritmos de programação disponíveis. Um dos mais simples é o chamado algoritmo round-robin, que ativa as tarefas por uma ordem cíclica fixa. Os algoritmos de programação têm de equilibrar a eficiência e o tamanho com a complexidade. Uma vez concluído o agendamento, as tarefas novas e antigas têm de ser trocadas com uma mudança de contexto. Uma troca de contexto guarda todos os registos de tarefas antigas do processador numa estrutura de dados. Os dados para a nova tarefa são então carregados nos registos do processador. O último componente é a estrutura do controlador de dispositivo, o mecanismo que um sistema operativo utiliza para fornecer uma interface coerente entre diferentes periféricos de hardware. A estrutura permite uma forma normalizada e fácil de integrar um novo suporte para um determinado periférico no sistema operativo. Para que uma aplicação possa aceder a um determinado periférico, tem de estar disponível um controlador de dispositivo específico. A estrutura deve fornecer um método seguro de acesso ao periférico.

5.2 PEQUENO SISTEMA OPERATIVO SIMPLES

Desenvolvemos um pequeno sistema operativo a que chamamos Simple Little Operating System (SLOS). Ele mostra como os componentes fundamentais discutidos anteriormente se juntam num sistema operativo completo. Escolhemos o ARM7TDMI por ser o núcleo mais simples da família ARM. Para um ambiente de desenvolvimento, usamos o ARM Developers' Suite versão 1.2, e para um alvo o Evaluator-7T da ARM. Deve ser relativamente fácil modificar o SLOS para ser construído noutros ambientes de desenvolvimento. SLOS é carregado e executado usando o firm-ware Sand stone.
O SLOS é um sistema operativo preemptivo. Uma interrupção periódica ativa uma tarefa inativa. Para simplificar, todas as tarefas e controladores de dispositivos são estáticos; ou seja, são criados no momento da construção e não enquanto o sistema está a funcionar. O SLOS também fornece uma estrutura de driver de dispositivo. O SLOS foi concebido para ser executado num núcleo ARM7TDMI sem unidade de gestão de memória ou unidade de proteção. Assume-se que o mapa de memória já foi configurado pelo código de inicialização. A SRAM deve estar localizada entre 0x00000000 e 0x00080000, e os registos de configuração de base devem ser definidos para o endereço 0x03ff0000.
O SLOS é carregado no endereço 0x00000000, onde se encontra a tabela de vectores. Este é o mesmo endereço que o ponto de entrada no SLOS. É importante que o processador ARM esteja no modo SVC quando o firmware entrega o controlo, porque o modo SVC é um modo privilegiado e, portanto, permite que o código de inicialização mude de modo acedendo ao cpsr. Nós tiramos vantagem disso para configurar as pilhas no modo IRQ e

no modo sistema.

Nesta configuração atual, o SLOS inclui três tarefas e duas rotinas de serviço. As tarefas 1 e 2 fornecem um exemplo de exclusão mútua usando um semáforo binário. As duas rotinas de serviço implementadas são o temporizador periódico (que é essencial) e um botão de interrupção (que é opcional). A tarefa 3 fornece uma interface de linha de comando simples através de uma das portas de série do ARM Evaluato r-7T. Cada tarefa do SLOS requer a sua própria pilha. Todas as tarefas funcionam em modo de utilizador; assim, uma tarefa pode ler mas não escrever no cpsr. A única maneira de uma tarefa mudar para um modo privilegiado é usar uma chamada de instrução SWI. Este é o mecanismo usado para chamar uma função de driver de dispositivo, uma vez que um driver de dispositivo pode exigir acesso total ao cpsr. O cpsr pode ser modificado numa tarefa, mas apenas indiretamente, utilizando uma instrução que actualiza os sinalizadores de condição.

LAYOUT DO DIRECTÓRIO SLOS

A disposição dos diretórios para o SLOS é semelhante à disposição do firmware do Sandstone (ver Figuras 5.1). Existem seis subdiretórios em slos / build / src que contêm todos os arquivos de origem do sistema operacional. O diretório slos / build / src / core inclui os arquivos de utilitários diversos, bem como os fontes do interpretador de linha de comando (CLI). O código específico para uma plataforma é armazenado num diretório com o nome dessa plataforma. Por exemplo, o código para o Evaluator-7T é armazenado no diretório e7t. O diretório slos / build / src / e7t / devices contém todos os ficheiros de controladores de dispositivos e o diretório slos / build / src / e7t / events contém os ficheiros que tratam de serviços, excepções e interrupções.

Finalmente, o diretório slos / build / src / apps contém todas as aplicações / tarefas para uma determinada configuração. Por exemplo, para a implementação do Evaluator-7T, existem três aplicações / tarefas.

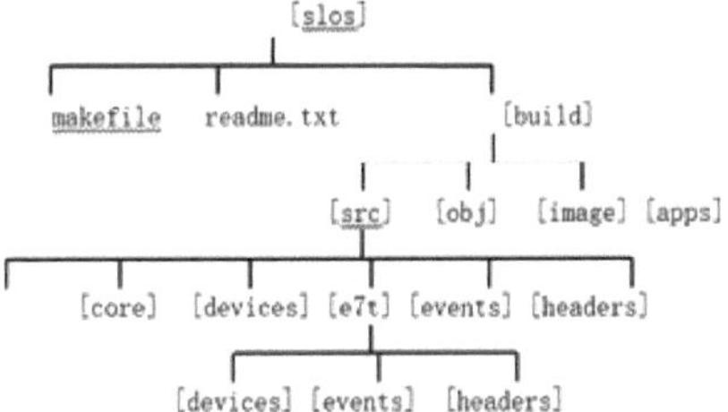

Figura 5.1 Layout do diretório SLOS.

INICIALIZAÇÃO

Existem três fases principais de inicialização do arranque do SLOS, a execução do código de configuração do bloco de controlo do processo (PCB) e a execução do código de inicialização C. O código de inicialização configura os registos FIQ e as pilhas de modo de sistema, SVC e IRQ. Na fase seguinte, o PCB, que contém o estado de cada tarefa, é configurado, incluindo todos os registos ARM. É utilizado para armazenar e restaurar o estado da tarefa durante uma mudança de contexto. O código de configuração define o bloco de controlo do processo para um estado inicial de arranque. O estágio final de inicialização em C chama o driver do dispositivo, o manipulador de eventos e as rotinas de inicialização do temporizador periódico. Uma vez concluído, a primeira tarefa pode ser invocada.

O controlo é passado para o SLOS através do vetor reset. O vectorReset é uma localização na memória que contém o endereço de início do código de inicialização. Assume-se que o firmware deixou o processador no modo SVC, o que permite que o código de inicialização do sistema operativo tenha acesso total ao cpsr. A primeira instrução do sistema operativo carrega o pc com o endereço de início do código de inicialização, ou core Initialization. Pode ver na tabela de vectores, mostrada aqui, que esta instrução carrega uma palavra utilizando a instrução load pc-relative. A ferramenta de montagem já calculou o valor de deslocamento usando a diferença entre o pc e o
o endereço do vectorReset.

```
ENTRADAS DE ÁREASLOS, CÓDIGO, ENTRADA SÓ DE LEITURA
LDR pc, vectorReset
LDR pc, vectorUndefined
LDR pc, vectorSWI
LDR pc, vectorPrefetchAbort
LDR pc, vectorDataAbort
LDR pc, vectorReservado
LDR pc, vectorIRQ
LDR pc, vectorFIQ
        vectorReset          DCD  coreInitialize
        vectorUndefinido     DCD  coreUndefinedHandler
        vectorSWI            DCD  coreSWIHandler
        vectorPrefetchAbort  DCD  corePrefetchAbortHandler
        vectorDataAbort      DCD  coreDataAbortHandler
        vectorReservado      DCD  coreReservedHandler
        vectorIRQ            DCD  coreIRQHandler
        vectorFIQ            DCD  coreFIQHandler
```

Como parte do processo de inicialização, implementámos um sistema de depuração de baixo nível utilizando os registos de modo FIQ em banco, como se mostra aqui. Estes registos são utilizados para armazenar informação de estado. Nem sempre é possível utilizar os registos FIQ, uma vez que podem ser utilizados para outros fins.

```
bringupInitFIQRegisters
MOV r2, r14; guardar r14
BL switchToFIQMode ;      mudar o modo FIQ
            MOV  r8, #0 ; r8_fiq=0
            MOV  r9,#0 ; r9_fiq=0
            MOV  r10,#0; r10_fiq=0
            BL   switchToSVCMode ; mudar o modo SVC
            MOV  pc,r2 ; retorno
coreInitialize

BL bringupInitFIQRegisters
```

A próxima etapa é configurar os registos de pilha SVC, IRQ e System base. Para a pilha SVC, isso é simples, pois o processador já está no modo SVC. O código é

```
MOV sp,#0x80000;   Pilha SVC
MSR cpsr_c,#NoInt|SYS32md
```

```
MOV sp,#0x40000;    pilha do utilizador/sistema
MSR cpsr_c,#NoInt|IRQ32md
MOV sp,#0x9000;     Pilha IRQ
MSR cpsr_c,#NoInt|SVC32md
```
Como pode ser visto no código, uma vez que as pilhas são configuradas, o processador é comutado de volta para o modo SVC, o que permite que o resto do processo de inicialização continue. O facto de estar em modo privilegiado permite que a fase final de inicialização desmascare a interrupção IRQ, limpando o bit 1 e mudando o processador para o modo de utilizador. Os resultados da execução do código de inicialização são os seguintes:

- O mecanismo de depuração de baixo nível é inicializado.
- As pilhas de base SVC, IRQ e Sistema estão definidas.

Para iniciar a execução do SLOS, a PCB de cada tarefa tem de ser inicializada. Uma PCB é uma estrutura de dados reservada e contém uma cópia de todo o conjunto de registos ARM (ver Tabela 11.1). Uma tarefa é activada copiando os dados da PCB da tarefa apropriada para os registos do processador.

O PCB de cada tarefa tem de ser configurado antes de ocorrer uma mudança de contexto, uma vez que a mudança irá transferir os dados do PCB para os registos r0 a r15 e cpsr. Se não for inicializado, o comutador de contexto copiará dados de lixo para estes registos.

Quadro 5.1 Bloco de controlo do processo.

Desvio	Registos
0	-
-4	r14
-8	r13
-12	r12
-16	r11
-20	r10
-24	r9
-28	r8
-32	r7
-36	r6
-40	r5
-44	r4
-48	r3
-52	r2
-56	r1
-60	r0
-64	pc + 4
-68	spsr

Há quatro partes principais da PCB que têm de ser inicializadas: o contador de programa, o registo de ligação, a pilha de modo de utilizador e o registo de estado do processador guardado (por outras palavras, os registos r13, r14, r15 e o spsr) para cada tarefa.

```
void pcbSetUp(void *entryAddr, void *PCB, UINT offset);
pcbSetUp
```

```
STR r0,[r1,#-4];
PCB[-4] = C_TaskEntry
STR r0,[r1,#-64];
PCB[-64] = C_TaskEntry
SUB r0,sp,r2
STR r0,[r1,#-8];
PCB[-8]=sp-<offset>
MOV r0,#0x50;
cpsr_c
STR r0,[r1,#-68];
PCB[-68]=iFt_User
MOV pc,lr
```

Para ajudar a ilustrar isto, extraímos a rotina para inicializar PCBs. A rotina *pcbSetUp* é chamada para configurar as tarefas 2 e 3. O registo *r0* é o endereço de entrada da tarefa - etiqueta *entryAddr*. Este é o endereço de execução de uma tarefa. O registo *r1* é o endereço da estrutura de dados da PCB - etiqueta *pcbAddr*. Este endereço aponta para um bloco de memória que armazena a PCB para uma tarefa. O registo *r2* é o desvio da pilha e é utilizado para posicionar a pilha no mapa de memória. Note que a tarefa 1 não necessita de inicialização, uma vez que é a primeira tarefa a ser executada. A parte final da configuração dos PCBs é configurar o identificador da tarefa atual, que é usado pelo algoritmo de escalonamento para determinar qual tarefa deve ser executada.

```
LDR r0 = PCB_CurrentTask
MOV r1,#0
STR r1,[r0]
LDR lr C_Entry =
MOV pc,lr ; entra no mundo CEntry
```

No final do fragmento de código, a primeira rotina *C_Entry* é chamada, definindo o *pc* para o endereço de início da rotina. Os resultados da execução do código de configuração da placa de circuito impresso são os seguintes:

- Inicializar a placa de circuito impresso para as três tarefas.
- Definir o PCB atual para ser executado como tarefa 1 (identificador 0).

A inicialização é agora entregue à rotina C_Entry(), que pode ser encontrada no ficheiro build/src/core/cinit.c. A rotina C_Entry chama outra rotina, cinit_init(). Essa rotina, mostrada aqui, inicializa os drivers de dispositivo, os serviços e, finalmente, o tick de interrupção periódica. O código C foi projetado para não exigir que a biblioteca C padrão seja inicializada, pois não chama nenhuma função da biblioteca C padrão, como printf(), fopen() e assim por diante.

```
void cinit_init(void)
{
eventIODeviceInit
();
eventServicesInit()
; eventTickInit(2);
}
```

As funções eventIODeviceInit, eventServicesInit e eventTickInit são todas chamadas para inicializar as várias partes específicas do sistema operativo. Você notará que eventTickInit tem um único parâmetro com o valor 2. Ele é usado para definir o número de milissegundos entre os eventos periódicos de tick.

Após a conclusão da inicialização, o temporizador periódico pode ser iniciado, como mostrado aqui. Isto significa que a tarefa 1 precisa de ser chamada antes da primeira interrupção do temporizador. Para permitir que o evento periódico interrompa o processador, o IRQ tem de ser ativado e o processador tem de ser colocado no modo *de utilizador*. Uma vez feito isso, o endereço do ponto de entrada para a tarefa 1, C_EntryTask1, é então chamado.

```
int C_Entry(void)
{
cinit_init();
eventTickStart();
asm
{
MSR cpsr_c,#0x50
}
C_EntryTask1();
retorno 0;
}
```

Se tudo estiver a funcionar corretamente, o retorno no final da rotina C_Entry nunca será executado. Neste ponto, toda a inicialização está completa e o sistema operacional está totalmente funcional.

Os resultados da execução de todo o código de inicialização C são os seguintes: Os drivers de dispositivo são inicializados.

- Os serviços são inicializados.
- O tick do temporizador periódico é inicializado e iniciado.
- As interrupções IRQ são activadas no cpsr.
- O processador é colocado no modo de utilizador.
- O ponto de entrada para a tarefa 1 é chamado (ou seja, C_EntryTask1).

Modelo de memória

Adoptámos um modelo de memória simples para o SLOS. A Figura 5.2 mostra que a parte de código do SLOS, incluindo as tarefas, está localizada na memória baixa, e as pilhas para o IRQ e para cada tarefa estão localizadas na memória superior. A pilha SVC é colocada no topo da memória. As setas no mapa de memória mostram a direção do crescimento da pilha.

Tratamento de interrupções e excepções

Nesta implementação do sistema operativo, apenas três excepções são efetivamente utilizadas. As outras excepções são ignoradas através de manipuladores fictícios específicos, que, por razões de segurança, são implementados como ciclos infinitos. Para uma implementação completa, estes manipuladores fictícios devem ser substituídos por manipuladores completos. A Tabela 5.2 mostra as três excepções e a forma como são utilizadas no sistema operativo.

Repor exceção

O vetor de reset só é chamado uma vez durante a fase de inicialização. Em teoria, ele poderia ser chamado novamente para reinicializar o sistema, por exemplo, em resposta a um evento do timer watchdog que reinicializa o processador. Os temporizadores watchdog são utilizados para reiniciar um sistema quando ocorre uma inatividade prolongada.

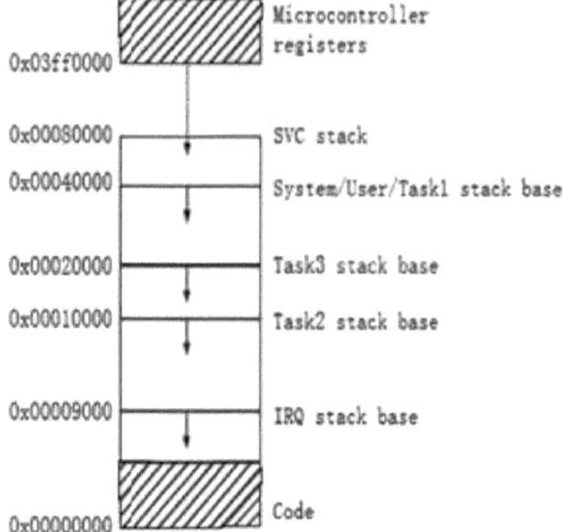

Registos do microcontrolador
Pilha SVC
Base da pilha Sistema/Utilizador/Taskl
Base da pilha Task3
Base da pilha Task2
Base da pilha IRQ
Código

Figura 5.2 Mapa de memória.

Quadro 5.2 Atribuição de excepções.

Exceção	**Objetivo**
Reiniciar	inicializar o sistema operativo
SWI	mecanismo de acesso aos
IRQ	mecanismo para eventos de serviço

Exceção SWI

Sempre que um controlador de dispositivo é chamado a partir de uma aplicação, a chamada passa pelo mecanismo de tratamento SWI. A instrução SWI força o processador a mudar do modo de utilizador para o modo SVC. O manipulador SWI principal é mostrado aqui. A primeira ação do manipulador é armazenar os registos r0 a r12 na pilha SVC. A ação seguinte calcula o endereço da instrução SWI e carrega essa instrução no registo r10. O número SWI é obtido através da máscara dos 8 bits superiores. O endereço da pilha SVC é então copiado para o registo rl e é utilizado como segundo parâmetro quando se chama o manipulador SWI C. O spsr é então copiado para o registo r2 e armazenado na pilha. Isto só é necessário quando ocorre uma chamada SWI aninhada. O manipulador salta então para o código que chama a rotina do manipulador C.

```
coreSWIHandler
STMFD r13!,{r2} ;
guardar r2 na pilha
BL swi_jumptable ;    ramificar para a swi_jumptable
```

O código que segue a instrução BL retorna ao programa chamado como mostrado aqui. Isto é conseguido restaurando o *spsr* da pilha e carregando de volta todos os registos do banco do utilizador, incluindo o *pc*.

LDMFD r13!,{r2} ; restaurar o r2 (spsr)
MSR spsr_cxsf,r2 ; copiar r2 de volta para spsr
LDMFD r13!,{r0-r12,pc}~ ; restaurar o contexto e regressar
O registo de ligação foi definido na instrução BL. Este código é executado quando o SWI Chandler está completo.
swi_jumptable
MOV r0,r10 ; mover o número SWI para r0
BeventsSWIHandler ; ramifica para o manipulador de SWI
O manipulador C, eventsSWIHandler, é chamado com o registo r0 contendo o número SWI e o registo r1 apontando para os registos armazenados na pilha SVC.
void eventsSWIHandler(int swi_number, SwiRegs *r)
{
se (swi_number==SLOS)
{
Se (r->r[0]== Event_IODeviceInit)
{
/* não ativar as interrupções IRQ. .. */ ioinitialize drivers ();
}

STMFD sp!,{r0-r12,r14};	guardar contexto
LDR r10,[r14,#-4] ; BIC r10,r10,#0xff000000 ;	carregar instrução SWI
MOV r1,r13 ;	mascarar os 8 bits MSB copiar r13_svc para r1
MRS r2,spsr ;	copiar spsr para r2

—

els
e
{ /* se não estiver a inicializar, mudar para o modo de sistema e ativar IRQs */if (STATE!=1) {modifyControlCPSR (SYSTEM|IRQoN);
switch (r->r[0])
{
case /* SWI */ Event_IODeviceOpen: r->r[0] =(unsigned int) io_open_driver (/*int *ID */ (UID *)r->r[1], /*unsigned major_device */r->r[2], /*unsigned minor_device */ r->r[3]); break;
case /* SWI */ Event_IODeviceClose: /* chamar io_open_driver */break;
case /* SWI */ Event_IODeviceWriteByte: /* chamar io_writebyte driver */break;
case /* SWI */ Event_IODeviceReadByte: /* chamar io_readbyte_driver */break;
case /* SWI */ Event_IODeviceWriteBit: /* chamar io_writebit_driver */break;
case /* SWI */ Event_IODeviceReadBit: /* chamar io_readbit_driver */break;
case /* SWI */ Event_IODeviceWriteBlock: /* chamar io_writeblock_driver */
pausa;
case /* SWI */ Event_IODeviceReadBlock: /* chamar io_readblock_driver */
pausa;
}
/* se não estiver a inicializar, volta ao modo svc e desactiva os IRQs */

```
se (STATE!=1) {modifyControlCPSR (SVC|IRQoFF);} }
}
}
}
```

Exceção de IRQ

O tratador de IRQ é muito mais simples do que o tratador de SWI. Ele é implementado como um manipulador de interrupção básico não aninhado. O gestor começa por guardar o contexto e depois copia o conteúdo do registo de estado do controlador de interrupções, INTPND, para o registo r0. Cada rotina de serviço compara então o registo r0 com uma determinada fonte de interrupção. Se a fonte e a interrupção corresponderem, a rotina de serviço é chamada; caso contrário, a interrupção é tratada como uma interrupção fantasma e ignorada.

```
TICKINT EQU 0x400
BUTTONINT EQU
0x001
eventosIRQHandler
SUB r14, r14, #4;      r14_irq-=4
STMFD r13!, {r0-r3, r12, r14};      guardar contexto
LDR r0,INTPND;      r0 = int pending reg
LDR r0,[r0];  r0 = memória[r0]
TST r0,#TICKINT;   se tick int
BNE eventsTickVeneer;      depois tick ISR
TST r0,#BUTTONINT;      se o botão for interrompido
BNE eventsButtonVeneer;   depois botão
ISRLDMFD r13!, {r0-r3, r12, pc};   regressar à tarefa
```

Para uma fonte de interrupção conhecida, é chamada uma folha de interrupção para servir o evento. O seguinte código mostra um exemplo de folheado de temporizador. Pode ver-se no exemplo que o revestimento inclui a chamada de duas rotinas: A primeira reinicia o temporizador, eventsTickService (chamada específica da plataforma), e a segunda, kernel Scheduler, chama o agendador, que por sua vez chama uma mudança de contexto. Não há necessidade de ter os registos r4 a r12 na pilha IRQ, uma vez que o algoritmo de agendamento e a troca de contexto tratam de todos os detalhes do registo.

```
eventosTickVeneer
BL eventsTickService ;      reiniciar o hardware de marcação
B kernelScheduler;   ramificar para o programador
```

Programador

O escalonador de baixo nível, ou dispatcher, usado no SLOS é um algoritmo round-robin estático simples, como ilustrado no pseudocódigo a seguir. "Estático", neste caso, significa que as tarefas são criadas apenas quando o sistema operacional é inicializado. As tarefas no SLOS não podem ser criadas nem destruídas quando o sistema operativo está ativo.

```
tarefa t=0,t'; programador()
{
t'=t+ 1;
se t' = MAX_NUMBER_OF_TASKS então t'=0 // o primeiro
tarefa.fim;
ContextSwitch(t,t')
```

}

Como referido anteriormente, a tarefa ativa atual t, PCB_CurrentTask, é definida para 0 durante a fase de inicialização. Quando ocorre a interrupção periódica tick, a nova tarefa t^J é calculada a partir da tarefa atual t mais 1. Se este número de tarefa for igual ao limite de tarefa, MAX_NUMBER_OF_TASKS, então a tarefa t^J é reposta a 0.

A Tabela 5.3 é uma lista das etiquetas utilizadas pelo programador e uma descrição de como são utilizadas no algoritmo. Estas etiquetas são utilizadas no seguinte procedimento e código para o gestor de tarefas:

1. Obter o ID da tarefa atual carregando o conteúdo de PCB_CurrentTask.
2. Encontrar o endereço PCB correspondente da tarefa atual, utilizando o PCB_CurrentTask como índice na PCB_Table.
3. Utilizar o endereço obtido na fase 2 para atualizar o valor na PCB_PtrCurrentTask.
4. Calcular o ID da nova tarefa t^J utilizando o algoritmo round-robin.
5. Armazenar o ID da nova tarefa t^J em PCB_CurrentTask.
6. Encontrar o endereço da próxima tarefa PCB indexando na PCB_Table utilizando o updatedPCB_CurrentTask.
7. Armazena o PCB da tarefa seguinte no PCB_PtrNextTask.

O código de programação da tarefa seguinte t^J é:

Quadro 5.3 Etiquetas utilizadas pelo programador

Etiqueta	Descrição
PCB_Tarefa atual	contém a tarefa atual *t*
Tabela PCB	tabela de apontadores de endereços para cada tarefa
PCB PCB_PtrCurrentTask	ponteiro para a tarefa atual *t*
PCB_PtrNextTask	ponteiro para a tarefa seguinte tJ
Pilha PCB_IRQ	armazenamento temporário para a pilha IRQ (comutação de contexto)

Os resultados da execução do programador são os seguintes:

- PCB_PtrCurrentTask aponta para o endereço do PCB ativo atual.
- PCB_PtrNextTask aponta para o endereço do próximo PCB ativo.
- PCB_CurrentTask contém o valor do identificador da tarefa seguinte

Utilizando a informação actualizada produzida pelo programador, o comutador de contexto troca então a tarefa ativa t pela tarefa seguinte t^J. Para isso, um comutador de contexto divide a atividade em duas fases, como mostra a Figura 5.3. A primeira etapa envolve a gravação dos registos do processador na tarefa atual t PCB apontada por PCB_Ptr Current Task. O segundo estágio carrega os registros com dados da próxima t^J PCB apontada por PCB_Ptr Next Task. Iremos agora apresentar o procedimento e o código das duas fases da mudança de contexto, detalhando primeiro a gravação do contexto atual, seguida do carregamento de um novo contexto.

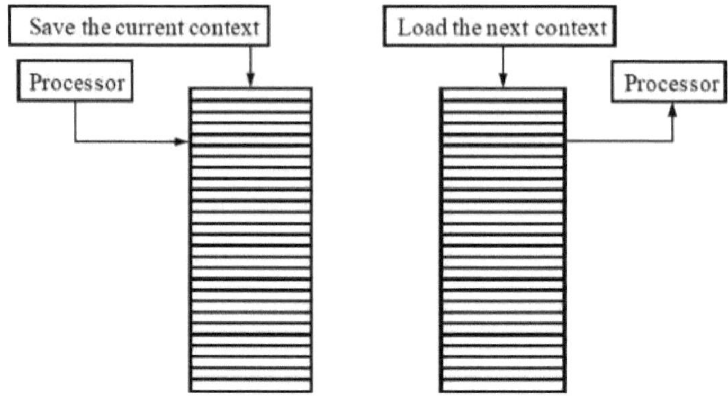

PCB_PtrCurrentTask PCB_PtrNextTask

Figura 5.3 Mudança de contexto. (a) Guardar o contexto atual (b) Carregar o contexto seguinte

Guardar o contexto atual

A primeira etapa consiste em guardar os registos actuais da tarefa ativa t. Todas as tarefas são executadas em modo de utilizador, pelo que os registos do modo de utilizador têm de ser guardados. Eis o procedimento:

1. Temos de restaurar os registos r0 a r3 e r14 da pilha. Estes registos pertencem à tarefa atual.
2. O registo r13 é então utilizado para apontar para o PCB da tarefa atual PCB_CurrentTaskoffset por -60. Este desvio permite que duas instruções actualizem todo o PCB.
3. A ação final da primeira fase é armazenar todos os registos do banco de utilizadores r0 a r14. Isto ocorre numa única instrução. Lembre-se que o símbolo ~ significa que o múltiplo store actua sobre os registos do modo utilizador. A segunda instrução store guarda o spsr e o registo de ligação de retorno.

O código para guardar os registos numa PCB é Offset15RegsEQU 15*4 handler_contextswitch

```
LDMFD r13!,{r0-r3,r12,r14} ;       [1.1] restaurar registos
LDR r13,=PCB_PtrCurrentTask ;      [1.2]
LDR r13,[r13] ;                    r13=mem32[r13]
SUB r13,r13,#Offset15Regs ;        r13-=15*Reg:place r13
STMIA r13,{r0-r14} ;               [1.3] guardar registos do modo de
                                   utilizador
MRS r0, spsr ;                     copiar spsr
STMDB r13,{r0,r14} ;               guardar r0(spsr) & r14(lr)
```

Os resultados da gravação do contexto atual são os seguintes:

- A pilha de IRQ é reiniciada e guardada em PCB_IRQStack.
- Os registos do modo de utilizador para a tarefa t são guardados no PCB atual.

Carregar o contexto seguinte

A segunda fase da mudança de contexto envolve a transferência do PCB para t' para os registos de modo de utilizador em banco. Uma vez concluída, a rotina deve então passar o controlo para a nova tarefa t[J]. O procedimento é o seguinte:

1. Carregar e posicionar o registo r13 no offset -60 a partir do início da nova PCB.
2. Carrega primeiro o registo spsr e o registo de ligação. Em seguida, os próximos registos de tarefa r0 a r14 são carregados. O registo r14 é o registo do banco do utilizador r14, e não o registo IRQ r14 indicado por ~ na instrução.
3. A pilha de IRQ é então restaurada a partir de PCB_IRQStack.
4. A nova tarefa é retomada copiando o endereço contido no registo r14 para o pc e actualizando o cpsr.

O código para carregar os registos a partir de um PCB é

LDR r13,=PCB_PtrNextTask ;
LDR r13,[r13] ;
PCB SUB r13,r13,#Offset15Regs ;
LDMDB r13,{r0,r14} ;
MSR spsr_cxsf, r0 ;
LDMIA rl3,¡r0-rl4¡';
LDR r13 = PCB_IRQStack;
LDR r13,[r13] ;
MOVS pc,r14 ;
	[2.[1] r13=PCB_PtrNextTask
	r13=mem32[r13] : próximo r13-
	=15*Registos
	[2.[2] carregar r0 & r14
	spsr = r0
	carregar r0_user-r14_user
	[2.[3] r13=IRQ stack addr
	r13=mem32[r13] : reiniciar IRQ [2.4] voltar à tarefa seguinte

Os resultados do carregamento do contexto seguinte são os seguintes:

- A mudança de contexto está concluída.
- Os registos da tarefa seguinte são carregados nos registos do modo de *utilizador*.
- A pilha de IRQ é restaurada para a definição original antes de entrar no manipulador de IRQ.

Estrutura do controlador de dispositivo

A estrutura do controlador de dispositivo (DDF) é implementada utilizando instruções SWI. O DDF protege o sistema operativo das aplicações que acedem diretamente ao hardware e fornece uma interface normalizada uniforme para as tarefas. Para que uma tarefa possa aceder a um determinado dispositivo, deve primeiro obter um número de identificação único (UID). Isto é conseguido chamando a macro open, ou *eventsIODeviceOpen*. Esta macro é traduzida diretamente numa instrução *SWI* do controlador de dispositivo. O UID é utilizado para verificar se outra tarefa não acedeu já ao mesmo dispositivo.

O código da tarefa para abrir um controlador de dispositivo é

```
device_treestr *host;
Série UID;
host = eventIODeviceOpen(&serial,DEVICE_SERIAL_E7T,COM1);
se (anfitrião==0)
{
/* ...erro de controlador de dispositivo não encontrado...*/
}
interrutor (série)
{
case DEVICE_IN_USE:
case DEVICE_UNKNOWN:
```

/* ...problema com o dispositivo... */
}

O exemplo mostra um dispositivo série a ser aberto utilizando a estrutura do controlador de dispositivo. Um conjunto de macros traduz os argumentos para os registos rl a r3. Estes registos são então passados através do mecanismo SWI para a função de controlador de dispositivo. No exemplo, apenas o valor apontado por rl, & serial, é realmente atualizado. Este valor é utilizado para devolver o UID. Se o valor devolvido for zero, então ocorreu um erro.

O código seguinte mostra como a macro eventIODeviceOpen é transformada numa única chamada de instrução SWI:

PRE r0 = Event_IODeviceOpen (unsigned int) rl = &serial (UID *u)

r2 = DEVICE_SERIAL_E7T (unsigned int maior) r3 = COM1 (unsigned int menor)

SWI 5075

POST rl = Os dados apontados pelo ponteiro UID são actualizados

A interface SWI é utilizada como método de mudança para um modo privilegiado quando a tarefa é executada num modo não privilegiado. Isto permite que o controlador de dispositivo obtenha acesso total ao cpsr. A Figura 5.4 mostra as mudanças de modo efectivas quando uma função do controlador de dispositivo é chamada. Pode ver-se no diagrama que o próprio controlador de dispositivo é executado em modo de sistema (que é privilegiado). Quando uma instrução SWI é executada, o processador entra no modo SVC e as interrupções IRQ são automaticamente desactivadas. As interrupções só voltam a ser activadas quando o processador muda para o modo de sistema. A única exceção a isto é quando uma função de controlador de dispositivo é chamada durante a fase de inicialização; neste caso, as interrupções permanecerão desactivadas.

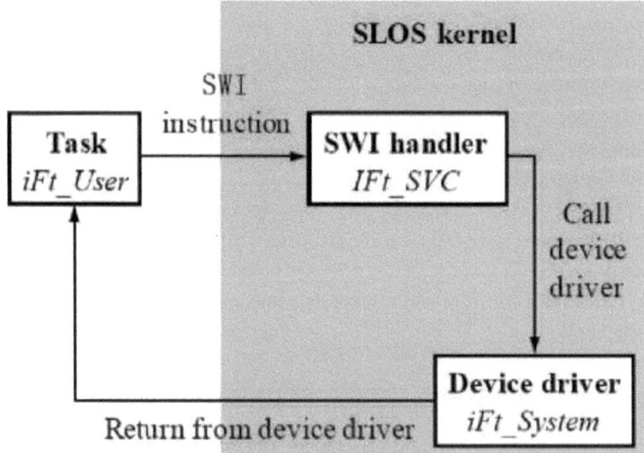

Figura 5.4 Chamar um controlador de dispositivo.

5.3 APLICAÇÕES DE BRAÇO INCORPORADO

O Processador de Comunicação Avançada VLSI Ruby II

A VLSI Technology, Inc., foi o primeiro parceiro de semicondutores da ARM e foi fundamental, juntamente com a Acorn Computers Limited e a Apple Computer, Inc., para a criação da ARM Limited como uma empresa separada. A sua relação com a ARM é anterior à existência da ARM Limited, uma vez que fabricaram os primeiros processadores ARM em 1985 e licenciaram a tecnologia à Acorn Computers em 1987. A VLSI fabricou muitos chips padrão baseados em ARM para a Acorn Computers e produziu chips ARM610 para a Apple Newtons. Produziu também vários modelos baseados em ARM para produtos específicos de clientes e alguns que disponibilizou como peças normalizadas. O chip Ruby II é uma dessas peças normalizadas que se destina a ser utilizado em dispositivos de comunicação portáteis.

Organização Ruby II

A organização do Ruby II é ilustrada na Figura 5.5. O chip é baseado num núcleo ARM e inclui 2 Kbytes de SRAM rápida (estado de espera zero) no chip. As rotinas críticas podem ser carregadas na RAM sob controlo da aplicação para obter o melhor desempenho e um consumo mínimo de energia. Existe um conjunto de módulos periféricos que partilham um certo número de pinos, incluindo uma interface PCMCIA, quatro interfaces paralelas de largura de byte e duas UART. Um bloco de seleção de modo controla qual a combinação destas interfaces que está disponível em qualquer momento, e os buffers FIFO de byte largo desacoplam o processador da necessidade de responder a cada byte que é transferido. Um módulo controlador de comunicações síncronas suporta uma gama de protocolos de comunicação em série normalizados e um módulo controlador de série fornece uma porta de dados controlada por software que pode ser utilizada para implementar vários protocolos de controlo em série, como o barramento I2C definido pela Philips, que permite uma gama de dispositivos em série, como RAM com bateria, relógio em tempo real,

E2PROM e códigos áudio a serem ligados. A interface de barramento externo suporta dispositivos com barramentos de dados de 8, 16 e 32 bits e tem geração flexível de estado de espera. O bloco de contador-temporizador tem três contadores de 8 bits ligados a um pré-escalonador de 24 bits, e um controlador de interrupção permite o controlo programável de todas as fontes de interrupção dentro e fora do chip. O chip tem quatro modos de gestão de energia:

1. Em linha - todos os circuitos são sincronizados à velocidade máxima.
2. Comando - o núcleo ARM funciona com 1 a 64 estados de espera, mas todos os outros circuitos funcionam à velocidade máxima. Uma interrupção faz com que o sistema passe imediatamente para o modo on-line.
3. Suspensão - todos os circuitos são interrompidos, exceto os temporizadores e osciladores. Interrupções específicas

colocar o sistema no modo em linha.

4. Parado - todos os circuitos (incluindo os osciladores) estão parados. As interrupções particulares regressam

o sistema para o modo em linha.

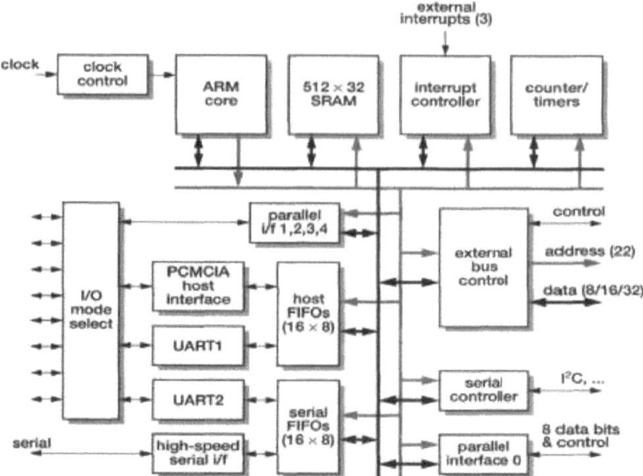

Figura 5.5 Organização do controlador de comunicações avançadas Ruby II

Embalagem

O Ruby II está disponível em embalagens planas quádruplas finas de 144 e 176 pinos e pode funcionar até 32 MHz a 5 volts. A 20 MHz, utilizando uma memória de estado de espera de 1 bit de 32 bits, o chip consome 30 mA em modo online, 7,9 mA em modo de comando, 1,5 mA em modo de suspensão e 150 uA em modo de paragem.

5.3.1 O Processador de Assinante RDIS VLSI

O VLSI ISDN Subscriber Processor (VIP) é um motor programável para comunicações de assinantes ISDN (Integrated Services Digital Network; uma norma de telefonia digital). O projeto foi desenvolvido pela Hagenuk GmbH para utilização na sua gama de produtos RDIS e subsequentemente licenciado à VLSI Technology para venda como ASSP (Application Specific Standard Part). Incorpora a maior parte dos circuitos necessários para implementar um terminal RDIS completo, suportando serviços de voz, dados e vídeo através da mesma linha digital. Os tipos de aplicações a que se destina incluem:

- Equipamentos terminais RDIS, tais como telefones domésticos e digitais PABX, videofones H.320 e comunicações integradas para PC.
- Controladores RDIS para DECT (Digital European Cordless Telephone), que permitem a ligação de vários telefones sem fios entre si e a uma linha RDIS para utilização doméstica e empresarial.
- Cartões de comunicação RDIS para PCMCIA.

O chip VIP incorpora as interfaces especializadas necessárias para ligação à interface RDIS SO-, suporte para interfaces de telefonia, tais como um teclado numérico, um visor de números, um microfone e um auricular, ligações digitais para processadores de sinais ou códigos externos e caraterísticas de gestão de energia, tais como um relógio programável e um conversor analógico-digital para monitorizar o estado da bateria. O núcleo ARM6 executa funções gerais de controlo e de protocolo RDIS. Uma RAM de 3 Kbytes na pastilha funciona sem estados de espera à velocidade de relógio total do processador de 36,864 MHz. As rotinas de código crítico podem ser carregadas nesta RAM conforme necessário, por exemplo, as rotinas de processamento de sinal necessárias para suportar o funcionamento em modo mãos-livres.

Organização VIP

A organização do chip VIP é ilustrada na Figura 5.6 e uma configuração típica do sistema é mostrada na Figura 5.7.

Interface de memória

A interface de memória externa suporta RAMs e ROMs estáticas fora do chip de 8, 16 e 32 bits e RAMs dinâmicas de 16 e 32 bits. A memória endereçável está dividida em quatro gamas, cada uma das quais funciona com um número programável de estados de espera (em que o mínimo é um estado de espera que dá um tempo de acesso de 54 ns).

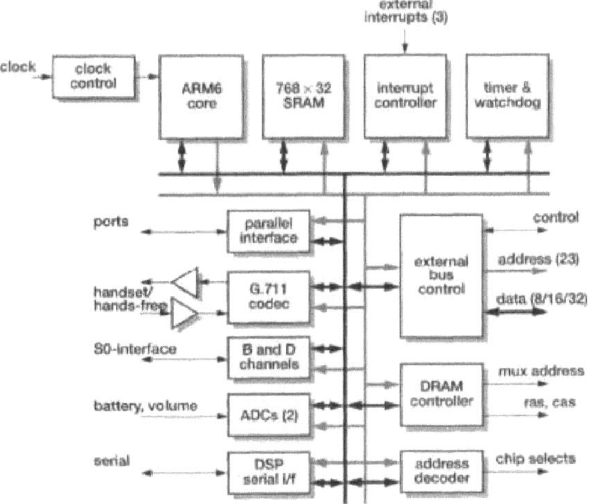

Figura 5.6 Organização VIP

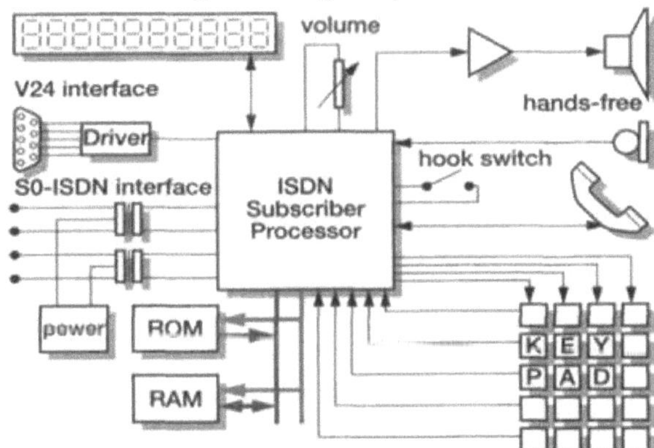

Figura 5.7 Configuração típica do sistema VIP

Interface SO

A interface ISDN SO integrada permite a ligação a um bus de interface SO através de transformadores de isolamento e proteção contra sobretensões. As funções no chip incluem um loop bloqueado por fase para recuperação de dados e relógio, enquadramento e protocolos de baixo nível. A taxa de dados brutos de 192 Kbit/s inclui dois canais B de

64 Kbit/s e um canal D de 16 Kbit/s. Em aplicações de telefonia, os canais B transportam amostras de voz de 8 bits a uma taxa de amostragem de 8 KHz e o canal D é utilizado para fins de controlo.

Codec

O codec G.711 inclui um front end analógico integrado que permite a ligação direta tanto a um aparelho telefónico como a um microfone e altifalante mãos-livres. Os canais de entrada e saída têm ganhos programáveis de forma independente. Os estágios de amplificação têm modos de desligamento para economizar energia quando estão inativos.

ADCs

Os conversores analógico-digitais integrados baseiam-se no tempo que demora a descarregar um condensador até ao nível da tensão de entrada. Esta é uma forma muito simples de medir tensões que variam lentamente, exigindo pouco mais do que um comparador no chip, uma saída para carregar o condensador no início da conversão e um meio de medir o tempo desde o início da conversão até ao ponto em que o comparador muda. As utilizações típicas seriam a medição da tensão de um potenciómetro de controlo de volume ou a verificação da tensão da bateria numa aplicação portátil.

Interface do teclado

A interface do teclado utiliza portas de saída paralelas para assinalar as colunas do teclado e portas de entrada paralelas com resistências pull-down internas para detetar as linhas. Uma porta OR nas entradas pode gerar uma interrupção. Se todas as saídas de coluna estiverem activas, qualquer pressão de tecla gerará uma interrupção, pelo que o ARM pode ativar colunas individuais e detetar linhas individuais para determinar a tecla específica premida.

Relógios e temporizadores

O chip tem duas fontes de relógio. A operação normal é de 38,864 MHz, com 460,8 KHz usados durante o desligamento. Um temporizador watchdog reinicia a CPU se não houver atividade durante 1,28 segundos, e um tinier de 2,5 ms interrompe o processador do modo de suspensão para fins de atualização da DRAM e multitarefa.

5.4 O CHIP ONEC™ VWS22100 GSM

O OneC VWS22100, desenvolvido pela VLSI Technology, Inc., é um projeto de sistema em chip para um aparelho de telefone móvel GSM. Com a adição de programa externo e memória de dados e um módulo de rádio adequado, fornece todas as funções necessárias num aparelho. Um exemplo de um aparelho GSM que utiliza o dispositivo de banda de base integrado One CVWS22100 é o Samsung SGH2400, um aparelho de banda dupla (GSM 900/1800) com marcação mãos-livres activada por voz, apresentado na figura 5.8.

ORGANIZAÇÃO VWS22100

A arquitetura do sistema do OneC VWS22100 é típica de um controlador utilizado nos telemóveis actuais, incorporando um núcleo ARM7TDMI como controlador de uso geral que trata da interface do utilizador e de determinadas camadas do protocolo GSM e um núcleo DSP para tratar do processamento do sinal de banda de base, auxiliado por alguns blocos de hardware de processamento de sinais para fins especiais. É ilustrado na figura 5.9

Figura 5.8 O telemóvel SGH2400 GSM da Samsung utiliza o OneC VWS22100.

Subsistema DSP

O subsistema DSP (representado no retângulo sombreado da figura 5.9) baseia-se no núcleo Oak DSP de 16 bits. Realiza todas as funções de processamento de sinais em tempo real, que incluem:

- Codificação de voz
- Equalização
- Codificação de canais
- Cancelamento de eco
- Supressão de ruído
- Reconhecimento de voz
- Compressão de dados.

Subsistema ARM7TDMI

O núcleo ARM7TDMI é responsável pelas funções de controlo do sistema, que incluem

- O software da interface do utilizador
- A pilha de protocolos gsm
- Gestão de energia
- Acionamento das interfaces periféricas
- Executar algumas aplicações de dados.

Atribuição de direitos

A divisão de tarefas entre os núcleos ARM e Oak pode ser ilustrada examinando alguns dos pormenores da Figura 5.9. As interfaces de áudio e rádio (à esquerda da figura) estão ligadas a ambos os sistemas de processamento. O sistema ARM define os ganhos dos amplificadores, controlando o nível de potência de transmissão de rádio e os sintetizadores de frequência, fazendo com que a campainha informe o utilizador de uma chamada recebida, etc. Os fluxos de dados, que incluem os dados de voz codificados e os símbolos transmitidos e recebidos através da ligação de rádio, passam diretamente entre o sistema Oak e as interfaces periféricas.

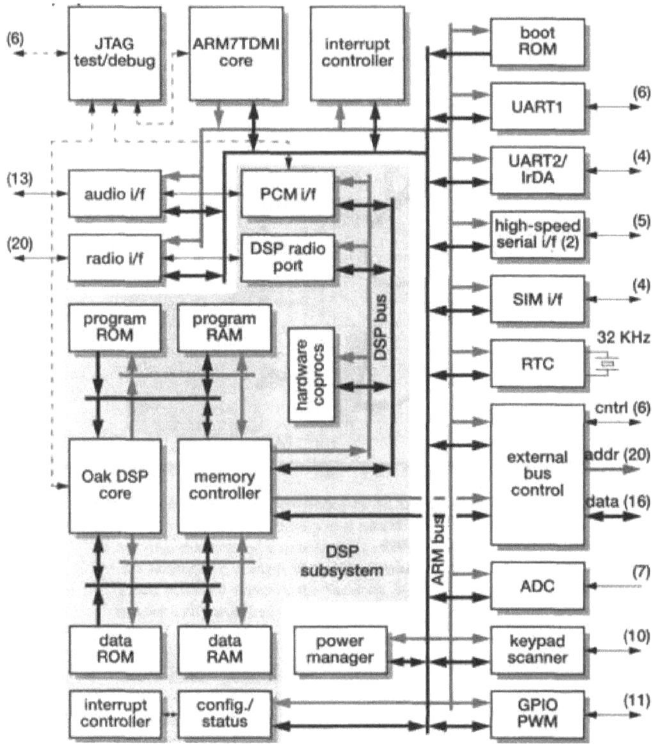

Figura 5.9 Organização do chip OneC VWS22100 GSM

Depuração no chip

Existem dois sistemas de processamento heterogéneo no chip. O hardware de depuração no chip utiliza uma única interface JTAG para aceder a várias funcionalidades de depuração, incluindo o módulo ARM7TDMI EmbeddedlCE, a tecnologia de depuração no núcleo Oak DSP e outros recursos de teste e depuração.

Gestão de energia

A duração da bateria de um aparelho de telemóvel é uma questão importante no mercado atual; os tempos de "conversação" e de "espera" ocupam um lugar de destaque na publicidade dos produtos. O OneC VWS22100 incorpora uma série de funcionalidades de gestão de energia para otimizar o desempenho do produto que controla:

- Modos de desativação global e selectiva;
- A capacidade de abrandar o relógio do sistema no modo inativo;
- Os circuitos analógicos também podem funcionar com potência reduzida;
- As saídas de modulação de largura de pulso no chip controlam o carregamento da bateria;
- Os conversores analógico-digitais (ADC) integrados no chip permitem a monitorização da temperatura e da tensão da bateria para proporcionar um funcionamento ótimo.

Telemóvel GSM
A arquitetura típica de hardware de um aparelho de telefone celular GSM baseado no OneC VWS22100 é ilustrada na Figura 5.10

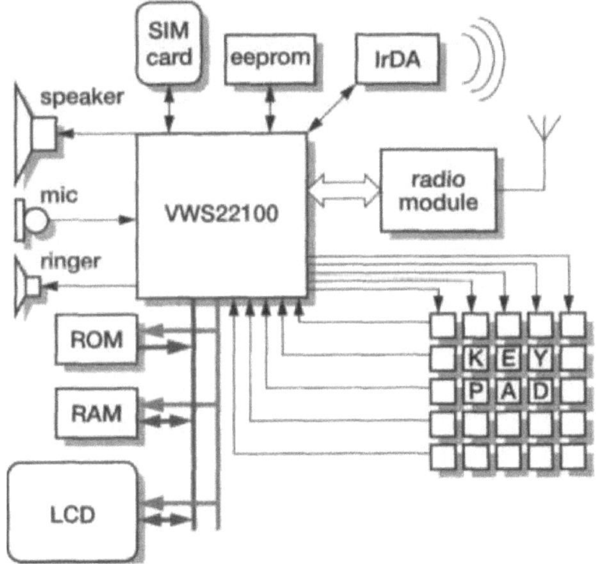

Figura 5.10 Arquitetura típica de um telemóvel GSM

5.5 O CONTROLADOR DE BANDA BASE BLUETOOTH ERICSSON-VLSI

O Bluetooth é uma norma de facto para a comunicação de dados sem fios na banda de 2,4 GHz, desenvolvida por um consórcio de empresas que inclui a Ericsson, a IBM, a Intel, a Nokia e a Toshiba. A norma destina-se a suportar a comunicação de curto alcance (de 10 cm a 10 m de alcance) de uma forma semelhante à que se consegue atualmente com a comunicação por infravermelhos utilizando a norma IrDA, mas evitando as restrições de linha de visão, alinhamento e interferência mútua da IrDA. Utilizando a comunicação por rádio, o Bluetooth destina-se a suportar a ligação de computadores portáteis a telemóveis, impressoras, PDA, computadores de secretária, aparelhos de fax, teclados, etc., e pode também servir de ponte para as redes de dados existentes. Como tal, funciona como uma tecnologia de substituição de cabos para redes pessoais. A norma suporta um débito de dados bruto de 1 Mbit/s e utiliza um esquema de salto de frequência e de correção de erros para proporcionar uma comunicação robusta num ambiente ruidoso e descoordenado. O chip controlador de banda base Bluetooth da Ericsson-VLSI é uma peça padrão desenvolvida em conjunto que se destina a ser utilizada em dispositivos de comunicação portáteis baseados em Bluetooth.

Bluetooth 'piconet'
As unidades Bluetooth formam dinamicamente "piconets" ad hoc, que são grupos de duas a oito unidades que utilizam o mesmo esquema de salto de frequência. Todas as unidades são pares iguais com implementações idênticas, embora uma das unidades funcione como mestre quando a piconet é estabelecida. O mestre define o relógio e a sequência de saltos que sincronizam a piconet. Várias piconets podem ser ligadas para formar uma 'scatternet'.

Organização do controlador Bluetooth

A organização do controlador de banda base Bluetooth é ilustrada na Figura 5.11. O chip baseia-se num núcleo ARM7TDMI sintetizado e inclui 64Kbytes de SRAM rápida (estado de espera zero) no chip e uma cache de instruções de 4K bytes. As rotinas críticas podem ser carregadas na RAM para obter o melhor desempenho. A cache melhora o desempenho e a eficiência energética do código residente na memória fora do chip. Existe um conjunto de módulos periféricos que partilham um certo número de pinos, incluindo três UART, uma interface USB e uma interface de barramento I2C. Os buffers FIFO desacoplam o processador da necessidade de responder a cada byte que é transferido através destas interfaces. A interface de barramento externo suporta dispositivos com barramentos de dados de 8 e 16 bits e tem geração flexível de estado de espera. O bloco do contador temporizador tem três contadores de 8 bits ligados a um pré-escalonador de 24 bits, e um controlador de interrupções permite o controlo de todas as fontes de interrupção dentro e fora do chip.

Núcleo Bluetooth da Ericsson

Ericsson Bluetooth Core (EBC), que trata de toda a funcionalidade do controlador de ligação no âmbito da especificação Bluetooth e inclui a lógica de interface para uma implementação de rádio Bluetooth. O EBC executa todas as funções de tratamento de pacotes para comunicações ponto-a-ponto, multislot e ponto-a-multiponto. O protocolo de banda base utiliza uma combinação de comutação de circuitos e de pacotes. As ranhuras podem ser reservadas para canais síncronos, por exemplo, para suportar a transmissão de voz.

Gestão de energia

O chip tem quatro modos de gestão de energia:

1. **Em linha:** todos os blocos são sincronizados à sua velocidade normal. O relógio do núcleo ARM7TDMI situa-se entre 13 e 40 MHz, consoante a aplicação. Na taxa máxima de transferência de dados, o consumo de corrente é de cerca de 30 mA.
2. **Comando:** O relógio do ARM7TDMI é abrandado pela inserção de estados de espera.
3. **Dormir:** O relógio do ARM7TDMI é parado, assim como os relógios de um subconjunto programável dos outros blocos. A corrente consumida neste modo é de cerca de 0,3 mA.
4. **Parado:** O oscilador do relógio está desligado.

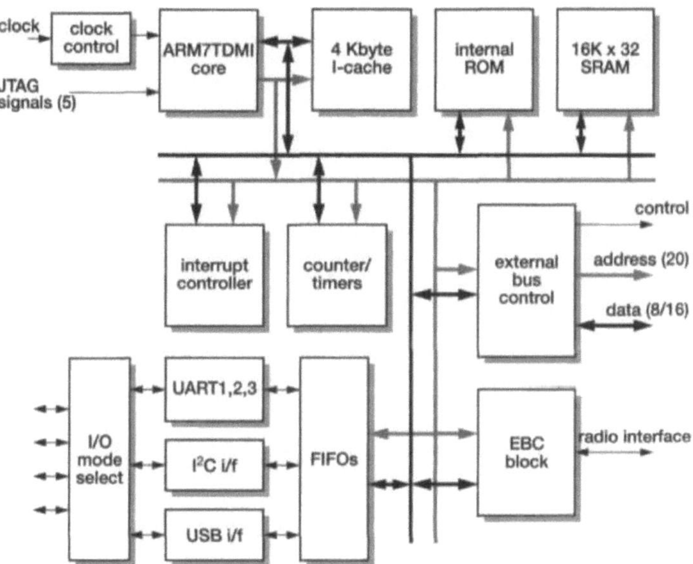

Figura 5.11 Organização do controlador de banda base Bluetooth Ericsson-VLSI.

Sistema Bluetooth

Um sistema Bluetooth típico é ilustrado na Figura 5.11. O chip controlador da banda de base necessita de um módulo de rádio externo e de um programa ROM para completar o sistema. O elevado nível de integração conduz a uma implementação muito compacta e económica de um sistema de radiocomunicações sofisticado e altamente funcional.

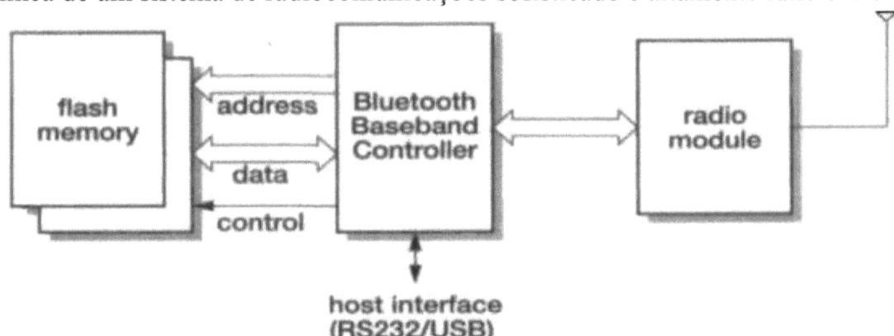

Figura 5.11 Aplicação típica de Bluetooth.

Silício Bluetooth

A Figura 5.12 mostra uma fotografia de uma matriz Bluetooth. A área da matriz é dominada pela SRAM de 64 Kbytes, com o EBC sintetizado (no quadrante inferior direito) sendo o segundo maior bloco. O núcleo ARM7TDMI sintetizado no canto superior direito do chip tem uma estrutura muito menos visível do que a macrocélula rígida ARM7TDMI. Isto deve-se ao facto de a macrocélula rígida ter sido desenhada à mão e de os desenhadores manuais utilizarem estruturas de caminho de dados muito regulares para dar uma disposição densa e minimizar o número de células diferentes que têm de ser criadas. As células sintetizadas utilizam estruturas menos densas e menos regulares. A vantagem do núcleo sintetizado é que pode ser transferido para um novo processo CMOS muito mais rapidamente. O processador é capaz de funcionar até 39 MHz, mas os dados apresentados na tabela são representativos de uma aplicação GSM típica. As E/S do chip funcionam a 3,3 V, mas a lógica do núcleo funciona normalmente a 2,5 V

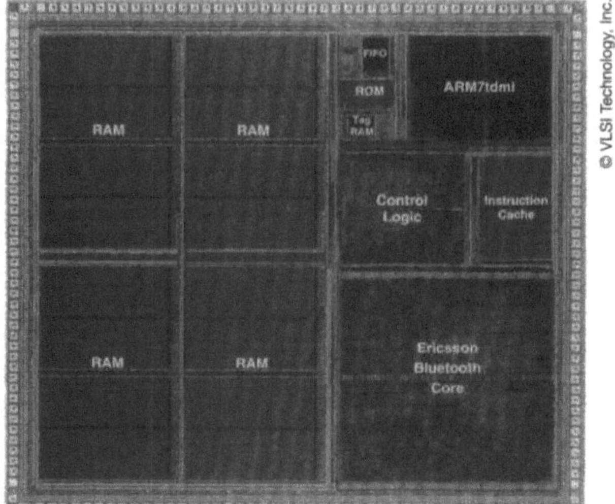

Figura 5.12 Fotografia da matriz do controlador de banda base Bluetooth.

Rádio digital

O advento de sistemas digitais de baixo custo e de elevado desempenho permitiu que as comunicações via rádio encontrassem novas áreas de aplicação, como o demonstra o rápido crescimento do mercado dos telemóveis. A comunicação digital permite o envio de dados numa forma em que a maioria dos erros causados por interferências pode ser detectada e corrigida. A tecnologia digital também permite o controlo de técnicas de rádio sofisticadas, como o salto de frequência, reduzindo ainda mais os efeitos das interferências. O Bluetooth alarga esta vantagem a redes de comunicação muito mais pequenas e aponta para um futuro em que não só o indivíduo mas também todos os seus aparelhos de dados pessoais estarão invisivelmente ligados entre si e a redes globais.

Aplicação Bluetooth system-on-Chip

A área de aplicação Bluetooth tornou-se um foco de actividades destinadas a integrar funções digitais e de rádio num único chip CMOS. O típico mostrado na Figura 5.11 pode então ser implementado num único chip. O bloco EEC também está disponível como propriedade intelectual licenciável para utilização noutros projectos baseados em AMBA.

5.6 O ARM7500 E O ARM7500FE

O ARM7500 é um computador de chip único altamente integrado que combina os principais componentes do Acorn Rise PC (exceto a memória) num único chip. Foi o primeiro chip de sistema deste tipo a empregar como macrocélula de processador uma CPU ARM completa, incluindo cache e gestão de memória, em vez de apenas um núcleo de processador inteiro básico. O ARM7500FE adiciona o coprocessador de vírgula flutuante FPA10 como uma macrocélula no chip e incorpora uma série de outras pequenas alterações. Estes dois dispositivos são adequados para aplicações multimédia de consumo, como descodificadores, aparelhos de Internet e consolas de jogos, mas têm muitas outras áreas de aplicação potenciais. As principais macrocélulas nos chips ARM7500 e

ARM7500FE são:

- O núcleo da CPU ARM;
- O coprocessador de vírgula flutuante FPA10 (apenas no ARM7500FE);
- A macrocélula de vídeo e som;
- O controlador de memória e de E/S.

A CPU ARM o núcleo

O núcleo da CPU ARM contém a maior parte da funcionalidade do ARM710, sendo o único compromisso para permitir espaço para as outras macrocélulas uma redução do tamanho da cache de 8 Kbytes para 4 Kbytes. A CPU baseia-se no núcleo inteiro ARM7 (um precursor do ARM7TDMI, sem suporte para Thumb e depuração incorporada), com uma cache mista de instruções e dados de 4 Kbytes de 4 vias, uma unidade de gestão de memória baseada numa tabela de páginas de 2 níveis com um buffer de tradução look-aside de 64 entradas e um buffer de escrita.

A unidade de vírgula flutuante FPA10

Proporciona um aumento significativo da capacidade do sistema para tratar tipos de dados de vírgula flutuante (que, sem o coprocessador, seriam tratados utilizando as rotinas da biblioteca de vírgula flutuante do ARM). O desempenho da vírgula flutuante é de até 6 MFLOPS (medido utilizando o parâmetro de referência Lin- pack que executa código de vírgula flutuante de precisão dupla) a 40 MHz.

O vídeo e o som Macrocélula

O controlador de vídeo pode gerar ecrãs utilizando um relógio de píxeis até 120 MHz (que é gerado por um oscilador simples controlado por tensão fora da pastilha utilizando um comparador de fase na pastilha). Inclui uma paleta de cores de 256 entradas com conversores digital-analógicos de 8 bits integrados para cada uma das saídas de vermelho, verde e azul e bits de controlo adicionais para mistura e atenuação externas. É suportado um cursor de hardware separado e a saída pode alimentar um monitor a cores de alta resolução ou um ecrã de cristais líquidos a cores ou de escala de cinzentos de um ou dois painéis. A temporização do ecrã é totalmente programável. O sistema de som ARM7500 pode gerar oito canais independentes de 8-bit

(logarítmico) som estéreo analógico, reproduzido através de um conversor digital-analógico exponencial integrado. Em alternativa, podem ser geradas amostras de som de 16 bits através de um canal digital em série e de um conversor digital-analógico externo com qualidade de CD. O ARM7500FE apenas suporta este último sistema de som de 16 bits. Os canais de dados para os fluxos de vídeo, cursor e som são gerados utilizando os controladores DMA na memória e no controlador I/O.

O controlador de memória e de E/S

O controlador de memória suporta a ligação direta de até quatro bancos de DRAM e dois bancos de ROM. Cada banco pode ser programado para ter 16 ou 32 bits de largura e o controlador de memória efectuará acessos duplos para quantidades de 32 bits em bancos de 16 bits. O controlador da DRAM utiliza acessos em modo de página para ciclos sequenciais em rajadas de até 256 transferências e suporta uma gama de modos de atualização da DRAM, e o controlador da ROM também suporta o modo de rajada quando são utilizados dispositivos adequados. Três controladores DMA gerem fluxos de dados para os canais de vídeo, cursor e som. O controlador de E/S gere um barramento de E/S fora do circuito integrado de 16 bits (que pode ser expandido para 32 bits utilizando buffers externos) e uma série de interfaces no circuito integrado. O barramento fora do chip suporta dispositivos periféricos simples, módulos periféricos inteligentes, periféricos do tipo PC e uma interface para cartões PCMCIA. As interfaces na pastilha incluem quatro comparadores analógicos que podem ser utilizados para suportar quatro canais de entrada analógicos, duas portas de série destinadas a teclados e/ou ratos, contadores-temporizadores, oito linhas E/S de drenagem aberta de uso geral e um controlador de interrupção programável. Estão também disponíveis funcionalidades de gestão de energia.

Diagrama do sistema

Existem muitas variações na forma como estes chips podem ser utilizados, mas uma organização típica do sistema é ilustrada na Figura 5.13

Aplicações

O ARM7500 foi utilizado em versões de baixo custo do Acorn Rise PC e no descodificador de vídeo interativo Online Media. A sua principal limitação em relação ao conjunto de chips original do Rise PC é a restrição do fluxo de dados de vídeo à DRAM normal, enquanto os ecrãs de alta resolução do Rise PC normal utilizam VRAM. Este facto impede a utilização de um grande número de cores nos ecrãs de alta resolução, mas nos ecrãs LCD ou nos monitores com resolução de televisão, VGA ou superVGA a restrição não é evidente. É apenas com resoluções de 1.280 x 1.024 e superiores que o número de cores se torna restrito devido às limitações de largura de banda da DRAM padrão.

Uma vez que as máquinas de vídeo e jogos interactivos utilizam ecrãs com qualidade de TV e os computadores portáteis utilizam ecrãs de cristais líquidos com resolução VGA (640 x 480 píxeis), o ARM7500 é ideal para estas aplicações. As suas caraterísticas de elevada integração e de poupança de energia tornam-no adequado para equipamento de teste portátil, e a sua elevada qualidade de som e de gráficos são boas caraterísticas para aplicações multimédia.

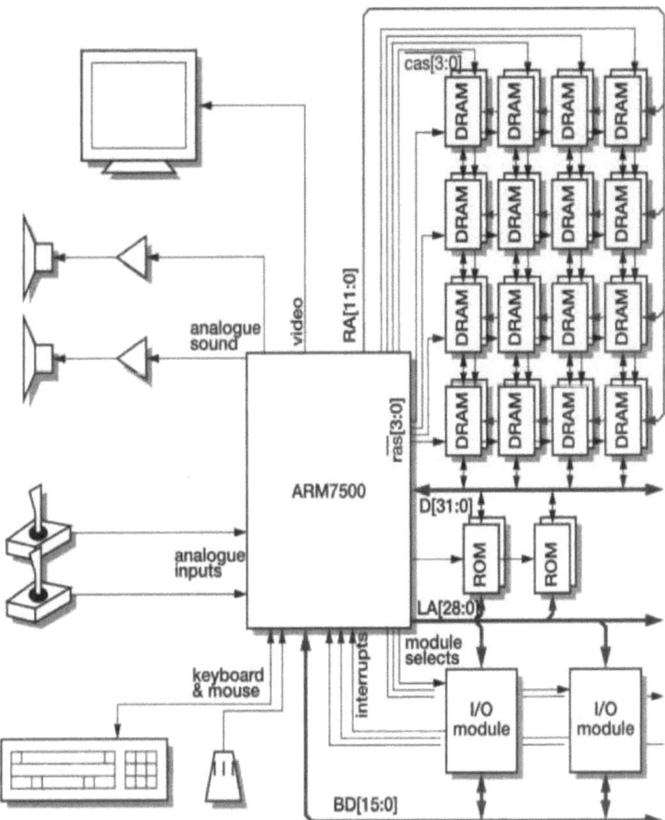

Figura 5.13 Organização típica do sistema ARM7500.

Silício ARM7500

Uma fotografia de um ARM7500FE é mostrada na Figura 13.11. Note-se o núcleo ARM7 no canto superior esquerdo da matriz, ocupando apenas 5% da área da matriz.

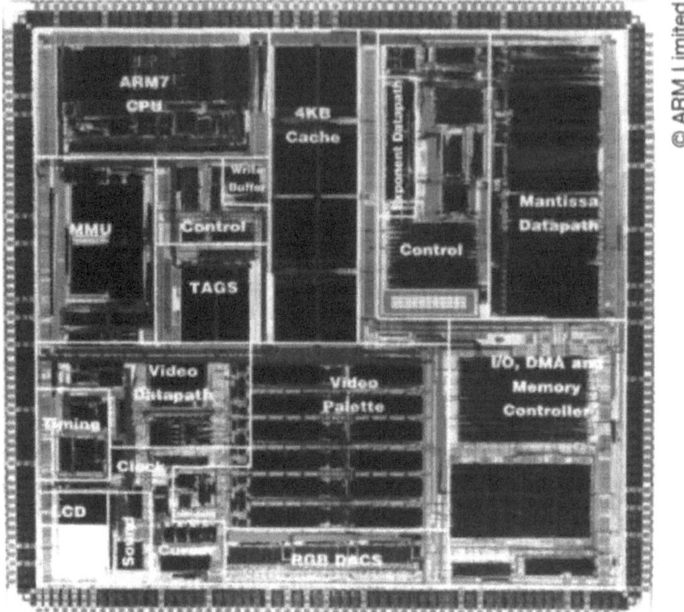

Figura 5.14 Fotografia da matriz ARM7500FE

5.7 O ARM7100

O ARM7100 é um microcontrolador altamente integrado, adequado para uma série de aplicações móveis, como telefones celulares inteligentes e coletores de dados palm-top. É a base da gama de computadores palm-top Psion Series 5. Uma fotografia do Psion Series 5MX (que utiliza uma versão posterior do 7100 com uma arquitetura modificada e uma tecnologia de processamento mais avançada) é apresentada na Figura 5.15

Organização ARM7100

A organização do ARM7100 é ilustrada na Figura 5.16. A CPU ARM710a incorpora um núcleo de processador ARM? (um precursor do ARM7TDMI, sem suporte Thumb), uma unidade de gestão de memória ARM, uma cache de linha associativa quad-word de 8 Kbyte de 4 vias e um buffer de escrita de 4 endereços e 8 palavras de dados. A utilização de uma memória cache nesta classe de produtos destina-se principalmente a melhorar a eficiência energética, o que é conseguido através da redução do número de acessos à memória fora da pastilha. A incorporação de uma unidade de gestão de memória é necessária para suportar a classe de sistema operativo necessária para executar a mistura de aplicações de uso geral. A organização do sistema no chip é baseada no barramento AMBA. Os periféricos incluem um controlador de LCD, portas de E/S série e paralelas, um controlador de interrupções e uma interface de barramento externo de 32 bits para dar acesso eficiente a ROM, RAM e DRAM fora do chip. Um controlador DRAM fornece os sinais de endereço e controlo multiplexados necessários para este tipo de memória.

Figura 5.15 O Psion Series 5MX.

Gestão de energia

O ARM7100 destina-se a ser utilizado em equipamentos portáteis alimentados por bateria, onde se espera que apresente um elevado desempenho em resposta à entrada do utilizador, mas que funcione com níveis de consumo de energia muito baixos enquanto aguarda a entrada do utilizador. Para responder a estes requisitos, o chip tem três níveis de gestão de energia:

- No modo de funcionamento completo, o CPU ARM fornece cerca de 14 MIPS enquanto consome 24 mA a 3,0 V
- No modo inativo, com a CPU parada mas com outros sistemas em funcionamento, consome 33 mw
- No modo de espera, apenas com o relógio de 32 kHz a funcionar, consome 33 uW

Outras caraterísticas para aumentar a eficiência energética incluem o suporte para memórias DRAM auto-recarregáveis que manterão o seu conteúdo sem intervenção do ARM7100.

A Série Psion 5

A organização do Psion Series 5 é ilustrada na Figura 5.17. Esta mostra como as várias interfaces de utilizador se ligam ao ARM7100, proporcionando um sistema de considerável sofisticação arquitetónica com uma complexidade mínima ao nível do chip. Os principais dispositivos de entrada do utilizador são o teclado e o dispositivo apontador stylus. O primeiro está ligado simplesmente a pinos de E/S paralelos; o segundo utiliza uma pastilha digitalizadora transparente sobreposta ao ecrã LCD e com interface através de um conversor analógico-digital (ADC).

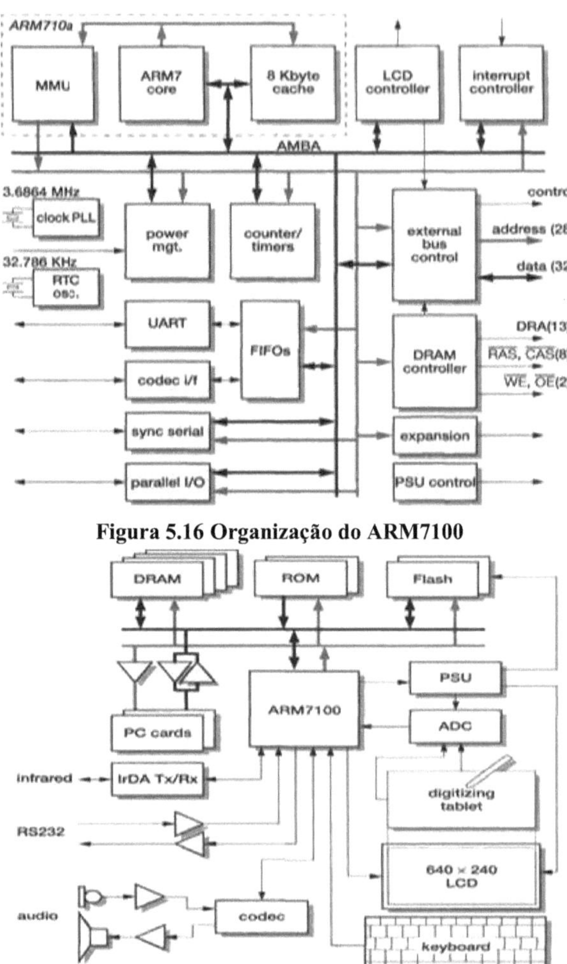

Figura 5.16 Organização do ARM7100

Figura 5.17 A organização do hardware do Psion Series 5

Os dispositivos de comunicação incluem uma interface de série RS232 para ligação por cabo e uma interface de infravermelhos compatível com IrDA para ligação sem fios a impressoras, modems e PCs anfitriões (para carregamento e cópia de segurança de software). Um codec áudio permite que o som seja digitalizado a partir de um microfone incorporado, armazenado na memória e reproduzido posteriormente através do pequeno altifalante incorporado. A expansão do hardware é assegurada através de ranhuras para PCcard.

Silício ARM7100

A Figura 5.18 apresenta um gráfico da disposição do ARM7100 no silício. Pode ver-se na Figura 5.18 que a área de silício é dominada pelo núcleo da CPU, que ocupa a totalidade da área do núcleo do chip, exceto o quarto mais à esquerda. A cache RAM de 8 Kbytes ocupa a metade inferior da área do núcleo da CPU, com a cache tag store acima dela à esquerda, a MMU acima dela e o núcleo ARM? no canto superior direito. Todos os periféricos e o barramento AMBA estão no quarto mais à esquerda.

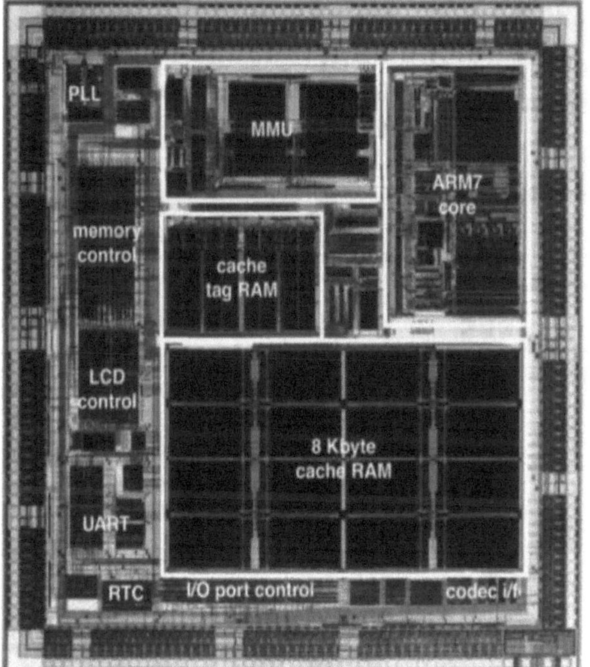

Figura 5.18 Gráfico da matriz ARM7100.

Comparação com o ARM7500FE

O equilíbrio aqui é diferente do ARM7500FE. A tabela de consulta de cores de alta velocidade

necessário para acionar um monitor CRT no ARM7500FE ocupa mais área do que o controlador LCD no ARM? 100, e o hardware de vírgula flutuante no ARM7500FE também ocupa uma área considerável. Para compensar, o ARM7500FE tem uma cache de metade do tamanho, mas continua a ocupar uma área maior.

5.8 O SA-1100

O SA-1100 é um sistema integrado em chip de alto desempenho baseado numa versão modificada do núcleo da CPU StrongARM SA-110. Destina-se a ser utilizado em telefones móveis, modems e outras aplicações portáteis que requerem um elevado desempenho com um consumo mínimo de energia. A organização do chip é ilustrada na Figura 5.19.

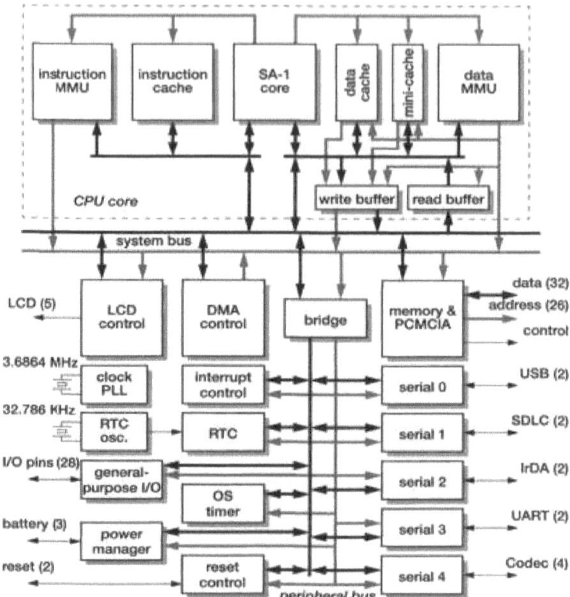

Figura 5.19 Organização do SA-1100

Núcleo da CPU

O núcleo da CPU no SA-1100 utiliza o mesmo núcleo de processador SA-1 do SA-110 com uma pequena modificação para suportar o mecanismo de relocalização do vetor de exceção exigido pelo Windows CE. A cache de instruções também é semelhante, sendo uma cache de 16 Kbytes que utiliza uma estrutura CAM-RAM associativa de 32 vias com linhas de 8 palavras. Os sistemas de gestão de memória mantêm-se inalterados, à exceção da inclusão do mecanismo de ID de processo, mais uma vez conforme exigido pelo Windows CE. As principais diferenças em relação ao SA-110 estão no lado da cache de dados, onde a cache original de 16 Kbytes foi substituída por uma cache associativa de 8 Kbytes e 32 vias em paralelo com uma cache associativa de 512 bytes e 2 vias. As tabelas de gestão da memória são utilizadas para determinar em que cache de dados deve ser mapeada uma determinada localização de memória (se existir). O objetivo da segunda "minicache" é permitir que grandes estruturas de dados sejam armazenadas em cache sem causar uma grande poluição da cache de dados principal. A outra diferença no lado da cache de dados é a adição de um buffer de leitura. Esta unidade pode ser utilizada para pré-carregar dados antes de o processador os solicitar, de modo a que, quando forem solicitados, estejam disponíveis com uma latência muito reduzida. O buffer de leitura é controlado por software através de registos do coprocessador. A extensão final do núcleo da CPU é a adição de registos de ponto de interrupção de hardware e de ponto de observação, novamente programados através de registos do coprocessador.

Controlador de memória

O controlador de memória suporta até quatro bancos de DRAM de 32 bits fora do chip, que podem ser convencionais ou da variedade "extended data out" (EDO). Também são suportadas ROM, memória flash e SRAM. A expansão adicional da memória é suportada através da interface PCMCIA (que requer alguma lógica de "cola" externa), onde são suportadas duas ranhuras para cartões.

Controlo do sistema

As funções de controlo do sistema no chip incluem:

- Um controlador de reinicialização;
- Um controlador de gestão de energia que trata dos avisos de bateria fraca e alterna o sistema entre os seus vários modos de funcionamento;
- Um bloco de temporizador do sistema operativo que suporta funções gerais de temporização e de watchdog;
- Um controlador de interrupções;
- Um relógio em tempo real que funciona a partir de uma fonte de cristal de 32 khz;
- 28 pinos de E/S de uso geral.

Periféricos

O subsistema de periféricos inclui um controlador de LCD e portas de série especializadas para USB, SDLC, IrDA, codec e funções UART padrão. Um controlador DMA de 6 canais liberta a CPU das responsabilidades de transferência direta de dados.

Estrutura do autocarro

Como se pode ver na Figura 5.19, o SA-1100 é construído em torno de dois barramentos ligados através de uma ponte:

- O bus do sistema liga todos os bus masters e a memória fora do chip.
- O barramento periférico liga todos os dispositivos periféricos escravos.

Esta estrutura de barramento duplo é semelhante à divisão AMBA ASB-APB (ou AHB-APB). Minimiza o tamanho do barramento que tem um ciclo de funcionamento elevado e também reduz a complexidade e o custo da interface de barramento que tem de ser incorporada em todos os periféricos.

Aplicações

Uma aplicação típica do SA-1100 exigirá uma certa quantidade de memória fora do circuito integrado, incluindo provavelmente alguma DRAM e alguma ROM e/ou memória flash. Tudo o que é necessário é a eletrónica de interface necessária para as várias interfaces periféricas, ecrã, etc. O sistema resultante é muito simples ao nível da placa de circuito impresso, mas muito poderoso e sofisticado em termos da sua capacidade de processamento e arquitetura do sistema.

Silício SA-1100

As caraterísticas do chip SA-1100 e um gráfico da matriz são mostrados na Figura 5.20. O chip pode funcionar com uma tensão de alimentação tão baixa como 1,5 V para uma eficiência energética óptima. É possível obter um desempenho mais elevado à custa de uma eficiência energética ligeiramente inferior, operando o dispositivo com uma tensão de alimentação ligeiramente superior.

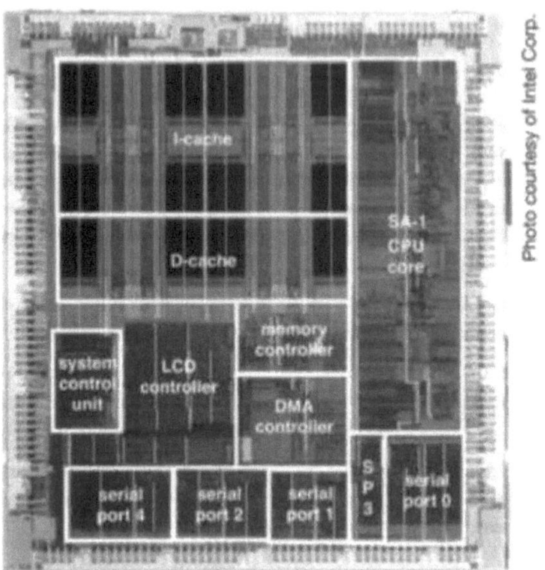

Figura 5.20 Gráfico da matriz SA-1100

6. REFERÊNCIA

1. Raj Kamal "Embedded Systems Architecture Programming and Design" 2nd Edition TMH,2008
2. David E Simon "An Embedded Software Primer" Pearson Education 2003.
3. Daniel.W. Lewis, "Fundamentals of Embedded Software" Pearson Education-2001.
4. Peatman "Designing with PIC Micro Controller", Pearson 2003.
5. Introdução ao sistema incorporado - Shibuk.V.McGraw Hill.
6. Michael Barr, "Programming Embedded systems in C & C++" (Programação de sistemas embebidos em C & C++) Oreily, 2003.
7. Wayne Wolf, "Computers as Components - Principles of Embedded Computing System Design".
8. Morgan Kaufman Publishers, Primeira Reimpressão Indiana, 2001. Marilyn Wolf, "Computadores como componentes - Princípios de conceção de sistemas informáticos incorporados".
9. Marilyn Wolf, "Computers as Components - Principles of Embedded Computing System Design".
10. Morgan Kaufman Publishers, terceira edição, 2012. K.V.K.K.Prasad, "Embedded/Real-Time Systems: Concepts, Design and programming" Dreamtech, Wiley 2003.
11. K.V.K.K.Prasad, "Embedded/Real-Time Systems: Concepts, Design and programming" Dreamtech, Wiley 2003.

Printed by Books on Demand GmbH, Norderstedt / Germany